最後的帝國軍人
蔣介石與白團

ラスト・バタリオン　蒋介石と日本軍人たち

Nojima Tsuyoshi
野島剛

台灣版序

在這篇序文的開頭，我想先坦白承認一件事，那就是台灣史的複雜性，以及其中所包含的種種悲劇意涵，對於像我這種位處於外部研究台灣的人而言，實在充滿著難以抗拒的魅力。對於受大和民族壓倒性的支配、走在「萬世一系」這種世界絕無僅有的線性歷史軌跡上的日本人來說，在台灣這個並不算大的島嶼上，那充滿著民族、族群、政治勢力、外國（當然也包括日本）彼此糾結交織關係的近現代史，確實是令人由衷感到驚歎不已的。

在我看來，白團的存在，正是這種台灣複雜性的象徵，而受到這種複雜性所深深吸引的我，在求知之心萌生下所誕生的成果，正是這本《最後的帝國軍人：蔣介石與白團》。

台灣，在今年正逢開戰一百二十週年、蔚為話題的甲午戰爭中，隨著清朝遭到擊敗，被納入了日本的掌中。對於這樣的清朝感到失望、投身革命的年輕蔣介石，從日本學習了相當多的事物。爾後，蔣介石成為中國的領導者與日本交戰，並打敗了日本，但隨後卻又遭到毛澤東擊敗，狼狽地逃到了從日本手中收復的台灣島上。就在這種局勢下，以台灣為據點的蔣介石，為了抵抗共產黨「解放台灣」的攻勢，從日本號召了過去曾與自己交戰的舊日本軍人，並將重建一度土崩瓦解的軍隊之重責大任託付給了他們。

這種充滿著層層矛盾的關係，究竟該從何開始釐清才好呢？白團的存在，或許正是解開這層迷霧的最佳素材吧！

正因為其間的關係是如此錯綜複雜，所以解明的作業也相當耗時費力。我對「白團」這個名稱有些神祕的集團產生興趣，是始於二〇〇八年夏天在美國史丹佛大學進行研究的時候。當時，我在閱讀蔣介石日記時發現了許多有關白團的記述，於是下定決心，要將這些內容寫成一本著作。可是，隨著調查工作的日益深入，我所涉獵的範圍，已經不止於白團活動的一九四九年至一九六八年這二十年間，還包括了從一九四五年日本敗戰到國民政府撤退台灣的這五年間，甚至一路回溯到中日戰爭，乃至於辛亥革命；在這樣的追溯過程中，我一邊蒐集資料，一邊也反覆進行著相關的訪談。

在這樣的作業之中，我最後所探尋得出、有關這一切的原點是：現代中國的歷史，可說是與蔣介石個人的命運緊緊相繫的。學習日本、利用日本，最後克服日本，蔣介石以這樣的形式，推動著某種「歷史意志」的運作，這就是本書最後得到的結論。

我很清楚在台灣，有關蔣介石的歷史與政治評價一向是相當敏感的主題，不過我的立場是相當明確的，那就是：重新理解蔣介石，不只是對台灣、對日本乃至於對中國近現代史的理解，也都是相當有助益之事，而這部分的工作，以現在的狀況而言，不過是剛剛起步罷了。隨著冷戰結束以及兩岸關係的變化，如今對於蔣介石的研究，正以和往昔截然不同的方式逐漸開展。在這各方面的優秀人才不斷努力踏出的步伐當中，我希望自己的這本作品，能夠成為這廣大洪流的一部分，為正確理解蔣介石的重大任務略盡棉薄之力。更進一步說，能夠讓對蔣介石理解最深的台灣人閱讀到我的作品，對我而言是極大的榮幸，同時也是相當嚴格的試煉。但願書中描寫有關白團的過往種種，能夠多多少少喚起台灣的人們對於這段過往歷史的求知與好奇心，這是我由衷的期盼。

本書在日本付梓的時間，是二〇一四年的四月。或許是十分湊巧吧，就在同一時間，日本與台灣的有志之士成立了「白團顯彰會」；顯彰會初次的活動是在新北市樹林區的海明禪寺，舉行對白團的團長富田直亮，也就是白鴻亮的逝世三十五週年追思儀式。而在這之前，他們在台北舉辦了一場演講會，會中邀請了我，以及在本書中也有登場的陳鵬仁先生擔任講師，就白團的相關內容發表演講。和本書的刊行幾乎有志一同的顯彰會成立一事，令我不禁感到緣分的不可思議。不只如此，在會中，有許多原來彼此互不相識的白團成員遺族從日本前來參加活動，他們一方面互相確認父親生前的活動，同時也彼此進行交流；在這過程中，我之前為了本書取材而蒐集的白團成員住所與電話，發揮了很大的作用。對於自己多少能夠為我取材的主題——白團的成員做出一點小小的回饋，我個人感到相當欣慰。

關於白團幹部的實際情況，我這本書還有許許多多未能道盡的部分。包括我手邊所擁有的戶梶金次郎日記等資料，和留存在台灣國防大學裡，「富士俱樂部」尚未整理的龐大資料與藏書，雖然不知對於後世的研究是否真能有所幫助，但我希望今後能為這些史料的系統性保存與整理，繼續一盡己力。

本書是我的第五本作品，就台灣譯本而言則是第四冊，同時也是聯經出版的第三冊著作。在這些著作當中，這本《最後的帝國軍人》是我寫過篇幅最長、耗費時間最多，同時也是最殫思極慮的作品。

關於本書的刊行，我想在此感謝聯經出版公司工作人員的多所關照。對於他們溫暖與寬容的態度，以及盡可能配合身在海外的筆者我諸多任性的要求，請容我在此由衷表達最深的感謝之情。同時，對於譯者藍荻小姐力求正確且謹慎的工作精神，我也要致上深深的謝意。

時值台灣版刊行之際，最後我想說的是：台灣對我而言，不只是「採訪的現場」、「執筆的現場」，更是「讀者所在的現場」，這是我最深的體悟。

野島剛　二〇一四年十月筆於東京自宅

目次

台灣版序　3
【凡例】　11
序章　病榻上的前陸軍參謀　15
第一章　蔣介石是什麼樣的人？　31
空前絕後的日記　32
在因緣的土地上　52
兩度日本體驗　74
第二章　岡村寧次為何獲判無罪？　95
身為中國通軍人的岡村寧次　96
「以德報怨」演說與協助國民黨　107
如果岡村被判處死刑的話……　124
第三章　隱藏在白團幕後的推手　139
《曹士澂檔案》　141

圍繞著《螞蟻雄兵》的種種 155
關鍵人物——小笠原清 164

第四章 富田直亮與根本博 175
一九四九年九月十日 176
古寧頭戰役之謎 189
儼然「軍師」般的存在 197

第五章 他們所留下的成就 209
奇貨可居的敗北者 210
在圓山的日子 219
模範師與總動員體制 234

第六章 戶梶金次郎所見的白團 243
軍人的肺腑之聲 244
不只是理想與信念 261
解散的預感 277

目次

第七章 祕密的軍事資料 295
東洋第一的軍事圖書館 296
調研第〇〇號 312
服部機關之影 319

第八章 「白團」究竟是怎樣的一段歷史？ 331
白團的存在應當被攤在陽光下嗎？ 332
楊鴻儒的悲劇 345
日中台與蔣介石，以及白團 357

尾聲 溫泉路一四四號 385

後記 395

附錄 調研資料一覽表（一九五二年十月） 401
〈革命實踐研究院軍官訓練團成立之意義〉 411
相關大事年表 419

【凡例】

● 本文有關年代的記述主要採用西曆紀年，至於相應的日本年號，則視情況以括弧的方式加以標註。
● 書中登場人物的年齡，原則上皆以實歲為主。
● 書中所引用的原文（中文）資料，除有特殊需要之外，皆以作者本人的日譯為主[1]。
● 引用長篇文獻的部分，主要採用前後各空一行、縮排兩字的楷書字體引述。
● 數字標記在原則上則採統一形式。
● 對於人物的敬稱，原則上加以省略。
● 在和台灣有關的中國近現代史中，有相當多令人感到困擾的用語。一九四九年以前所謂的「中國」正統政權，乃是受到國際認可、握有實力，由蔣介石的國民黨所統治的國民政府。

1 譯註：由於部分中文資料先由作者譯為日文，本書再由日文譯回中文，容或有與原始資料不一致處，特在此說明。

因此，直到一九四九年撤退到台灣為止，凡涉及中國政府的部分，指的都是國民政府；至於這段時期的共產黨，則是以「共產黨勢力」、「毛澤東所率領的共產黨」來稱呼之。一九四九年中華人民共和國宣布成立之後，據守台灣的蔣介石仍然自稱「中華民國政府」、「國民政府」，但這樣的稱呼往往在日本讀者之間引起混亂，因此本書除特定固有名稱之外，一律統稱為「台灣・國民黨政權」。另一方面對一九四九年後的中國，則以「中華人民共和國」、「中國・人民解放軍」等方式加以記述。

我中國同胞們須知，「不念舊惡」及「與人為善」為我民族傳統至高至貴的德性。我們一貫聲言，只認日本黷武的軍閥為敵，不以日本的人民為敵。今後敵軍已被我們盟邦共同打倒了，我們當然要嚴密責成他忠實執行所有的投降條款，但是我們並不要企圖報復，更不可對無辜人民加以污辱，我們只有對他們為他們納粹軍閥所愚弄所驅迫而表示憐憫，使他們能自拔於錯誤與罪惡。要知道如果以暴行答覆敵人從前的暴行，以侮辱答覆他們從前錯誤的優越感，則冤冤相報，永無終止，決不是我們仁義之師的目的。

一九四五年八月十五日　蔣介石〈以德報怨〉演說節錄

序章

病榻上的前陸軍參謀

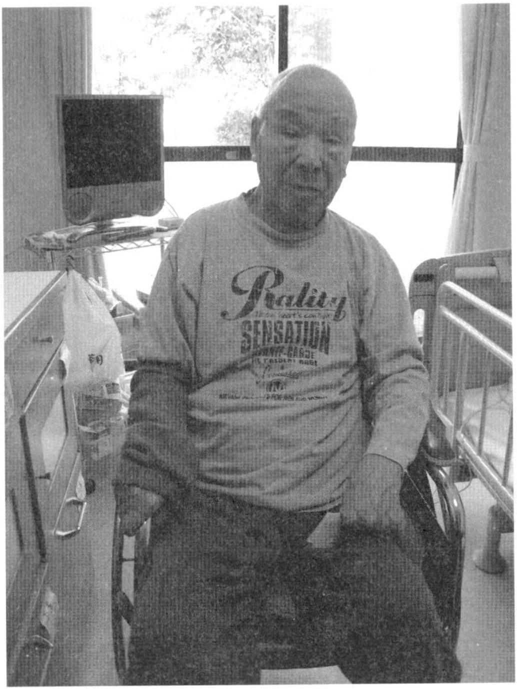

糸賀公一先生。（作者拍攝）

糸賀公一

在東京都國立市老人療養院的一張白色病床上，這位前陸軍參謀正等著我的到來。彷彿正在評斷眼前對象般的視線，不住地緊緊纏繞著我；這大概是經常在衡量某些事物的人所養成的習癖吧！

那是二〇〇九年的某個傍晚。當時，糸賀公一九十八歲，我則是四十歲。

「年號或是數字之類的，老實說我記不太起來了……」

我和糸賀的訪談，就從這句話拉開了序幕。

糸賀在台灣被稱為「賀公吉」。這是他的假名，用中國話來說叫作「化名」，若是翻譯成英語，也可以稱為「代號」，而在本書中，我則是希望以「中文姓名」這樣的詞彙來加以稱呼。

二戰過後大約二十年間，在台灣，曾經出現過以舊大日本帝國軍人為主，大規模且具組織性的軍事支援活動。這些參與對台軍事支援的前日本軍人，通常被統稱為「白團」，而此一命名的由來，乃是源自於該集團的領導者——前陸軍少將富田直亮的中文姓名「白鴻亮」。

第二次世界大戰最後，日本遭遇了戰敗的命運；在接受日本投降的盟軍當中，也包括了以蔣介石為最高領導者的中華民國國民政府。在這之後，作為國民政府主體的國民黨，在與共產黨的內戰中慘遭敗北撤退到台灣，而白團則為了幫助國民黨以及拯救蔣介石，渡海來到了台灣。

構成白團的前日本軍人，幾乎都是畢業於日本陸軍的菁英訓練機構——陸軍士官學校[1]，其中甚至也不乏曾在陸軍大學就學的優秀參謀人員。正因如此，相較於實戰部隊，白團所處的地位，更接近於參謀團或顧問團的層級。

白團是在蔣介石從大陸撤退到台灣前夕的一九四九年七月組成，並自同年秋天起，陸陸續續祕密抵達台灣。

白團在台灣，不只為了重建國民政府軍而展開軍事教育，也負責擬定反攻大陸計畫、建立模範精銳部隊；在此同時，他們也將日本戰前的總動員體制移植到了台灣。雖然他們最後沒能幫助蔣介石實現反攻大陸的夢想，但毫無疑問地，在從毛澤東率領的中國共產黨手中守住台灣這方面，他們確實扮演了相當重要的角色。

只是，在已脫離日本殖民統治、且已將大部分日本人驅逐出境的戰後台灣，光是有日本人出現在島上，就已經可能引起諸多風波了，更何況他們還是曾與國民政府交戰的敵人——大日本帝國的舊軍人。儘管如此，國民政府還是為這些人準備了中文姓名的護照和身分證，而這些人即使在同為日本人的團體當中，似乎也都是以中文姓名彼此稱呼。

參謀的共通點

糸賀的中文姓氏「賀」，正如所見，是由他的本姓「糸賀」中取一字而來；而富田的中文姓

1 譯註：日本軍的「士官」，相當於我國軍制尉官以上的「軍官」；我國軍制的「士官」，在日本則被稱為「下士官」。

名「白鴻亮」，也同樣是來自他的名字「直亮」。其他大多數的白團成員，他們的中文姓名也都和本名有一到兩個字重複（參見附表：白團成員總表），不過也有些人的中文名字，是和原姓名完全無關的。

一開始在和糸賀見面之前，我因為能夠頭一次和如今仍在世的白團成員見面，而感到相當興奮；然而，在談話的過程中，彷彿被糸賀那冷冽的語調所感染，我的熱血也開始逐漸冷卻下來。我開始清楚體認到，若是想在極其有限的會面時間內，盡可能從糸賀這裡獲得大量的情報，那就非得徹徹底底理解他這個人不可。

另一方面，我從糸賀的家人那裡得知，他的健康情況非常糟糕；因此，有鑑於過去曾經發生過的沉痛經驗，我對於這次的取材，也得抱著「絕無下次機會」的覺悟才行；事實上，在我進行這次取材的兩年後，輾轉病榻始終未曾康復的糸賀，便撒手人寰了。

對於我所詢問的問題，糸賀都能做出正確的回答，然而在問題之外的情報，他也絕對不會自行透露；這是他相當高段的話術，一方面既可以嚴密排除可能因多話而產生的失言，另一方面也不會有所失禮。

在軍隊這樣的組織中，身為參謀的人似乎都有一個共通點，那就是在與人接觸的時候，始終保持一種距離感。參謀因為要兼任蒐集情報的職責，所以在和人接觸或是談話的時候，基本上總是客客氣氣的，有時甚至給人一種社交往來的客套印象；然而，就算反覆跟他們對話，要抓住他們的真意，仍然是件很不容易的事，縱使已經逼近核心，也會馬上被轉移到另一片朦朧與渾沌之中。

參謀這個職位的性質，基本上是附屬於軍隊指揮官轄下，擔任支援與輔佐的任務。這樣的職務，在古時候被稱為「軍師」。戰爭形式邁入現代之後，軍隊內部開始設置參謀本部，而適合成為參謀的優秀人才，也會從年輕時期便開始接受重點式的大力培養。過去的戰爭是腕力的競爭，是劍、槍與弓矢的時代，現代戰爭卻是知性與戰略的競逐占了重要地位，因此，參謀便逐漸擔負起戰爭中主要的角色。

以日本來說，日俄戰爭裡的滿洲軍總參謀長兒玉源太郎、日本海海戰的第一艦隊首席參謀秋山真之、柳條湖事件的關東軍作戰主任參謀石原莞爾，以及太平洋戰爭的大本營陸軍參謀瀨島龍三[2]等名參謀，在歷史上都比實戰指揮官來得更加著名。

同時，在將國家導往錯誤方向這一點上，日本軍的參謀所犯下的罪行也是相當嚴重。舉例來說，在日本擴大對美和對中戰爭規模的過程中，面對國內不甚支持的消極論點，陸軍參謀本部卻做出了「德意志一定會在歐洲獲勝」的判斷；不只如此，他們還提出了相當樂觀的觀察結論，認為若是蘇聯和英國屈服於德意志的話，那麼日本和美國也不會演變成長期的全面戰爭。然而，他們的觀點，事後被證實完全是錯誤的。

2　譯註：日本著名的軍人兼實業家，戰後一度被蘇聯拘禁，脫離俘虜之身後，成為大商社伊藤忠的掌權者，山崎豐子的《不毛地帶》即是以瀨島龍三的生平為藍本寫成。

糸賀正是在這個參謀的全盛時代，以作為日本軍支柱的參謀身分被培養出來的成員之一。

白團人員總表

原姓名	中文姓名	舊日本軍階級	經　　歷	停留台灣期間	負責科目、職務
富田直亮	白鴻亮	陸軍少將	陸士32期	1949~68	團長
荒武國光	林　光	陸軍大尉	陸軍中野學校	1949~51	團長輔佐、情報
杉田敏三	鄒敏三	海軍大佐	海軍兵學校54期	1949~52	海軍
本鄉健	范　健	陸軍大佐	陸士36期	1949~?	戰史教育
酒井忠雄	鄭　忠	陸軍中佐	陸士42期	1949~64	戰術、情報
河野太郎	陳松生	陸軍少佐	陸士49期	1949~53	空軍戰術
內藤進	曹士達	陸軍中佐	陸士33期	1949~50	空軍
守田正之	曹正之	陸軍大佐	陸士37期	1949~50	教官
藤本治毅	黃治毅	陸軍大佐	陸士34期	1949~50	後勤
坂牛哲	張金先	陸軍中佐	陸士43期	1949~50	砲兵
佐佐木伊吉郎	林吉新	陸軍大佐	陸士33期	1949~52	情報、戰術
鈴木勇雄	王雄民	陸軍大佐	陸士36期	1949~52	空軍
伊井義正	鄭義正	陸軍少佐	陸士49期	1949~52	戰車戰術
酒卷益次郎	謝人春	陸軍少佐	陸士49期	1949~52	砲兵
岩上三郎	李德三	陸軍中佐	陸士43期	1949~51	戰術、演習

岡本覺次郎	溫　星	陸軍大佐	陸士32期	1949~52	通訊
市坂信義	周祖蔭	陸軍中佐	陸士43期	1949~52	海軍
松崎義森	杜　盛	海軍機關中佐	海軍機關學校56期	1950~53	海軍
溝口清直	吳念堯	陸軍少佐	陸士47期	1950~63	登陸戰術
市川治平	何守道	陸軍大佐	陸士37期	1950~53	戰術
堀田正英	趙理達	陸軍大佐	陸士37期	1950~52	高階軍官訓練
萱沼洋	夏葆國	海軍機關少佐	海軍機關學校65期	1950~52	海軍
服部高景	甘勇生	陸軍大佐	陸士36期	1950~52	工兵教育
後藤友三郎	孟　成	陸軍中佐	陸士44期	1950~52	工兵教育
笠原信義	黃聯成	陸軍大佐	陸士36期	1950~52	後勤
野町瑞穗	柯仁勝	陸軍少佐	陸士46期	1950~52	情報
松元秀志	左海興	海軍大佐	海軍兵學校52期	1950~62	海軍
今井秋次郎	鮑必中	海軍中佐	海軍兵學校54期	1951~52	海軍
大塚清	楊　簾	陸軍中佐	陸士40期	1951~52	情報
瀨能醇一	賴達明	陸軍少佐	陸士48期	1951~52	第32師訓練
美濃部浩次	蔡　浩	陸軍少佐	陸士48期	1951~52	第32師訓練
都甲誠一	任俊明	陸軍中佐	陸士42期	1951~52	第32師訓練
春山善良	朱　健	陸軍少佐	陸士48期	1951~52	第32師訓練
新田次郎	閻新良	陸軍少佐	陸士46期	1951~52	第32師訓練
弘光傳	邵　傳	陸軍少佐	陸士49期	1951~52	登陸戰術

固武二郎	曾固武	陸軍少佐	陸士48期	1951~52	第32師訓練
松尾岩雄	馬松榮	陸軍少佐	陸士48期	1951~52	第32師訓練
岩坪博秀	江秀坪	陸軍中佐	陸士42期	1951~68	戰術
糸賀公一	賀公吉	陸軍中佐	陸士44期	1951~68	軍需、動員
大橋策郎	喬　本	陸軍中佐	陸士44期	1951~68	戰術
立山一男	楚立三	陸軍少佐	陸士48期	1951~68	戰術
佐藤忠彦	諸葛忠	陸軍中佐	陸士43期	1951~64	戰車戰術
村中德一	孫　明	陸軍中佐	陸士45期	1951~64	動員
富田正一郎	徐正昌	陸軍少佐	陸士45期	1951~64	動員
山下耕	易作仁	陸軍中佐	陸士44期	1951~64	戰術、軍制
中島純雄	秦純雄	陸軍少佐	陸士46期	1951~64	戰術
戸梶金次郎	鍾大鈞	陸軍少佐	陸士47期	1951~64	戰術
池田智仁	池步先	陸軍少佐	陸士49期	1951~53	第32師訓練
伊藤常男	常士先	陸軍少佐	陸士47期	1951~53	第32師訓練
福田五郎	彭博山	陸軍少佐	陸士47期	1951~53	空軍教官
山本茂男	林　飛	陸軍少佐	陸士49期	1951~53	戰術
中尾拾象	鄧智正	陸軍中佐	陸士42期	1951~53	第32師訓練
井上正規	潘　興	陸軍少佐	陸士47期	1951~53	第32師訓練
西村春彦	劉啟勝	海軍中佐	海軍兵學校55期	1951~53	海軍
高橋勝一	桂通海	海軍大佐	海軍兵學校54期	1951~53	海軍

中山幸男	張　幹	陸軍少佐	陸士46期	1951~53	第32師訓練
佐藤正義	齊士善	陸軍少佐	陸士47期	1951~53	第32師訓練
土屋季道	錢明道	陸軍中佐	陸士45期	1951~53	第32師訓練
篠田正治	麥　義	陸軍少佐	陸士47期	1951~53	通訊、動員
川田一郎	蕭通暢	陸軍少佐	陸士47期	1951~53	第32師訓練
村川文男	文奇贊	陸軍少佐	陸士48期	1951~53	情報
小杉義藏	谷憲理	陸軍中佐	陸士40期	1951~53	戰術
黑田彌一郎	關　亮	陸軍中佐	陸士45期	1951~53	第32師訓練
三上憲次	陸南光	陸軍中佐	陸士44期	1951~52	戰術
藤村甚一	丁建正	陸軍中佐	陸士41期	1951~52	第32師訓練
小針通	閔　進	陸軍少佐	陸士48期	1951~52	第32師訓練
大津俊雄	紀軍和	陸軍少佐	陸士47期	1951~52	第32師訓練
進藤太彥	鈕彥士	陸軍中佐	陸士44期	1951~52	第32師訓練
宮瀨蓁	汪　政	陸軍少佐	陸士47期	1951~52	第32師訓練
御手洗正夫	宮成炳	陸軍少佐	陸士49期	1951~52	第32師訓練
村木哲雄	蔡哲雄	陸軍中佐	陸士44期	1951~52	第32師訓練
杉本清士	宋　岳	陸軍少佐	陸士48期	1951~52	第32師訓練
川野剛一	梅新一	陸軍少佐	陸士47期	1951~52	戰術
市川芳人	石　剛	陸軍少佐	陸士46期	1951~52	戰術
神野敏夫	沈　重	陸軍中佐	陸士41期	1951~53	第32師訓練

川田治正	金朝新	陸軍少佐	陸士47期	1951~52	後勤
山藤吉郎	馮運利	陸軍中佐	陸士44期	1951~52	軍官教育
石川頼夫	魯大川	陸軍中佐	陸士44期	1951~53	空軍教官
土肥一夫	屠航遠	海軍中佐	海軍兵學校54期	1951~61	海軍
瀧山和	周名和	陸軍少佐	陸士49期	1951~59	空軍教官
山口盛義	雷振宇	海軍中佐	海軍兵學校54期	1951~62	海軍
山本親雄	帥本源	海軍少將	海軍兵學校46期	1952~53	副團長
小島俊治	阮志誠	陸軍少佐	陸士48期	1952~53	第32師訓練
岡村寧次	甘老師	陸軍大將	陸士16期	東京	富士俱樂部
小笠原清	蕭立元	陸軍少佐	陸士42期	東京	富士俱樂部

*根據《曹士澂檔案》、岡村寧次同志會名簿記載製作。

面臨敗戰的三十四歲

糸賀公一於一九一一年（明治四十四年）出生在出雲大社附近的島根縣簸川郡多伎町（現為出雲市），是家裡十一個兄弟姐妹中的長子。他的父親是農會會長，在地方上是相當知名的人物。

根據糸賀的長男——前富士銀行常務董事糸賀俊一所述，糸賀家原本是和歌山地方的鄉野武士，當時家族的姓是「糸我」，後來在南北朝時期隨同南朝作戰，轉戰於山陰一帶，最後輾轉來到出雲地區落腳，在這過程中才改姓為「糸賀」。

糸賀公一中學畢業之後，通過了陸軍士官學校預科的考試，從此開始踏上成為陸軍菁英的道路。一九三〇年（昭和五年），他以陸士第四十四期的身分入學，並於一九三七年（昭和十二年）自陸軍大學畢業。因為他有一陣子身體出了問題，所以留在陸士學校擔任了兩年的戰術教官；在太平洋戰爭爆發的一九四一年（昭和十六年），糸賀升任大本營陸軍參謀，並於隔年被派遣到滿洲，配屬在從馬來半島返回的山下奉文大將麾下，擔任對蘇作戰的第一方面軍參謀。

可是，隨著南方戰線的情勢日趨不穩，糸賀的任務也變了調。

滿洲的兵器漸漸被抽調走，滿洲的陸軍也被抽掉了骨幹，對蘇聯作戰已經變成了不可能之事。於是我先是轉任到參謀本部，接著又被派到新加坡。

糸賀在陸軍最後的職務，是以新加坡第七方面軍參謀身分畫上句點的。當時第七方面軍的司令官，是在東京大審中作為A級戰犯被判處死刑的板垣征四郎。一九四五年（昭和二十年）三月糸賀升任中佐，八月戰爭便結束了。

之後，糸賀在新加坡負責與重返此地的英軍進行斡旋，在樟宜收容所和戰犯們一起度過了兩年。據俊一先生所述，糸賀幾乎不曾提起他在新加坡這段經歷，不過讓俊一先生至今印象猶新的是，父親曾經有過這樣的感想：「英軍那些傢伙的腦袋很好，也相當好說話，但是也有很多地方讓人無法掉以輕心，因此必須時時保持警戒才行。」

復員之後，三十七歲的糸賀回到了故鄉島根縣，也回到了帶著四個幼子，一直等待他回來的妻子身邊。舊日本軍的解體以及公職追放[3]，讓糸賀半生積累的專業瞬間化為泡影。

「有件想要拜託你的工作」

接下來該怎麼過活才好？糸賀的心中一片晦暗。

「軍隊沒了，國家也沒了，再就職也不可能；要賺點錢的話，到底該怎麼做才好，真是頭大啊！……算了，就先從農夫開始做起，耕種自己的田地，想辦法努力活下去。」

身為長男的糸賀，肩負著扛起一家生計的重責大任。不只是妻兒，他的弟弟妹妹們，也都跟兒子俊一的年紀相差不了多少。

雖然過去幾乎沒有任何種田的經驗，不過糸賀生來就是熱中於研究的個性，於是，只見他不知從哪裡弄來了當地特產無花果的新種子，接著便一頭栽進農業之中，最後總算維持住一家的生計。

當糸賀在陸軍的學長小笠原清捎來訊息，表示「希望你能到東京一趟，有件想要拜託你的工作」時，已經是糸賀回到故鄉的第三年，也就是一九五〇年（昭和二十五年）的夏天。

小笠原清，正是日後以白團日本方面事務局長的身分，活躍一時的人物。他以最後一任中國派遣軍總司令——岡村寧次大將心腹中的心腹自居，日本敗戰之後，岡村停留在南京安排日本軍民返國，小笠原也寸步不離地追隨在側，將一絲希望寄託在中國；岡村回國之後，和蔣介石攜手共同推動組建白團，而小笠原也作為岡村的股肱，為白團的運作而盡力奔走。

對這個時候的糸賀來說，不管是什麼樣的工作，只要有工作就謝天謝地了。於是他搭上了夜車，趕到東京和小笠原見面。而他從小笠原那裡聽到的，是這樣模模糊糊、細節不清的工作內容：

希望你能前往台灣，幫助蔣介石和共產黨作戰。報酬當然相當優渥，只不過，這可能是份得賭上性命的工作唷！

當時，已經有好些八卦雜誌頻頻報導所謂「台灣義勇軍」的話題。「為了幫助蔣介石而前往台灣的前日本軍人」——這樣一個有如痴人說夢般的計畫，居然會和我扯上關係？糸賀實在完全無法想像。

雖然糸賀從前曾在滿洲服役過，但是嚴格說起來，他並不是那種通曉中國事務的所謂「中國通」。儘管如此，面對小笠原的邀請，糸賀只簡簡單單地回了兩個字：「我做！」

誠如小笠原話中的暗示，這份工作的報酬想必超乎一般的豐厚，而其中所蘊含的風險，糸賀

3 譯註：「公職追放」意為禁止戰犯、舊日本軍人、軍國主義者等人士從事公職，是駐日盟軍總司令部GHQ（General Headquarters）的統治政策之一。

自己也心知肚明。然而，這些都不是他之所以如此簡單應允的主因。

據糸賀自己的估算，接下這份工作，一定能夠充分支應島根老家親人的生活所需，然而，比起家人的生計更重要的是，他現在正值身為軍人活力最旺盛的年紀，而這份工作，正是讓他竭盡半生所學的知識與經驗，重新發光發熱的最佳舞台。這種強烈的誘惑與魅力，才是讓他當下如此斬釘截鐵回應的最大理由。

糸賀是擬定作戰計畫的專家。來到台灣之後，他在蔣介石的指示下，密切參與制定以奪回中國為目標的「反攻大陸計畫」，同時也是白團於一九六八年解散時，最後留在台灣的五人之一。不過，這些都是後話了。

在這個時期，有數百名陸海軍人員分別接受了小笠原以及其他白團發起人的徵詢，看他們是否願意渡海前往台灣，其中最後接受邀約的大致有一百人，實際混進貨輪裡面、偷渡到台灣的總人數為八十三人。

在戰後亞洲混亂的國際情勢中，綻放獨特異彩的地下軍事顧問團——白團，就這樣開始了它的行動。

驅策他們前進的動力是什麼？

然而，若是仔細想想，這些日本人明明與蔣介石在中日戰爭期間相互廝殺了長達八年之久，為什麼在這個時候，卻又甘冒諸多風險，渡海協助蔣介石呢？是什麼樣的理由，讓他們非做出這樣的抉擇不可呢？反過來說，蔣介石又是為了什麼理由想要邀請日本人助陣，並將這樣的念頭轉化成實際的白團招聘呢？

要是讓作為反共作戰的一環、為了軍事援助而前來台灣的美國人發現白團存在的話，他們鐵定會大為驚愕、無法理解，並且做出激烈的反應，要求蔣介石把這些人驅逐出去吧！正因如此，至少在日本被美軍占領的這段期間，以及戰後的好一段時間裡，白團的存在一直都是極機密的事項，這也是理所當然的。

那麼，白團之所以持續這樣的地下活動超過二十年，其理由究竟何在呢？

有一種說法是：「為了報答蔣介石總統的恩義」。

日本投降當天，蔣介石發表了「以德報怨」演說；在演說中，他呼籲中國人民和日本人民進行和解、要善待日本人民，爾後在處理日本問題的時候，他也力倡所謂的「寬大政策」。

蔣介石的寬大政策，包括了維持天皇制、放棄戰爭賠償、讓日本軍民在平和的狀態下離開大陸等等；正因為有感於蔣介石的恩義，所以這些燃燒著正義之魂的軍人，才紛紛渡海來到台灣——這個簡單易懂的故事，被大家當成了真正的白團故事，並且一直流傳了下來。

然而，追根究柢，戰爭也好、軍人也好，真的都只是照著這麼單純的心情與準則在行事嗎？這樣的故事，簡直就跟那些以縱橫滿洲的馬賊與浪人為題材的電影所描述的內容沒什麼兩樣，不是嗎？自從二〇〇八年筆者在公諸於世的《蔣介石日記》中，發現許多有關白團的記述之後，這個疑問便始終盤旋在我的腦海中，揮之不去。

人類的社會，是由表面的原則和內在真實的想法所共同構成的。沒有表面的存在，則人也將無法繼續生存下去。世間一般將這種顯露於外、冠冕堂皇的原則，稱為「大義」。我並不打算否認「報答恩義」這種使命感，是白團之所以採取如此大膽行動的原動力之一；但是，作為以調查事實為職志的新聞記者，經常思考「事情是否並非只是如此呢？」可以說是一種固定的習性。為此，我不只想觀察白團強調「大義」的表面，更想發掘出隱藏在這種表面之下的「真心」。

這本書，正是過去七年間埋首探尋蔣介石的「真心」，以及白團真實身影的筆者，將自身探尋的經歷歸納彙整，所寫下的記錄。

第一章

蔣介石是什麼樣的人？

正在寫日記的蔣介石。

空前絕後的日記

與日記格鬥的「快感」

閱讀日記這項工作，雖然是為了研究與取材的目的，但另一方面，一旦從中探尋出「過去從未發現的事物」時，那樣的快感也是難以言喻的；或許可以這麼說，那就是一種得窺廬山真面目的喜悅。

日記，是以「不被他人所察覺」為前提，書寫而成的作品。在那當中，隱含的是不願為他人所知的「真實的告白」。當然，在這世上也有所謂的「交換日記」，但儘管如此，大體上而言，日記仍然是一種除了自己之外，別無他人得見的寫作體裁。

然而，因為日記也是整體歷史的一部分，所以人類的好奇心自然不會輕易地放過它。日記不只是生活在那個時代人們「真實的告白」，其作為史料的價值也是彌足珍貴；如果這本日記的執筆者是歷史上的重要人物，那麼它所代表的意義，就更加非比尋常了。

正因如此，在歷史學中，政治家的日記被視為一手史料，相當受到重視。

以日本而言，政治人物撰寫日記的開端，最早可以追溯到平安時代貴族所撰寫的日記。當時的貴族會透過日記將每天的工作狀況記錄下來；由於當時是貴族體系正在邁向定型化的時代，貴族子弟通常會承襲父親擔任同樣的工作，因此透過日記將父親的工作內容傳承給子孫，就變成了貴族們迫切需要的事務。

明治維新以降，也有許多政治家撰寫個人的日記，其中最著名的就是橫跨明治、大正時期的政治家原敬[1]的日記。而在戰後的日本，也有佐藤榮作和岸信介等人的日記被公開刊載。

另一方面，在現代中華世界眾多政治人物的日記中，展現出無與倫比存在感的，莫過於《蔣介石日記》了。筆者之所以開始撰寫本書的動機，也是源自於和《蔣介石日記》之間的「格鬥」。

橫跨五十七年的記述

蔣介石從一九一五年開始撰寫日記，也就是日本的大正四年；那年，他二十八歲。五十七年後的一九七二年（昭和四十七年）八月，當時已屆八十五高齡的蔣介石，停止了日記的撰寫，那是他在一九七五年（昭和五十年）過世前三年的事。在這三年間，蔣介石的身體由於數年前遭逢車禍影響而嚴重萎縮，因此已經無法繼續提筆寫作。這部跨越五十七年、持續寫作的日記，可說是空前絕後的日記。

蔣介石撰寫日記超過半個世紀，他在這期間一步步走向中國的政治中樞，而且幾乎從來不曾離開過這個圈子的核心，可說是極其罕見的人物；我們甚至可以說，一部中國現代史，就是環繞著孫文、蔣介石和毛澤東三人而形成的歷史。正因如此，這部濃縮了蔣介石一生的日記，以史料

1 譯註：原敬，日本著名的平民政治家，曾任首相，一九二一年遭暗殺身亡。

的價值而言，完全可說是無價之寶。

在這五十七年的日記當中，總共有四年分的日記目前佚失了。蔣介石曾於一九一八年在福建作戰，卻遭到奇襲僅以身免，倉皇逃命之際，遺失了從一九一五至一九一七這三年的日記，最後只有一九一五年裡共計十三天的日記殘存下來。至於一九一七年的記述，雖然後來蔣介石曾以回憶錄的形式撰寫留存，但嚴格說來並不能稱為「日記」。

除了這三年之外，蔣介石另外佚失的一年日記，是一九二四年。這一年日記佚失的原因，至今仍然不甚清楚，只知在一九三〇年，時任蔣介石貼身祕書的毛思誠為蔣介石謄錄日記時，該年分的日記就已經不存在了。一九二四年時，蔣介石正擔任黃埔軍校的校長，當時學校中也有相當多共產黨員在學，因此有人推測，很可能是共產黨的間諜暗中將這年分的日記盜走了也說不定。

總而言之，蔣介石現存於世的日記合計五十三年分，冊數共達六十三冊。中國研究蔣介石的第一把交椅——中國社會科學院近代史研究所研究員楊天石先生的評論，足以清楚表現出蔣介石日記的價值和意義：

> 不只是中國，就算綜覽全世界的政治家，橫跨如此長久時間、包含如此豐富內容的日記，可說是絕無僅有的。

蔣介石成為「日記魔」的理由

那麼，蔣介石為什麼會成為這種執著於撰寫日記的「日記魔」呢？關於這方面的理由，可以從眾多的要素加以解析。

蔣介石在日記的開端，曾經強烈表達過自己對於清朝末年的軍人政治家——曾國藩的崇敬之情。蔣介石常在有意無意間模仿曾國藩的處世行事，而身為文人，文采相當優秀的曾國藩，也曾留下一套內容相當詳盡的日記集——《曾文正公手書日記》。

一九一三年，國民黨為了打倒袁世凱而發動的「二次革命」失敗之後，蔣介石逃亡到東京，和孫文建立了深厚的友誼，他在此時加入了中華革命黨，投身於革命事業當中。在那段流亡日本的時期，蔣介石曾經拚命地閱讀曾國藩的著作。支撐起衰敗中的清朝，成為國家棟樑的漢人政治家曾國藩，對於青年蔣介石的價值觀，有著相當深厚的影響。

蔣介石在日記中也會記下每日的天氣、溫度和當天是星期幾。他記載星期幾的方式，是日本式的「火曜日」、「水曜日」，然而一般中國人並不會使用「曜日」，而是以「星期一（月曜日）」、「星期三（水曜日）」的方式來記錄。因此有人據此推測，認為蔣介石撰寫日記的習慣，是源自他在日本就讀軍校時所受到的影響。

從小接受嚴格儒教訓練的蔣介石，在修身養性方面有著相當強烈的自我要求。對他而言，日記是備忘錄的替代品，可以讓自己在日後閱讀時深刻自省，並且激勵自身更加奮發向上。同時，日記也有對子孫進行家教的作用，蔣介石在生前，就經常要求兒子蔣經國閱讀自己的日記。

蔣介石撰寫日記的時間並非當天晚間就寢前，而是次日早晨。身為國民黨重要幹部、曾任外交部長的蔣介石之孫蔣孝嚴，曾經聽起蔣家人描述祖父撰寫日記的身影：

> 每天早上，祖父（蔣介石）都會一大早便起床書寫日記。他總是用毛筆，一字一字仔細地寫著，家裡的人們，常常可以看到他這樣書寫的身影。每天確實書寫著日記的祖父，這就是我腦海中對蔣介石的印象。對家人而言，祖父撰寫日記的模樣，可以說完全就是一幅熟悉到不能再熟悉的景象。（摘自筆者對蔣孝嚴本人的訪談）

蔣介石個人的性格傾向，也和日記這一表達形式有著若干程度的吻合。若是以德國心理學家克雷奇默[2]的分類來看，蔣介石大概就是屬於「黏著質型」與「偏執質型」的組合。黏著質型的人異常頑固，堅持自己的意志，絕不容他人屈折阻撓；這種人雖然有著不易通融的一面，卻相當地踏實努力，一旦投身某種事業當中，就會堅忍不拔地堅持到底。至於「偏執質型」，則是以堅定的信念和自信為基礎，相當自我中心的性格；這種人可以發揮出十分強烈的領導能力，但是在待人接物以及理解他人心情的方面，則顯得相當困難。蔣介石正是這兩種性格的結合體。

若要用一個詞彙讓人清楚理解蔣介石這個人，那麼最恰當的詞就是「執念」二字。朝著自己認定的唯一目標邁進，透過強烈的耐力與毅力，達成所要追求的目標。

八年抗戰期間，面對具有壓倒性戰力的日本軍，蔣介石透過將敵軍釘死在大陸內地的頑強抵抗方式，不斷地消耗日本軍；即使當他被共產黨擊敗，撤退到台灣之後，也能徹底洗刷掉在大陸失敗的因素，重新成功建立起在軍隊和國家裡的權威。

對這樣的蔣介石而言，日記，正是表露自我、內省自我的一種習慣性體現；日復一日、不曾停歇地撰寫日記的蔣介石，將這樣的事情當成了自己每天應盡的義務。

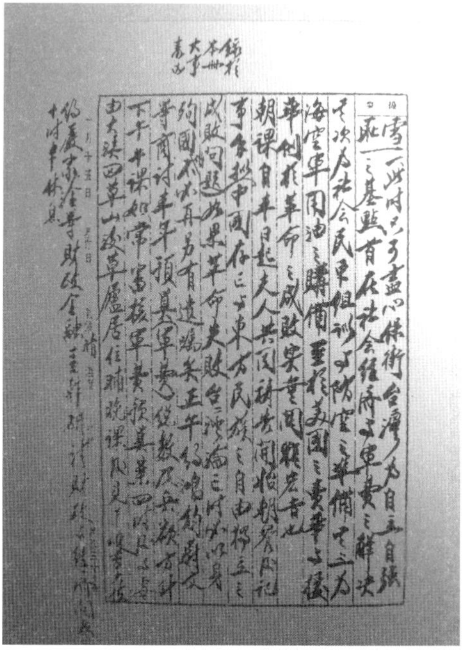
蔣介石日記中的一頁。（作者拍攝）

極高的真實性

關於日記內容的真實性如何，雖然至今仍有相當多爭議，不過一般而言，研究者仍舊普遍認

2 譯註：Ernst Kretschmer，德國心理學家，試圖將人的體質與人格特徵結合起來進行分析。

為，日記是屬於具有「高度真實性」的史料。當然，日記說到底，也只不過是當事人本身零碎記憶所組成的記述，如果不配合歷史上客觀的史料加以檢證，就無法建構起有血有肉的架構。但即使如此，《蔣介石日記》乃是關於亞洲現代史的貴重一級史料，這點仍然是被全世界所共同認可的。

追本溯源，日記可分為兩種形式：其一，是以讓他人看見為前提而撰寫的日記，例如目前保存在台灣「國史館」中，蔣介石的政敵閻錫山的日記。這部日記通篇都是格言與引用古籍內容，很明顯地，閻錫山是企圖透過這樣的日記，讓人看見自己偉大的一面，但這樣的日記並不具備任何史料價值。我原本希望透過閱讀這本日記，了解被閻錫山留用在他大本營山西省的日本兵的狀況，但我並沒有發現任何值得參考的內容，只是徒增失望而已。

另一種日記，則是只為了自己而寫的日記。在這樣的日記中，作者投注了感情，記載了自己的交友關係，同時也留下了關於自己身邊種種事情的記錄。蔣介石的日記，基本上就是屬於這一類型。

蔣介石年輕的時候，曾經有過一段生活糜爛、好賭好色、與無賴流氓群聚為伍的歲月；那個時候，在他的日記中充滿著「真想死」或是「真討厭」這種帶有強烈個人感情的內容。

爾後，隨著蔣介石在國民黨中的地位日漸上升，他眼中所見的世界為之一變，同時也逐漸開始以嚴格的道德標準來要求自己，因此日記中自省的記述也隨之增加。蔣介石把坐禪審視內心當成是每天必做的日課，然而從他的日記中，也可以一窺他在「修身」這方面的體驗。儘管蔣介石一定會意識到自己的日記將暴露在祕書或家族等親近之人的眼中，但對於後半生都處於絕對權力掌控者地位的他而言，為此虛飾自己的行為，其必要性可說相當低。

再者，蔣介石身為國家的領導者，其日記內容自然充斥著有關政治、軍事、黨務等重要事務的記述；在這方面，蔣介石似乎也有為了避免對過去發生的事情記憶模糊，而特地將它記錄下來的意味在。在這種情況下，蔣介石就有相當程度的必要性，得保持自己日記的真實度。當然，隨著這樣的發展，他在年輕時候那種個人書寫式的內容也逐漸減少，轉而以記述國家大事為中心。

在《蔣介石日記》中，經常包含了像是「今後幾日的預定事項」、「應當注意的事情」、「本日發生的事件」、「前週的反省」、「本週的工作預定表」、「本月的反省錄」、「本月的重要事項」之類的分目，從蔣介石身為領導者的角度來看，日記在這裡扮演的是協助他將所思考的事項網羅其中，類似隨身筆記本功用的角色。當然，在《蔣介石日記》中也會有未曾記錄的事項，好比說，放逐與監視政敵、軍隊或警察的殘酷行動等，在日記中連一行也未曾提及。儘管如此，《蔣介石日記》所具備的真實性，仍然是不容否定的。

環繞日記的骨肉之爭

在蔣介石還活著的時候，這部日記是由他本人保管；而在他死後，則是由長子蔣經國以總統的身分承繼了保管任務。當蔣經國在一九八八年亡故之後，這部日記被託付到他的三子蔣孝勇手中；而蔣孝勇在一九九六年病故之後，日記便由遺孀蔣方智怡來保管。蔣介石的日記乃是蔣家祕中之祕，基本上就連一次也不曾暴露在外界面前。

然而，台灣政局的變化，也改變了這部日記的命運。二〇〇〇年，擊敗國民黨獲得政權的民進黨籍總統陳水扁，開始推動「去蔣介石」、「去個人崇拜」的政治運動。原本設置在全國機關學校裡的蔣介石銅像陸續被撤去，其中許多甚至遭到銷毀。

面對這種情況，日記的保管者蔣方智怡女士產生了深刻的危機感。由於擔心日記落入民進黨政權之手，蔣方智怡以五十年為期，將《蔣介石日記》交給史丹佛大學的胡佛研究所保管。原本保管在加拿大與美國的日記，當時被統一移交給了胡佛研究所負責保管暨公開該日記的郭岱君研究員手中。

將日記交由胡佛研究所託管之際，以向一般大眾公開為前提，蔣家提出了但書，要求修復日記並製成微膠卷。蔣介石撰寫日記的時候，使用的大都是商務印書館出品的「國民日記」這種日記本；其中一部分距今已有百年之久，紙張的腐蝕、氧化自然不可避免。二〇〇四年，委託保管日記的契約正式完成後，胡佛研究所立刻開始修復工作，也同步開始進行微膠卷化。

蔣家成員以及親近蔣家的研究者，檢視了日記中不適宜公開的部分，並在微膠卷上做塗黑處理。不過，隱藏的部分被限定僅止於有關家族隱私的事項。

就在這項工作接近尾聲之際，一九一八至一九三一年的《蔣介石日記》首先在二〇〇六年三月公開，接著在二〇〇七年四月，又公開了直到一九四五年為止的部分。在筆者造訪胡佛研究所的二〇〇八年夏天，至一九五五年為止的日記也已陸續公開發表；時至今日，到一九七二年為止的所有日記，業已完全公開。

對關注蔣介石的人而言，不論日記的公開地點是在美國或者台灣，對於能夠接觸到這樣的一手史料，他們都一致表示非常歡迎。然而，在蔣家成員當中，對於透過胡佛研究所公開日記一事感到不快者，仍然大有人在。

這個問題是在二〇一〇年浮上檯面，環繞著《蔣介石日記》的出版引發的蔣家「內爭」。

胡佛研究所雖然已經公開發表了至一九七二年為止的完整《蔣介石日記》，但對研究者而言，若非遠赴史丹佛大學，就無法得窺日記的面貌；因此基於現實考量，要求《蔣介石日記》除了在美國公開發表之外，也應更進一步讓蔣介石曾經統治過的台灣人都能閱讀的聲浪，自然而然地逐漸高漲起來。

史丹佛大學胡佛研究所。（作者拍攝）

在此同時，台灣中央研究院近代史研究所也準備出版《蔣介石日記》，並且已經獲得了將日記託付胡佛研究所保管的當事者——蔣方智怡女士的同意。對此，不僅是專業的歷史研究者，許多歷史迷也都翹首期盼這套書的出版。

然而就在二〇一〇年底，蔣介石的曾孫女蔣友梅女士發表聲明，對於出版日記一事表示反對，此舉在台灣的學術界引發了一陣軒然大波。

蔣友梅的主張是，自己身為蔣介石與蔣經國日記的法定繼承人之一，因此在將日記委託給胡佛研究所乃至於出版時，理應得到所有法定繼承人的簽約同意才行；然而蔣方智怡女士對於此一長時間的託管與讓渡契約，並沒有做出善意的回應，因此她下定決心，對此發表公開聲明。

蔣友梅表示：「若是對方沒有做出『積極的回應』，不排除採取法律行動。」換句話說，這封公開信就是一篇態度強硬的「最後通牒」。

據我所知，當蔣方智怡決定將《蔣介石日記》委託胡佛研究所保管五十年的時候，只有極少數蔣家人得知這個決定；因此，「為什麼要刻意把家族重要的日記，特地交給遠在美國的研究機關保管？」此一舉動在蔣家人之間，點燃了不滿的火種。

前面提到的蔣孝嚴，也曾特地針對日記公開發表一事，向我表示了以下的看法：

> 我並不贊成將日記送往美國，而我事前對此也一無所知，其他的蔣家人對此也同樣並不知情。日記應當是歸於國家和國民黨的所有物，雖然她（蔣方智怡）說，自己當時是出於對民

進黨可能毀壞日記一事感到憂懼，但事實上這樣的擔心純屬多餘。對民主國家而言，政黨輪替實屬當然之事，她是否對於台灣的政治太過信心不足了呢？

由於蔣介石之子蔣經國和不只一位女性生下子女，所以蔣家的家庭狀況相當複雜，當中關係不睦者也不在少數。

根據蔣友梅的聲明，日記繼承權的擁有者，應為目前在世的這九人：

蔣孝章（蔣介石的孫女、蔣經國的女兒）
蔣蔡惠媚（蔣介石的孫媳婦、蔣經國的媳婦、蔣孝武之妻）
蔣方智怡（蔣介石的孫媳婦、蔣經國的媳婦、蔣孝勇之妻）
蔣友梅（蔣介石的曾孫女、蔣經國的孫女、蔣孝文之女）
蔣友蘭（蔣介石的曾孫女、蔣經國的孫女、蔣孝武之女）
蔣友松（蔣介石的長曾孫、蔣經國的長孫、蔣孝武之長子）
蔣友柏（蔣介石的曾孫、蔣經國的孫子、蔣孝勇之子）
蔣友常（蔣介石的曾孫、蔣經國的孫子、蔣孝勇之子）
蔣友青（蔣介石的曾孫、蔣經國的孫子、蔣孝勇之子）

蔣友梅堅稱，蔣方智怡不過是九位繼承人當中的一位，卻在沒有獲得其他當事人同意的情況下，自行與胡佛研究所簽訂契約，此舉已經嚴重侵害了其他繼承人的權利。

的確，將日記視為繼承遺產的一部分，這樣的主張不是不能理解，只是對蔣介石本人來說，一部根本稱不上有任何資產價值的日記，竟然會引發家中如此大的紛爭，這恐怕是他完全料想不到的！二〇一三年春天筆者進行本書相關取材的時候，中央研究院的負責人露出一副憂鬱的表情對筆者說：「只要一旦獲得許可，我們下個月就可以馬上印刷好並在書店上市，可是……」日記的印行問世，目前只能寄望於蔣家內部得以順利進行協調，然而在本書問世的此刻，出版《蔣介石日記》一事仍然遙遙無期。

蔣方智怡女士。（作者拍攝）

若是把蔣家的這種內鬥看成是政治花架的話，那可說是件相當有趣的事情。不過話說回來，這或許也是《蔣介石日記》直至如今，依然不斷散發出的磁石般魅力所引發的「事件」。

這不只是「歷史背後的一格畫面」

我開始想要針對在東渡台灣的蔣介石身邊協助他訓練中華民國國軍、由舊日本軍人組建的軍事顧問團「白團」為主題進行寫作，是二〇〇八年夏天的事。

當時，胡佛研究所剛剛公布了一九四六至一九五五年間的蔣介石日記。從國共內戰到東撤台灣，再到韓戰的爆發，這段時期不管對中國或亞洲的現代史，都是一段重要的時期；於是，為了閱讀《蔣介石日記》，我以新聞社特派員的身分，從台北前往美國。

令我驚訝的是，當我閱讀到一九四九年後半的時候，有關「白團」、「富田」、「白鴻亮」、「日籍教官」等和白團相關的記述，突然開始暴增了起來。雖然我對於白團的事也多少略有所知，但對它的理解程度，也不過就是「歷史背後的一格畫面」罷了；事實上，當我剛開始進行《蔣介石日記》的相關取材時，根本沒有計畫要敘述關於白團的問題。

然而，一九四九至一九五〇年間，在蔣介石的日記中，幾乎是從不間斷地提及白團。這段期間裡，蔣介石本人為了招聘前日本軍人而和部下反覆協商、煞費苦心和美國派來的軍事顧問進行協調，同時自身也相當熱中地參與白團的軍事教育課程。

當我愈深入閱讀蔣介石的日記，我就愈發確信，白團並不只是「歷史背後的一格畫面」，而是左右國家命運的一大關鍵。

重新評價白團的趨勢

當我在美國取材的時候，原本是想要針對《蔣介石日記》進行整體相關的企畫，而關於白團的內容，只是在其中一部分的記述中稍微提及而已。但我愈是深入，就愈覺得不該只是用這樣寥寥數頁的篇幅來描寫白團；那種未完成的感覺，就像是利刃一樣不斷刺痛著我的心。

在我下定決心探討蔣介石與白團問題的同時，對我產生很大影響的，還有我在《蔣介石日記》的發表地點胡佛研究所裡遇到的、來自世界各地的研究者。

公開發表《蔣介石日記》，讓胡佛研究所一夕之間躍為世界性的研究聖地。若是要閱讀日記，就只能直接走訪胡佛研究所，而且由於日記禁止影印，所以每位研究者都只能用自己的手抄下相關內容。

為了這點，來自日本、中國、台灣、韓國，還有美國等地的大量研究者，將胡佛研究所擠得滿滿的，每個人都將自己的心血投注在抄寫《蔣介石日記》之中。

我造訪胡佛研究所的時候，日記正好發表到相當重要的時期——國共內戰至韓戰，超乎尋常數量的研究者群集在這裡，將僅僅三十席的閱覽室座位擠得水洩不通，甚至連開設在隔壁房間的臨時閱覽室也是人山人海、熱鬧非凡。

閱覽室在早上八點半開放，下午四點半閉館；研究所閉館之後，研究者們便繼續轉戰大學的咖啡廳，相互交流今天的成果。「今天，我發現了這樣的記述……」、「關於這件事情的記載，大概是這樣的含義吧？」諸如此類的討論不斷持續著。對我而言，能夠每天參加這樣的討論，讓我不禁感受到相當強烈的刺激。

畢竟，這些人都是世界各國對於中國現代史以及蔣介石研究，走在最前端的優秀人物。正因如此，在這研究所裡，不用為了取材特地勞心勞力東奔西走，就能盡情聆聽到許多研究者的討論，而且也可以了解到他們各自對於蔣介石所抱持的見解。

在進行這項作業的過程中，我強烈地切身感受到，世界正以現在進行式的積極態度，全面性地重新再評價蔣介石。

台灣蔣介石研究的第一人，現任台灣「國史館」館長的呂芳上，在胡佛研究所取材時，曾經做過以下的表示：

> 日記的公開，帶動了對於蔣介石、中華民國史，以及國民黨研究的興盛風氣。在過去，得以接觸蔣介石相關資料的，僅限於少數與蔣家以及國民黨親近的人士，一般學者只能帶著羨慕的眼光，遠望而不可即。然而，隨著日記的數位化與全面公開，我輩學者在感懷時代變化的同時，更應銘記，這是為客觀評價蔣介石這個人，奠下基礎的最好時機。

過去，在國民黨一黨專政統治台灣時期，蔣介石被賦予神格化的地位。而在台灣民主化、政黨輪替之後上台執政的民進黨政權眼中，正如陳水扁總統將蔣介石評為「殺人魔王」一般，蔣介石被擺到了「鎮壓民眾的冷酷領導者」位子上，說得更明白一點，就是一下子由「神」跌到了

「惡魔」的地位。

另一方面，由於中國共產黨在一九四九年之後，將在台灣持續對抗共產黨政權的蔣介石視為「人民公敵」，因此，一九八〇年代之前幾乎找不到任何研究蔣介石的中國學者。然而，隨著中台關係改善，和蔣介石有關的言論也獲得了相當程度的開放；現在中國出版界正掀起一股「蔣介石熱」，書店裡和蔣介石有關的書，甚至比討論毛澤東的書還要多。

從中國遠道前來胡佛研究所的楊天石，是中國最早開始研究蔣介石的學者之一，回顧過往，他做了以下的表示：

只要提到研究蔣介石，就很難找到適當的發表管道，還會遭到種種有形無形的刁難，這樣的情況一直持續到十年前。然而，現在在中國全國的研究者當中，蔣介石研究已經變成了極

楊天石教授。（作者拍攝）

其熱門的一門顯學。在過去，我們中國的學者完全無法接觸保存在台灣的蔣介石相關文獻，但如今在美國這裡，胡佛研究所不限條件，向所有人發表了可以公開閱讀的《蔣介石日記》，我們因此能夠接觸到第一手的客觀史料，在蔣介石研究方面的可信度也驟然提高了許多。

現在楊天石關注的重點是「蔣介石為何在大陸失敗，又為何在台灣成功？」。在他看來，找到這個問題的答案，對於現在的中國是極具意義的事情。

楊天石是這樣說的：

蔣介石在一九四五年，迎向了人生的最巔峰。然而，僅僅四年之後，他就慘敗在共產黨手中，失去一切逃到了台灣。在探討他失敗的原因時，這本日記可以提供相當有用的內容。好比說蔣對於毛澤東的過低評價；一九四五年蔣介石和毛澤東進行交涉時[3]，他在日記上寫下「毛澤東是個不值一提的對手」。同時，他過於相信自己的力量與權威，最後終於招致敗北。然而，蔣介石在抗日戰爭與建設台灣方面的成功，仍然是我們應當重視的。

3　譯註：即重慶會談。

龍應台

就在我前往胡佛研究所的同一時期，在台灣出版過多本暢銷書的女作家龍應台，也為了一睹《蔣介石日記》而隻身來到美國西海岸。這時候，龍應台正在為她的新作《大江大海一九四九》進行取材。這本書之後在台灣成為炙手可熱的超級暢銷書，並在二〇一二年六月，以《台灣海峽一九四九》為標題，由白水社出版了日文版的譯本。當時，龍應台是為了了解一九四九年前後蔣介石的心理狀態，所以來到美國。

對於日記，一九五二年次的龍應台的看法是這樣的：

蔣介石的日記可說相當有意思。它的表現非常真實，在那當中幾乎感覺不出虛偽的記述。

蔣介石的思想與思維，在當時可以說決定了台灣的一切，而他對於我們這個世代，也帶來了

作家龍應台。（作者拍攝）

不可磨滅的巨大影響。這樣的過程透過這本日記，可以獲得清楚的了解。

另一方面，對於日記中所見的蔣介石個性，龍應台也有這樣的看法：

這本日記，在呈現蔣介石如同日本人般的堅忍、對基督教的虔信；每日殫精竭慮、反覆思考問題等面向的同時，也呈現了優柔寡斷、欠缺決斷力、不信任他人、欠缺自我反省等決定性的缺點。不管長處或是短處，透過這本日記，我們都能清楚發現一個更加人性化的蔣介石。

即使在日本，《蔣介石日記》的公開也對近現代史研究者產生了巨大的衝擊。二〇〇七年，在日本成立了跨院校的「蔣介石研究會」；擔任該會顧問的慶應義塾大學榮譽教授山田辰雄提起蔣介石日記的意義時，他是這樣說的：

一方面來說，蔣介石是談及中日關係史時，無可避免一定會觸及的人物；另一方面，就有助更進一步理解中國政治這一特徵而言，這本日記的意義也相當重大。今後十年，對《蔣介石日記》的研究，應當會作為一個重要主題浮上檯面吧！只是，光就日記本身進行鑽研，並不能算是完整的研究；重點是，透過日記提供的線索，我們能夠做出怎樣的論述？

在蔣介石研究已然細分化的現在，我認為與其書寫蔣介石這個人物的全面，不如針對特定的主題加以深入探討，從而描繪出蔣介石的某一面，這樣的做法更適合身為新聞記者的我。於是，我下定決心，將自己接下來預備長時間進行探討的主題，設定在「白團」上。

在因緣的土地上

以德報怨之碑

在所有外國的政治家當中，再也找不到第二個像蔣介石這樣，終其一生與日本有著極深牽繫的人物了。

事實上，我們可以清楚地說，蔣介石與日本的緣分之深厚，遠遠超出尋常的程度。

或許有人會說：「除了蔣介石以外，還有其他和日本淵源頗深的政治人物，比方說孫文，不是嗎？」確實，孫文和日本的關係是很深厚的。孫文自己是在日本孕育出革命的志向，同時他也有著許多日本知己。當孫文有必要的時候，總可以得到「來自日本的支援」，而當時的日本人也有那樣的度量和思想，足以接納、響應孫文；對孫文而言，這實在是件相當幸福的事。

從這層意義來看，孫文和日本之間確實締造了某種幸福的關係。只是，由於目的相當明確之故，孫文本身與日本社會的牽繫，就只徹頭徹尾侷限於「革命家與政治家」的範疇當中；換言之，孫文對日本的理解，還是有所侷限的。

相對於孫文，蔣介石早在還沒沒無名的時候，就已經前往日本學習。在日本，他以軍人的身分接受磨鍊，而當他的地位逐漸升高之後，則是轉身成為政治家，站在與日本對立的一方。被日本深深吸引、與日本作戰、然後又利用日本，在蔣介石的整體人格當中，可以清楚看出日本的深刻烙印，而在他八十七年的生涯裡，有一大半都是深陷在日本的陰影之中，無法自拔。

雖然撤退到台灣之後，蔣介石就不曾再踏上過日本的土地，但終戰時蔣介石所高唱的「以德報怨」寬大政策，卻讓許多日本人心中不禁油然而生對蔣介石的尊敬與感謝之情；直到蔣介石去世為止，前來台灣拜訪他的日本政治家與知識分子，始終絡繹不絕。

這樣的結果，使得蔣介石在日本留下了許多被半神格化的「記憶」。存在於日本社會當中的蔣介石形象，若是將之放入「歷史人物是以怎樣的方式被記憶下來」這個領域加以理解的話，也是一份相當適合我們探討的素材。

關於這樣的「蔣介石記憶」典型，我們可以在千葉縣的外房地區，一個平凡無奇的城鎮中窺見一斑。

順著沿海岸線南北縱走的國道一二八號線南下，往左手邊望去，可以看見外房海岸綿延不斷的九十九里濱；行駛一個半小時之後，便到達了夷隅市的岬町。在平成年間的市町村合併之前，這裡原本的名字叫作「夷隅郡岬町」。

這一帶地區擁有得天獨厚的冬暖夏涼氣候，還有著遍布白沙與青松的廣闊海岸線，因此自古以來即以療養勝地為眾人所喜愛，文豪森鷗外也曾在此建築夏季別莊。

戰前，與孫文交情深厚的梅屋庄吉[4]，他的別墅就座落在這裡；中國革命的支援者頭山滿[5]、宮崎滔天等人，也曾聚集於這棟別墅中商討大計。梅屋是日活電影公司的創辦者，當孫文與宋家三姐妹裡的次女宋慶齡舉行結婚典禮時，他們所選擇的婚禮場所——位於東京日比谷公園內的餐廳「松本樓」，其背後也與梅屋有著密切的關係。

在岬町江場土的十字路口一角的空地上，有一處被低矮的灌木所包圍的地方，在那當中，可以看到一塊高約兩公尺，用黑色花崗岩雕刻而成的氣派石碑：

以德報怨之碑

在這塊氣派的石碑上，用漂亮的字體刻著這幾個大字。

石碑背後的說明是這樣寫的：

千葉縣夷隅市的〈以德報怨之碑〉。（作者拍攝）

岬町乃是與蔣介石總統因緣甚深的土地。我等為報答蔣介石總統的恩情，特在此設立此以德報怨之碑。在緬懷蔣總統遺德之餘，我等亦在此立誓，日中將永保和平親善，直至後世不絕。

日期是昭和六十年四月吉日，立碑者是「蔣介石總統顯彰會」。

日本戰敗後，善待眾多日本人的蔣介石

為了了解石碑建立的前因後果，我走訪了夷隅市公所，但文化部門的有關人員卻告訴我：「雖然我知道有這塊石碑，但過去到底是由誰建造的，我並不清楚。」於是我回到石碑豎立之地，再次仔細端詳，但上面除了「蔣介石總統顯彰會」這個名稱外，找不到任何具體的人名或是聯絡方式。不過，在石碑的背後刻著「石井石材店」的名字；我向附近的人打聽，得知這是一家位於立碑地點五十公尺左右處的石材店。

「我沒記錯的話，應該是扶輪社的人做的吧？你可以去千葉水泥打聽看看，那家公司是這一帶扶輪社的中心唷！」石井石材店的老闆這樣告訴我。

4　譯註：日本的大貿易商、實業家、名電影製片人，畢生支持孫文與中國革命事業。

5　譯註：日本大企業家、民權運動者兼大亞洲主義者，支援中國革命與同盟會的同時，也積極扶持極右派組織黑龍會，一生充滿爭議。

千葉水泥同樣位於岬町內，是一家地方性質的企業。儘管我的造訪相當突然，不過社長淺野和夫還是將我迎入會客室，並且親切地回答我的問題。

「因為是很久以前的事了，所以我也有點記不清楚了……」淺野一面這樣說著，一面絞盡腦汁搜尋自己的記憶，試著回想起當時的狀況。據他表示，豎立石碑的構想，是由町內一位名叫「清水豐」的鄉土史家首先提倡，並獲得以淺野為首的扶輪社員們出資贊助，建造而成的。

> 因為蔣介石是在日本戰敗後仍然善待眾多日本人的偉大人物，所以我們一致認為，豎立這塊石碑是件有意義的好事。最初我們本來是打算在町有地上建造的，可是日本共產黨人知道之後火冒三丈，破口大罵說「真是豈有此理」，還一狀告到町長那裡，所以我們最後只好借用私有地的一角來立碑了。石碑揭幕的時候，台灣大使館的人也有來參加；當它建造完成之後，我們大家還一起去了台灣旅遊呢！

淺野像是很懷念似地說著。我看了一下當時的收支明細資料，一股一萬圓的募款，有超過兩百人響應入股，最後募集到的資金大約是三百萬圓左右。

只是，為什麼他們非得豎立有關蔣介石的碑文不可呢？光是聽淺野的話，我還是覺得理由似乎不夠充分，於是我請淺野打了通電話給清水豐；清水的家，位在距離千葉水泥公司一公里遠的住宅街上。

宋美齡也來過這裡？

這時候，清水已經是八十九歲高齡的老翁了。儘管他的重聽程度相當嚴重，但記憶力卻好得讓人大吃一驚。一開始他以「耳朵聽力不好」為由，對訪談抱持著排拒的態度，但當他一打開話匣子之後，蔣介石、孫文、宋美齡等名人的名字，便以岬町這個舞台為中心，陸陸續續在他的故事中登場。

根據清水所言，蔣介石在二十出頭留學日本時，經常到岬町的梅屋別莊享受休閒時光。透過孫文引薦，蔣介石認識了梅屋庄吉，並且如同對待母親一般仰慕著庄吉的妻子阿德。每次蔣介石來這裡，阿德一定會幫他燒洗澡水、準備餐點、洗衣服，簡直就把他當成親生兒子一樣地疼愛。即使在蔣介石成為中國有力的軍事領袖之後，還是會不時前來此地拜訪梅屋別莊。

蔣介石往返於東京和岬町之間的時候，據說偶爾也會帶著宋美齡，一起在岬町的街頭散步。雖然他們兩人在此停留是極端機密之事，但我曾經從一位擔任過蔣介石司機的人士以及其他友人那裡，詳細聽聞過當時的情況。那個時候，蔣介石正處於既失勢又失意的人生谷底，在他心中充滿了迷惑，不斷思索著是不是該和宋美齡一起逃往美國。這時候，梅屋先生對著蔣介石大聲怒吼說：「孫先生視你為後繼者，將革命的未來託付給了你；明知如此你還要逃到美國去，你這樣子還算是個男人嗎？」遭到梅屋先生這樣怒喝後，蔣介石便打消了前往美國的念頭呢！

清水眉飛色舞地講著這段關於蔣介石的軼聞，不過在這故事當中卻有不少值得懷疑之處。畢竟，目前並沒有宋美齡曾經來過日本的記錄，所以究竟是那位司機搞錯了呢，還是她真的曾在極機密的狀態下入境日本呢？這點實在很難說。不過，後半段蔣介石與梅屋的對話若真實存在，那的確是相當令人感興趣的一件事。

在故事發生的時點之後，梅屋曾經應蔣介石之邀，以中華民國國賓的身分前往大陸。一九三二年爆發上海事變（一二八事變）時，對中日關係未來發展深感憂心的梅屋，也曾經寫信給蔣介石，呼籲保持日中親善。一九三四年（昭和九年），廣田弘毅外相敦請一向身為日本與國民政府領袖（亦即蔣介石）之間溝通橋梁的梅屋出山，為改善中日關係進行斡旋。於是梅屋強撐著老邁的軀體，從岬町的別莊準備動身前往中國，然而，就在他要搭乘外房線列車的時候，卻在月台上昏倒，一個星期之後便過世了。在他的葬禮上，擺設著蔣介石致贈的花圈，而據說他下葬的時候，在棺木上還

為建碑奔走的清水豐先生。（作者拍攝）

覆蓋著青天白日滿地紅的中華民國國旗。

清水相當自豪地這樣說著：

雖然我不曾直接見過蔣介石，但蔣介石與我父親同樣是出生在明治二十年（一八八七年），所以我從以前就一直很關心蔣介石。那塊石碑，是為了將蔣介石與這個城鎮的深厚牽繫，透過歷史記憶的形式保存下來而豎立的。碑文的題字是我拜託千葉有名的書法家寫的，至於後面的解說，則是我自己撰寫的。

這是對蔣介石多麼樸實的敬仰啊！在日本這個國度裡，有著像清水這樣毫無其他企圖，只是純粹表達對蔣介石的感謝之意的人，這是真真切切的事實。

墨寶——「橫掃千軍」

有關蔣介石的「記憶」，也透過書法的形式在日本留存下來。

台灣首都台北的地標之一，是座落在市中心，向來往人群展露其威嚴面貌的中正紀念堂。「中正」是蔣介石的名（「介石」則是字）。為了緬懷父親，蔣介石的兒子蔣經國，建造了這棟純白的巨大建築物。建物主體前方有寬闊的廣場，兩側則並立著仿中式宮殿建築的國家戲劇院與國家音樂廳。

民進黨政權時代，中正紀念堂是台灣政爭的焦點。強烈批判蔣介石個人崇拜的陳水扁總統，企圖將這座被他視為威權主義象徵的建築強行「改名」。此舉遭到在野的國民黨強烈反彈；改名計畫最後並沒有實現，但還是將中正紀念堂前廣場正門上懸掛的「大中至正」橫額拆了下來，換成了「自由廣場」四個字。「大中至正」這句成語的意思是「不論做什麼事都要保持中庸，方為正道」；它在作為蔣介石座右銘的同時，也包含了他的名字「中正」在裡頭，在為了彰顯蔣介石而設立的中正紀念堂裡，這是一句最具象徵意義的標語。

中正紀念堂的一樓有間展示室，裡面擺放著與蔣介石有關的種種物品。展示室牆上掛著一幅墨寶，上面寫著這樣四個字：

橫掃千軍

收藏於台北市中正紀念堂的蔣介石墨寶「橫掃千軍」。（作者拍攝）

很少人知道，這幅墨寶在蔣介石的生涯當中其實具有重大的意義，可說是相當於紀念碑般的存在。

「橫掃千軍」是蔣介石旅居日本三大溫泉之一——有馬溫泉的時候，親筆題下的字。

一九二七年（昭和二年）九月二十八日清晨，蔣介石搭上了從上海開往長崎的定期客輪「上海丸」，隨行人員包括蔣的親信張群在內，一共有九人。蔣介石一行人住在船上的一〇一號客艙，當他在客艙內短暫休息，並接受船長的邀請當場揮毫之後，蔣介石又應同船的日本新聞記者請求，和對方進行了一次訪談。

當時，從上海到長崎得花超過二十四小時以上的時間，可說是一段相當漫長的航程。古今中外，記者感興趣的東西一向大同小異。通常，他們會使用所謂「搭便車」的手法獲得新聞內容，也就是當取材對象要前往某個地點時，跟著他一同順道前往，然後再利用路途中的空檔，從空閒下來的採訪對象口中，小心翼翼地套出自己想了解的內容。

在這次訪談中，蔣介石表示，自己的這趟訪日之行「並沒有任何政治意味」。然而，這次走訪日本，卻讓蔣介石迎來了人生重大的轉機。事實上，就在蔣介石訪日之前不久，《字林西報》[6]以〈好事將近〉為標題，報導了當時蔚為話題，關於蔣介石與宋美齡婚事的進展。報導中

6　譯註：*North China Daily News*，一八五〇年創立於上海，為上海境內第一份近代意義上的報紙，同時也是當地最有影響力、歷史最悠久的報紙之一。

指出，蔣宋兩人的婚事已經佳期將近；當日本記者問到有關此事的實際情況時，蔣介石的回應是「大致上算是事實吧」，等於變相承認了確有此事。

在有馬溫泉定下婚約

對於與浙江財閥宋家的三女宋美齡結婚一事，蔣介石心中其實始終抱持著一絲不安。讓他不安的原因是，到此時為止，他還沒有取得宋美齡的母親倪桂珍的同意。不管在哪個國家，母親的意見對於婚姻都是相當重要的。而且不只如此，宋家傳統上就是屬於女性較強勢的家族。因此，蔣介石這趟日本行的另一個隱藏目的，就是要與正在日本療養中的倪桂珍見面，並設法說服她點頭答應這門婚事。不過，在日本記者的面前，他當然是不會明白把這些話說出口的。

蔣介石所期盼的，是藉由這樁婚事，設法接近掌握中國經濟的宋家。蔣介石自己也是浙江人；雖然他已經掌握了中國全國的軍權，但是他在黨內的基礎並不穩固，時常處於政敵環伺的狀況之中。之所以會如此，主要原因之一就在於他除了軍隊之外，在政、經各界並沒有屬於自己的嫡系子弟兵，所以在黨內的政治鬥爭中，經常被逼入極其不利的困境。事實上，就在這次訪日之前不久，他才因為國民黨的內部對立[7]而被迫辭去國民革命軍總司令一職。

若要培養自己的嫡系，那就需要金錢。縱使在戰場上總能展現出其他軍人望塵莫及的魅力與作戰能力，但蔣介石在國民黨內的政爭，還是經常處於劣勢。軍人不及文人的現實，讓蔣介石不斷苦思，究竟該用什麼方法才能打破這種困局？

為了鞏固地位，蔣介石無論如何都希望能夠爭取到資金雄厚的宋家作為自己的後盾。另一方面，宋美齡也相當傾心於蔣介石身為軍事領袖的強烈個性，那種個性是那些圍繞在她身邊、出身良好的財經界求婚者身上所見不到的。眾所皆知，蔣介石的性格相當急躁火爆，不過這火爆個性到了宋美齡口中，反而變成了「男人不都是這副德行嗎？比起毫無霸氣，這樣子還比較好呢！」這種讚賞之詞。仔細想想，被後世歷史家評為「熱愛權力的女人」的宋美齡，會有這種男性觀也是很正常的吧！

雖然蔣介石信誓旦旦地向宋美齡保證會和妻子離婚，不過面對這個已婚男人的追求，宋美齡一開始似乎顯得有些不知所措，不過，後來她還是漸漸被蔣介石的熱情所打動，最後終於開出一個條件：「只要我母親同意，我們就結婚。」然而，倪桂珍是嚴格的基督教徒，而且她不只知道蔣介石已婚，也知道他年輕時曾經過著流連花叢的浪蕩生活；正因如此，要說服她接受女兒與蔣介石結婚，可說是件相當困難的任務。

對蔣介石來說，最後的難題，毫無疑問就是倪桂珍這關。

倪桂珍因為足疾，前往日本進行溫泉療養。最初是在雲仙溫泉，但因為並沒有顯著的療效，所以又轉到別府溫泉，只是一樣沒有好轉。於是，接下來她又轉移到神戶，在有馬溫泉的有馬旅館暫居下來。據說有馬旅館因為沒有溫泉的泉頭，所以它的溫泉水全都是用人力步行的方式運送

7　譯註：即「寧漢分裂」，國民黨分裂為以汪精衛為首、容共的武漢政權，以及以蔣介石為首、反共的南京政權。

過來的。

從上海到達長崎，再轉抵神戶的蔣介石，只說了聲「我去兜兜風」，便在沒帶隨從的情況下，於十月三日與宋美齡的哥哥宋子文一同前往有馬旅館。

經營有馬旅館的增田家子孫、目前在有馬當地經營企業的增田晏之是這樣說的：

> 我聽父親說起，倪桂珍女士住進有馬旅館大約一星期後，蔣介石先生便從神戶來到了這裡；第二天，似乎因為自己的婚事得到了認可，蔣介石先生顯得十分高興，於是便提筆寫下了整整五張墨寶。

蔣介石當著倪桂珍的面，將要送給宋美齡的結婚戒指與腕錶託給了她；當倪桂珍結束療養回到上海之後，便將這份禮物交給了宋美齡。想必她是被特意跑來有馬溫泉的蔣介石，那份熱忱的

一九二七年蔣介石攝於有馬溫泉，現藏於台北市中正紀念堂。（作者翻拍）

感情給打動了吧！

長久以來一直渴望的，與宋美齡之間的婚事，如今終於可說是塵埃落定，喜上眉梢的蔣介石，當場就給了有馬旅館的女老闆三百圓小費；在那個住宿一晚只要三圓的時代，突然接到這樣一筆豐厚的小費，女老闆不禁大吃一驚。

接著，蔣介石還親筆題下了「千客萬來」、「橫掃千軍」、「平等」、「平和」、「革命」這五張墨寶，送給了經營有馬旅館的增田家。

這五張墨寶，現在除了「橫掃千軍」以及「平等」之外，其他三張都已經佚失了。

「橫掃千軍」原本是由增田家保管，不過後來在台灣舉行蔣介石紀念活動時，增田家慨然將之出借，最後更直接將它贈送給台灣；如前所述，這幅墨寶現在正在台北的中正紀念堂展示之中。

有馬旅館在昭和十三年因水災沖毀，現在已經不存在了。現在在中正紀念堂裡，還展示著蔣介石

收藏於有馬縣極樂寺的蔣介石墨寶「平等」。（作者拍攝）

坐在有馬旅館前欄杆上的照片。

剩下的另一張「平等」墨寶，現在被保管在同樣位於有馬的極樂寺。筆者造訪極樂寺時，曾經親眼見過這張墨寶的實物；彷彿充分體現出和宋美齡的婚事終獲認可，整個人滿溢著喜悅與興奮的蔣介石當時的心情般，這幅「平等」筆力遒勁、氣勢十足，讓人一眼看到便留下深刻的印象。極樂寺一般不會向參觀者展示這幅墨寶，必須透過事先聯絡才得以一睹風采。

《開運鑑定團》認定價值兩百萬圓的墨寶

透過書法流傳在日本、有關蔣介石的「記憶」，除了有馬溫泉之外，也存在於其他地方。二〇一一年十二月六日，在東京電視台的人氣節目《出張！開運鑑定團in飯能》當中，出現了一張希望鑑定師鑑定的墨寶。最後，專家給出的鑑定金額高達兩百萬圓，遠遠超乎當事人本身預期的五十萬圓，會場頓時響起了一片驚歎與歡呼聲。

那幅墨寶題的是這四個字：

無量壽者

「無量壽佛」是佛教用語，也就是阿彌陀如來的梵名「Amitābha」的漢譯，其意指「超越時間與空間的限制，無所不在的佛」，而題下這幅字的人物，應該是刻意將無量壽佛的「佛」換成

「者」，以表示對於致贈對象的敬意。

這幅題字的落款，前面寫的是「水野同志」，末尾則是「介石」兩字。

據說，「水野同志」指的是生於明治年間的佛教徒水野梅曉，而「介石」則正是蔣介石。也就是說，這是蔣介石贈予水野梅曉的墨寶。

《開運鑑定團》的鑑定師，給了這幅墨寶當天節目的最高估價金額——兩百萬圓。鑑定師所持的理由是這樣的：「水野與蔣介石之間的交流是有文獻可證的；不只如此，蔣介石為水野寫下這幅墨寶，這樣的由來也可說相當明確。」

水野梅曉

水野梅曉這位人物，並不單單只是一位佛教徒而已。他在十三歲的時候出家，前往位於上海的東亞同文書院就學。在接下來的大混亂時期，他在日本與中國之間四處奔走，相當活躍。水野

收藏於埼玉縣飯能市鳥居文庫的蔣介石墨寶「無量壽者」。（作者拍攝）

不只活躍於佛教方面的事務，他同時以新聞記者的身分，向日本報導中國的消息；除此之外，他也致力於創立滿洲國的日滿文化協會。

在水野生涯中最為人所知的插曲，就是他以日本佛教聯合會成員的身分，促成了中國允許日本，將占領南京時偶然發現的玄奘法師遺骨帶回國內。雖然水野與蔣介石之間的會面並沒有留下詳細記錄，不過透過他的折衝斡旋，原本在玄奘法師遺骨問題上態度相當強硬的南京國民政府最後終於軟化，同意讓遺骨由日中雙方各持一半。

被帶回日本的玄奘法師遺骨，一部分被收納在位於埼玉縣飯能市名栗地方的鳥居觀音，筆者在二〇一二年春天造訪當地。名栗是秩父山脈的登山口之一，溪流潺潺、綠意盎然。鳥居觀音就位在當地白雲山的山腹，一片占地三十萬平方公尺的廣大土地上。

向《開運鑑定團》提出蔣介石墨寶的鳥居觀音主管川口泰斗，帶著我前往鳥居觀音內的資料館「鳥居文庫」，「無量壽者」墨寶也展示在那裡。鳥居文庫除了收藏有水野的遺物之外，也有水野的友人——鳥居觀音創辦者平沼彌太郎所留下的珍藏品，其中不乏來自中國的貴重文物。

據川口表示，他們兩位所留下的遺物數量龐大，由於欠缺人手整理，因此長年以來一直處於閒置狀態下；直到最近川口就任主管，開始製作這些遺物的清單列表，結果在其中發現了蔣介石的墨寶，《開運鑑定團》這時候剛好來到飯能這一帶拍攝「出差鑑定」，於是他就想到把這幅墨寶提交給鑑定師去鑑定。川口說：「水野在辛亥革命前後，據說與革命人士有著相當密切的交流；我想，他大概就是在那樣的過程之中，認識了蔣介石。」

只是，蔣介石揮毫時，落款一般都是署名「中正」，因此也有人質疑，這幅墨寶是否真的是蔣介石的親筆字跡？

不過話又說回來，墨寶的真偽與否，對我而言或許並不是那麼重要；讓我深感興趣的是蔣介石與日本之間的故事，直至今日，事實上已經在日本這塊土地上深深扎下了根。

蔣介石在日本某些地方也被當成是「神」來奉祀。愛知縣幸田町是個相當典型的農村，在遠離城鎮中心的一隅，有座以「蔣中正」為名的「中正神社」。我在二〇一三年夏天走訪當地，據神社的說明書所述，這座神社是為了感謝蔣介石「以德報怨」的寬大政策而設立的，不過當我問起神社設立的來龍去脈時，當地的文化部門人員也跟之前在千葉的人說法類似：「我雖然知道有這件事，但是詳細的經過，我完全不清楚。」神社本身也沒有留下任何蛛絲馬跡，只有神社入口的「永懷蔣公」看板，在夏日午後的滂沱大雨中閃爍著雨滴的反光。

浙江省奉化縣溪口鎮

蔣介石的故鄉是中國浙江省奉化縣溪口鎮。在中國，很難找到像這樣山明水秀的土地；清澈的河川潺潺流過，低矮的小山微微聳立，可以看見山腹間美麗的瀑布飛濺而下。天空一片清朗，整座城鎮沿著河川伸展開來。

我在二〇〇九年造訪溪口鎮。這裡確實是個好地方，蔣介石每次遇到麻煩的時候，總會選擇「引退」溪口老家；當我踏上這塊土地後，似乎也能明白他為什麼這樣做的理由了。

現在的溪口鎮，已經變成了像是蔣介石主題樂園的觀光景點。蔣介石故居直到如今仍然保持著當時的舊貌，在蔣家故居前面，有一位看起來神似晚年蔣介石的禿頭歐吉桑坐在那裡，招攬觀光客和他一起拍攝紀念照。我也和他合照了一張，正當我想起身離去的時候，這位冒牌蔣介石對我大喊了一聲：「十元！」當地的紀念品商店裡，擺滿了中國出版的蔣介石相關書籍。

蔣家的系譜，據說可以上溯到西周的周公。傳說中，周公三子伯齡的子孫，在元朝時移居到溪口鎮，後來就成為蔣家的先祖。

不過，就像所有過去中國的權力者一樣，蔣介石也是在確立地位之後，為了「證明」自己的祖先體內流著偉大人物的

蔣介石家鄉紀念品商店中販售的相關書籍。（作者拍攝）

血液，而創造了這樣一份蔣家系譜；至於這份系譜裡到底有多少真實成分，大概只有天知道了。

蔣介石的先祖世世代代在溪口鎮以務農為生。他的祖父蔣玉標似乎是位很有經商才幹的人物。蔣玉標從農業出發，將事業擴展到製茶業與製鹽業，並因此累積了相當豐厚的財富。蔣介石的父親名叫蔣肅庵，當他的前兩任妻子先後亡故之後，蔣肅庵便與一名叫作王采玉的女性再婚；王采玉，就是蔣介石的生母。

蔣介石的乳名叫作瑞元。他小時候絕對不是什麼聰慧的神童，只是一個普通的孩子。據說他曾經為了測量自己的嘴有多深，而將筷子伸進喉嚨，結果拿不出來，差點就送掉了一條小命。從這個小故事中，可以窺見蔣介石好奇心強烈的一面。

蔣介石八歲的時候，祖父便過世了，隔年他的父親也隨之而去，從此便由王夫人一手拉拔長大。這時期製鹽業的景氣也不好，因此蔣家的家計過得相當辛苦，但蔣介石還是在母親督促下，打下了相當堅實的學問基礎。對王夫人來說，她最期望的應該就是蔣介石有一天能夠科舉及第吧！正因如此，蔣介石在十歲左右，就已經讀遍了四書五經等相關典籍。

對母親的強烈思慕

在母親呵護下長大的蔣介石，終其一生都對母親抱持著異常強烈的思慕之情。

在台灣的觀光名勝日月潭，有一座蔣介石為了紀念母親而建立的塔。有如台灣的肚臍一般，日月潭位於整座島嶼正中央的位置，原本是較小的天然水域，日本統治時代為了發展電力事業，從濁水溪引水注入擴大成今日的規模。蒼翠群山環繞的湖面景色，一向被公認為難得一見的美景。

來到台灣之後的蔣介石，相當喜歡到日月潭放鬆身心。他在靠近湖畔的高地上，建起了一座名叫「涵碧樓」的別莊，三不五時便會前往那裡，眺望整座湖泊的景色。在涵碧樓正對面的山上，蔣介石蓋起了另一棟建築——「慈恩塔」。慈恩塔同樣也位於能夠俯瞰日月潭湖光山色的絕佳位置上；當我第一次沿山攀上五層塔頂端時，整個人幾乎累到快要虛脫過去，但第二次登塔的時候，我便確實感受到了那股將湖畔美景盡收眼底的暢快與喜悅。

蔣介石也曾在溪口老家的山上為母親營造了一所陵園，園內的墓廬名為「慈庵」，並邀請孫文為母親撰寫墓誌銘。當他成為國民政府主席之後，又屢屢擴張陵園的規模，將自己的戀母情結發揮到了極致。然而，這座慈庵卻在文化大革命中遭到紅衛兵爆破摧毀；當時身在台灣的蔣介石對此全然無能為力，只能憤怒地震顫不已。

雖然王夫人對蔣介石相當慈愛溫柔，不過她基本上還是屬於那種對兒子干預頗多、個性保守的傳統女性。為了希望能早點傳下蔣家香火，蔣介石十四歲的時候，便在母親的要求之下，與同樣出身溪口鎮的毛福梅結了婚；換句話說，蔣介石在前往日本時，其實早已有了家室。蔣介石與毛福梅生下兒子蔣經國，也就是日後的蔣家繼承人。但是蔣介石和毛福梅之間的婚姻並不是很平順，兩人始終爭吵不斷，就連蔣介石自己在提及這段婚姻時，也是用相當苦惱的語氣表示，「這是我一生中最後悔的事」。最後，就在蔣介石要與宋美齡結婚之際，兩人終於以協議離婚的方式，讓這段婚姻相當平和地畫上了句點。

對海外留學的憧憬

當蔣介石在保守的中國式家庭中長大的同時，時代巨變的風浪也朝他席捲而來。

蔣介石在十六歲那年進入一間名叫鳳麓學堂的小學校就學，在那裡他學到了英語和算術等學問，後來他因為一些小事和校方起了衝突，便中途退學了。在那之後，他進入學者顧清廉開辦的學校[8]。蔣介石在學堂裡相當受到顧清廉疼愛，而他在那裡，也第一次接觸到了所謂「革命思想」。

當時的中國面臨西歐列強侵略、甲午戰爭敗北、義和團之亂等種種憂患，清朝統治的根基受到了劇烈的衝擊，顯得搖搖欲墜。

和同時代的中國青年一樣，必須打倒清廷、建立新政府的革命意識，在蔣介石的心中逐漸萌芽。蔣介石之所以會有革命意識，雖然一部分原因似乎是出自於他對海外留學的嚮往，不過蔣家的家業不振、生活艱苦，地方官吏還欺凌孤兒寡母，乘機侵吞他們家的土地，這些事實都讓蔣介石心中對清廷充滿憎惡。

蔣介石要前往日本留學的事情，遭到蔣家親族反對。在和中國其他地方同樣處於封建習俗下

8 譯註：名為「箭金學堂」，位在今日的寧波。

的溪口鎮，要前往海外留學根本是天方夜譚；不只如此，他還受了革命意識啟發，想要成為軍人，要是把這點明白講出來的話，恐怕大家全都會嚇得發抖。

儘管如此，蔣介石想要前往日本的意志非當堅定，所以王夫人最後還是勉勉強強籌措了一筆旅費，將蔣介石送往日本留學。

兩度日本體驗

十九歲初次赴日

一九〇六年（明治三十九年）四月，十九歲的蔣介石頭一次踏上日本土地。來到日本之後，他做的第一件事就是學習日語。

在蔣介石來日本之前，據說他將自己的辮子一把剪了下來。辮子是清朝或者說滿族文化的象徵，滿族入關之後，將這樣的習俗強加在漢民族頭上，超過兩百年之久。蔣介石剪掉辮子的行為，意味著他這時候已經萌生了打倒清廷的志向，同時，毫無疑問也象徵著下定重大的決心。不過也有一些證言指出，蔣介石剪掉辮子，其實是更後來的事情了。只是不管怎樣，對當時的中國人來說，剪掉辮子就是表明決心，要向古老的中國告別。

不過，蔣介石第一次旅居日本，僅僅只有八個月的時間。他原本是為了想要學習軍事而前往日本留學的，沒想到，如果沒有母國——也就是清朝——陸軍部的推薦，是不能進入日本相關軍事院校就讀的，而蔣介石在來到日本之前，對此似乎一無所知。對這名幾乎從未踏出浙江省境的鄉下青年來說，這次不得其門而入的經驗，可說是人生最初的挫折。

據台灣的官方資料記載，蔣介石這時在日本就讀的學校是「清華語言學校」；只是，清華學校似乎並不能算是純粹的「語言學校」。

清華學校的前身，是一八九九年由梁啟超所創立的「東京高等大同學校」。「東京高等大同學校」設立之後，因為財政困難而改名為「東亞商業學校」，但經營仍舊不見起色，最後移交給清國駐日公使，校名也再度更改為「清華學校」。

據說，蔣介石就是在這間學校學習日語。不過，這所「清華學校」基本上是提供華僑子弟就學的學校，所以裡面雖然或許有日語課，但其實所學的東西，應該不只是語言而已。

就在蔣介石旅居日本的前一年，日本發生了一件中國革命史上相當重要的大事。那就是「中國同盟會」（中國革命同盟會）在東京成立。中國同盟會日後演變成國民黨，同時也是辛亥革命的母體。

蔣介石前往日本的那段時期，中國革命運動正處於山頭林立的狀態；各團體彼此互通聲息的同時，也為了各自的革命事業不斷奔走。

以孫文為中心所成立的「興中會」，在廣州起義失敗之後加入了廖仲愷、汪兆銘、胡漢民等人。由黃興、宋教仁領導的「華興會」則是在長沙揭起義旗，起義失敗之後，他們也逃亡到了東京。其他還有上海的章炳麟、蔡元培所成立的「光復會」，也到了東京發展革命事業。

各革命團體之間的主張雖然有著微妙的差異，不過在發起「滅滿興漢」的革命、強調漢民族主義這方面，基本上都是一致的。另一方面，有別於前三者，戊戌政變後被迫亡命的梁啟超，他所成立的「保皇黨」則不主張革命，而是以提倡體制內改革為主要方針。

陳其美與孫文

整個東京簡直就像是被點燃沸騰了一般，到處都充滿著炙熱的革命氣息。在那裡，當時還不滿二十歲的蔣介石，也飛身投入了這股熱潮當中。想必是革命的熱情火燄，同樣點燃了隱藏在蔣介石內心的火苗吧！

可是，蔣介石當時還是太年輕了一點。就在孫文抵達日本那年的八月，各個分散的革命團體統合在一起，結成了日後中國國民黨的母體——同盟會，但蔣介石在這時候，還沒有資格參與其中。

不過就在這時，蔣介石認識了出身同鄉的革命志士陳其美，兩人後來還成為結義兄弟。拜陳其美所賜，蔣介石被引薦給孫文，得以踏入革命運動的中樞，這不能不說是相當幸運的一件事。

陳其美出生於一八七八年，和蔣介石同樣是浙江省人。日後的蔣介石大舉重用浙江人，形成屬於他自己的親信集團；不過在陌生的異國受到同鄉人的庇護，這樣的經驗對年輕的他而言，應該還是頭一遭。

陳其美在歷史上，可說是扮演著蔣介石革命領路人的重要角色。然而，他並不只是單純的革命志士，而是更接近於黑幫或者流氓之類的人物──他的另一重身分，正是中國著名祕密結社「青幫」的幹部。蔣介石本人據說也曾加入過青幫；他很喜歡和人義結金蘭，從這個習慣之中，也可以隱約窺見青幫對他的影響。

關於這段二十歲左右青春時期的日本體驗，蔣介石自己在一九一五年開始撰寫的日記當中，曾經有過這樣的歸結：

> 我原本是立志前來修習陸軍，但是日本陸軍的入學限制非常嚴格，若是沒有本國陸軍部的推薦，是不可能獲得陸軍學校入學許可的。就在這年，我在宮崎（滔天）的家中，經由陳英士（其美）的引薦認識了（孫文）總理。此後，我與旅居東京的革命志士多所交流，對於民族的感情也日漸深厚，同時心中對於「驅逐韃虜、恢復中華」的渴望，也愈發無可抑止。

閱讀這段文字可以清楚發現，這短暫的第一次訪日，對於以復興中華民族為畢生職志的「政治家蔣介石」的誕生，可以說有著極其重大的意義。

只是，有關當時孫文與宮崎滔天、陳其美等人在日本的交流，其實充斥著諸多彼此矛盾的記述，因此，當時還相當年輕的蔣介石究竟是何時開始以革命志士的身分參與行動，又是在哪裡和這些革命前輩產生交集，至今仍然沒有定論。

不過，我們可以確定的是，當時的日本，確實是對清朝古老政治體制失望的年輕人雲集成群、蠢蠢欲動、蓄積力量，並且彼此交迸出火花的大舞台。在這當中，蔣介石雖然沒能達成他當初的目標——也就是學習日本現代軍事教育以推翻滿清，但是他卻受到了「革命」的強烈啟發，而這次啟發對他日後的人生產生了重大而深遠的影響。

入學「振武學校」

蔣介石的第二次訪日，出乎意料地很快就實現了。回國之後，蔣介石進入了清朝設立的「北洋陸軍部陸軍速成學堂」（即後來的保定軍官學校）就學。這是步調慢半拍的清朝為了對抗革命派，聘請許多外籍教官傳授現代軍事教育的教育機構。蔣介石當然不是清朝的同路人，只是為了以軍人身分前往日本留學，於是他便利用了速成學堂當作跳板。蔣介石的努力確實收到了效果，在六十二個前往日本留學的軍校生名額當中，他獲選為其中之一。一九〇八年，蔣介石從大連搭船前往日本，在那裡就讀日本陸軍專門為清國學生設立的教育機構「振武學校」。

「振武學校」創立於一九〇三年，舊址位於東京都新宿區（當時的牛込區市之谷河田町），現在是東京女子醫大的校園所在地。我曾經為了追尋振武學校的舊蹟而試著來到當地確認，但很遺憾的是什麼也沒發現。

振武學校的定位，相當於為了進入陸軍士官學校而設立的預備校。當然學生需要自己支付學費，不過其他方面的經費則是由日本外務省與陸軍省來負擔。設立學校時，清廷也提供了兩萬圓的資金。不像現在的留學生，在國內的時候就已經受過嚴格的外語訓練，振武學校所有留學生幾乎都沒上過日語課程，因此基本上都是以中文授課。

根據對蔣介石與日本之間的關係著力甚深的台灣研究者黃自進表示，振武學校主要由日本陸軍的現役幹部負責運作。學生在三年授課期間必須學習軍事課程（典禮教範、體操），以及普通課程（日語、歷史、地理、數學、物理、科學、博學、繪畫）等科目。

在這些課程當中，日語教學占的比例尤其吃重。在三年總共四千三百六十五小時的授課時數中，日語教學就占了一千七百三十四小時，總計約四十%的時數，也就是說每天至少要進行一小時日語課程，就訓練而言可說相當札實。

蔣介石的日語能力

關於蔣介石的日語能力，一向是眾說紛紜。有人認為蔣介石可以用流利的日語表達，但也有人認為他的日語口說程度其實並不那麼好，只是環視中國和台灣，幾乎找不到任何人關注這方面的議題；大部分人都只是理所當然地認定：「既然蔣介石是在日本留學，那他的日語表達能力應該不錯。」畢竟，按照一般常理推測，讀過八個月語言課程，又受過三年的密集日語教育，能夠流暢地用日語表達自己的意思，想必也不足為奇才是。

只是，在作家兼評論家保阪正康的著作《蔣介石》（文春新書）中，曾經這樣提及：「蔣介石在聽方面沒有任何問題，但要使用日語交談，卻顯得相當困難。」

從蔣介石在一九三〇年代登上中國政壇領袖的地位，直到他去世為止，他和日本訪客對談時，基本上都是透過翻譯，以中文對話。

一九七〇年代前半，曾以自民黨訪問團一員造訪台灣的森喜朗，回憶起當時與蔣介石見面的情況，他是這樣說的：「（蔣）在會談的時候都是使用中文，但在個別問候成員的時候，則是使用日本語來表達問候之意。」

事實上，不只是保阪，幾乎所有對蔣介石有深入了解的研究者都一致認定，蔣介石的日語會話能力，其實並不是很好。

不過，蔣介石後來訪問日本的時候，日本報紙卻以「能以流暢的日語對話」來形容蔣介石的日語程度。不過仔細想想，日本人只要看到外國人能夠用稍微通順的日語進行日常對話，就會覺得相當敬佩，但事實上這人是否真能講出複雜且難度很高的日語，那就大有疑問了。

或許是性格使然，又或許是能力問題，總之蔣介石在使用日語、讓日本人感到平易近人的同時，並沒有很積極去提升自己的日語能力。

不過從另一個角度來說，當時日本人與中國人之間要進行溝通，使用筆談是相當普遍的方式；畢竟我們別忘了，若要傳達抽象的概念，筆談是比口說來得更加有利的。不只是蔣介石，當時的中國革命志士要與日本人交流，使用筆談也是非常有效的方法。日本知識分子從江戶時代以來就有接受漢學教育的傳統，也普遍閱讀過中文典籍。因此，蔣介石用中文撰寫的文章，日本人幾乎都能理解，而當時日本人所撰寫的、比現在使用更多漢字的文章，閱讀起來似乎也不是那麼困難。

正因如此，蔣介石或許並沒有那麼迫切的需要，去加強磨鍊自己的會話能力。保阪說，蔣介石之所以如此，是因為擔心「使用日語，會招致中國人的反感」。確實，自從中日對立日益加深的一九三〇年代以來，「反日」、「抗日」的聲浪，在中國便不斷地增強。

同時，對於自己日語會話能力不佳這件事，蔣介石其實也很有可能終其一生都有著相當強烈的自卑感。蔣介石的自尊心高到非比尋常的程度，因此他很有可能並不希望日本賓客或是自己的中國部下，察覺到自己雖然長期旅居日本，卻連日本話都說不好的事實。或許，他表面上雖然是以自己的信念做包裝，堅持不使用日語，但實際上卻是為了巧妙掩飾自己說不好日語而做出的偽裝也說不定。

高田連隊

對蔣介石而言，最深刻的「日本體驗」，毫無疑問地應該就是他在新潟縣高田地方擔任士兵的這段經驗吧！關於蔣介石在高田的生活，筆者一方面透過東京大學助教授川島真的論文〈蔣介石的高田時代〉等資料進行詳細研討，另一方面則透過實地訪問，試著還原當時的狀況。

雖然蔣在高田的時間不過短短一年，卻是他軍人生涯的起點。同時，這段經歷也對他日後一生的行動模式產生了極大影響，例如白團的誕生，其觸發點正是源於蔣介石對於日本軍人以及日本軍事教育的信賴。

蔣介石從振武學校畢業後，於一九一〇年（明治四十三年）十二月五日被派到駐屯於現在新潟縣上越市高田的陸軍第十三師團野戰砲兵第十九連隊第二大隊第五中隊。第十三師團以日本第一支正式引進雪地作戰裝備的部隊而聞名，當時的師團長是長岡外史，他曾在日俄戰爭關鍵的二〇三高地爭奪戰中立下赫赫軍功。如今在高田這裡，仍然有繼承了該師團一部分駐地的陸上自衛隊第五施設群[9]以及第二普通科連隊，大約一千人規模的自衛隊員駐屯於此。

剛進入高田連隊的蔣介石。（作者翻拍）

筆者造訪高田的時間，是在二〇一四年一月。那天剛好是入冬以來最強烈的冷氣團南下，讓日本首屈一指的降雪地帶——上越地區，降下整年難得一見大雪的隔日。

在高田駐屯地，有一棟明治時期老建物改造而成的「鄉土紀念館」，館中設有一處「蔣介石專區」。專區內的展示品包括與蔣介石有關的照片和日記，牆壁上還貼著「以德報怨」演說的中日對照全文。不過最令我感興趣的，則是一幅以照片組合而成的巨大掛軸，一張是蔣介石在高田服役時所拍下的照片，另一張則是他在戰後贈送給長岡外史遺族的墨寶——「不負師教」的照片。駐屯地的人員表示，究竟是誰送來這幅掛軸，他們那裡並沒有留下明確的記錄。掛軸上署名的致贈者是「國民黨黨史委員會主任委員秦孝儀」，以及「國民黨文化工作委員會主任宋楚瑜」。秦孝儀擔任黨史委員會主任委員的時間，從一九七六年一直持續至一九九一年，因此很難指出明確的時間點；宋楚瑜則不同，他擔任文工會主任的時間是一九八四至一九八七年，因此可以很清楚知道，這幅掛軸送到這裡的時點大概就是落在這幾年之間，而這時蔣介石早已去世了。

根據同樣來自高田駐屯地的資料記載，蔣介石是作為「清國留學生隊」的一員，以一等兵的身分搭乘軍用列車從東京來到高田。當時蔣介石所使用的名字，是他的學名「蔣志清」。同期的中國畢業生，有十五人被配屬到高田這邊。蔣介石在一九一一年（明治四十四年）六月升任上等兵，同年八月升任伍長，但到了同年十月，其他同期士兵都已經升任軍曹了，只有他一個人還沒能晉升。事實上，蔣介石在這段時期的成績也絕對稱不上優秀，在第十九連隊的所有中國學生當

9 譯註：自衛隊所謂的「施設群」，亦即其他國家俗稱的「工兵部隊」。第五施設群是陸上自衛隊唯一濱日本海的工兵隊，善用其工程技術，活躍於各項重大災難的救助之中。值得一提的是，該部隊的吉祥物，正是留著誇張大鬍子的長岡外史將軍。

中，他的成績總是排在吊車尾的幾名。

不進陸士，而是投身革命

然而，這種苦惱的日子沒持續多久，蔣介石在高田的軍事生涯，就隨著一九一一年十月爆發的辛亥革命，而突然畫下了句點。

當時，以蔣介石為首，有好幾位留學生表達了歸國的意願，並與長岡師團長直接展開了交涉，不過長岡卻勸這些學生：「在日本好好鍛鍊成優秀的軍官再回國，不是比較好嗎？」而沒有答應他們自動退役的請求。退役既然不被許可，蔣介石便假借休假名義私自離開了連隊，動身返回中國。他在十月三十日到達上海，正好趕上參與革命。另一方面，日本當時的記錄則是這麼寫的：蔣介石於一九一一年十一月十一日「因為事故而退隊」。蔣介石明明是逃兵，其他人卻沒有遭到連坐處分，從這點看來，當時的日本人還算是滿寬宏大量。

蔣介石原本一心期盼著能夠成為陸軍士官學校的學生，進入陸士就讀是當時所有中國年輕軍人最嚮往的一件事，也是他們闖過重重難關，前往日本留學的最高目標。如果蔣介石沒在這時選擇歸國的話，他應該會以第一種學生（有意成為各兵科軍官者）的身分，在一九一二年高田連隊的訓練期結束後，進入陸士就讀吧。

然而，蔣介石卻選擇了參加革命這條路。

這麼做的結果是，蔣介石在日本的軍事資歷比其他人都要來得差，卻因為參加革命的緣故，使他獲得了一張踏上中國政治舞台、閃耀光輝的通行證。比起留在日本，投身革命對於蔣介石的出人頭地，明顯有著更大的意義；這也就是說，蔣介石在一九一一年這個極端重要的時刻，被迫做出的這個人生重大決定，就結果而言可說是相當正確的選擇吧。

只是，對當時的中國軍人而言，日本陸士畢業的資歷，可以說是一種品牌保證的標誌，簡單說就是所謂的「最高學歷」。日後成為有力將領的閻錫山與孫傳芳，是陸士六期畢業生，蔣介石的部下張群是陸士十期，何應欽、谷正倫則是十一期，如同群星閃耀般的人才，雲集在陸軍士官學校的課堂中。

那麼，究竟有多少中國學生在陸士就學呢？根據我在日本國會圖書館查詢發現，一九七五年於台灣發行的《日本陸軍士官學校中華民國留學生名簿》（文海出版社）顯示，從一八九九至一九四二年這四十三年間，一共有一千六百三十八名中國學生曾在陸士就讀。清朝是在一九一二年終結，所以這當中自然也包括了清朝時期的留學生。這本書是以名簿的形式，按照學生的姓名與期別編排而成，在它的卷末寫著這樣一段話：「這些學生在中國的軍事上，擔負起了重大的責任，然而，中國出版界卻完全沒有這方面的資料。這本書是首次對於這方面的內容，完整加以彙集的一部作品。」

可是，在台灣的資料中，卻屢屢可以見到「蔣介石曾在陸士就讀」這樣的記述。就連蔣介石自己身分證上的「教育程度」欄，填的也是「日本士官學校」。蔣介石詐稱陸士畢業這件事，雖然打從他還活著的時候就已經是某些知情者心照不宣的祕密，只是在國民黨一黨獨大的時代，沒有人敢針對這件事情大聲批判。從學歷這件事情，也可以窺見蔣介石自尊高傲，甚至到了虛榮的性格這一面。

當時在高田擔任第十九連隊連隊長的飛松寬吾，在一九三六年（昭和十一年）《朝日新聞》題為〈高田的青年蔣介石〉的報導當中，對於當時的蔣介石有著這樣的回憶：

蔣與張君（張群）等十四名同學一起來到我的隊上，投入嚴格的營內生活；大概因為蔣在眾人之中年紀最長的緣故吧，他很自然就成為同學之間的領袖。現在回想起來，或許從那時候開始，蔣介石就已經隱隱展現出他作為領導者這方面的能力了。

只是，關於蔣介石的日語能力，飛松的評價卻相當嚴厲：

明明同樣是在東京學習日語，和張君的流暢比起來，蔣介石簡直可說是糟糕透頂。當時，學生每隔兩三天，就要輪流把打飯的容器擺到連隊長面前，這是軍訓方法的一環，然而，因為蔣介石一向無法用言語好好表達，所以遇到這件事情時，他總是顯得相當困難。

那麼回過頭來說，蔣介石在高田，究竟學到了些什麼呢？

他究竟學到了什麼？

蔣介石自己對於這段高田的生活，曾經有過這樣的記述：「那完全就是士兵的生活，極端單調而且嚴肅。」「那一年的士兵生活與訓練，可以說確立了我這一生、持續至今的革命意志與精神的基礎，同時也培養了我無所畏懼、勇往直前的性格。」

據說，當時蔣介石曾經因為沒把馬匹照料好，結果在牽馬回到馬廄的時候，遭到長官強烈斥責，甚至一度被禁止騎馬。當時的戰場上，騎兵仍然是主要的戰力，馬的價值也非常高，在軍隊裡甚至有「士官、下士官、馬、兵卒」這樣的說法。

此外，在談到自己在高田的寒冬體驗時，蔣介石是這樣說的：「像那樣的大雪，即使在中國北方也是很少見的。」

陸上自衛隊高田駐地的鄉土紀念館一角展示著蔣介石資料。（作者拍攝）

「不管天氣有多寒冷，也不管雪有多大，我們都得在每天早上五點不到就起床，然後端著自己的臉盆到水井前面，用水井裡的冷水洗臉。」「比起談論若是要復興民族、報仇雪恨、該怎樣獲得武器之類的話題，我們最優先的事情，就是二話不說用冷水洗臉。如果連這點小事都無法勝過日本人的話，那其他就根本不用提了。」經過上述的體驗之後，蔣介石歸結出了這樣一個強烈的教訓。

對蔣介石而言，寒冬用冷水洗臉這樣的行為，正象徵著日本的道德觀與精神性，同時也意味著他所理解、最根本的「日本經驗」。即使稱呼侵略中國的日本為「倭寇」，並在抗日戰爭中和日本死戰到底，但蔣介石並沒有失去對於日本軍人的尊敬；究其根柢，毫無疑問應該就是來自於他在高田的體驗。

日本這種家長式的嚴格教育，雖然可以追溯到中國儒家的陽明學派，不過對於在清朝末年保守家庭中長大、受儒家教育薰陶的蔣介石來說，應該在某種程度上也是心有戚戚焉吧！

徹徹底底屬於「他者」的日本

和繼蔣介石與蔣經國之後成為台灣總統的李登輝相比，蔣介石對於日本的觀點可說截然不同，關於這點也是可以清楚理解的。

李登輝是在日本統治下的台灣長大，直到一九四五年以京都帝大學生身分迎接終戰為止，他都一直是所謂的「日本人」，李登輝自己也曾經反覆提及這點。對李登輝而言，他完全沒有必要對日本人的習慣感到震驚、敬佩，乃至於激憤，畢竟作為一個日本人，這些都可以看成是普遍內在化的習慣了。李登輝對日本的理解，比蔣介石來得更加全面；日本人聽他說話，在心裡完全不會產生任何違和感，而且可以毫無障礙地理解與接受。

另一方面，蔣介石談及日本時，則是徹頭徹尾將自己置於「外國人」的位置上、從「外國人」的角度去看日本這個國家；換言之，他的視野是一種不存在內在化、屬於「他者」的視野。這是那個時代的中國人對日本共同的觀察角度。在欽羨、讚賞比中國更早一步踏入現代化的日本的同時，他們也思考著該如何超越日本。透過高田的經驗，蔣介石將這個「學習與克服」的課題深深烙印在自己身上，並且直面它的存在。

如今，在高田這裡，除了陸上自衛隊的駐屯地以外，已經找不到任何蔣介石當年曾經踏足的場所了。軍隊的伙食基本上是一湯一菜，遠離了習慣的中華料理的蔣介石，因此每到不需待在營區的時候，總會跑到一家菜色很豐富，專賣當時在日本還是新鮮玩意兒的洋食如炸豬排等的餐館「三合一洋食店」去打牙祭。據說經營那家店的家族，還保留著蔣介石贈送的墨寶，但是店已經關閉了，而知道當時狀況的家人也已屆高齡，身體相當不好，因此我無緣得見與蔣介石相關的事物。

書籍中的蔣介石

在大戰結束之前討論蔣介石與日本關係的書籍，可以舉出的，包括了古莊國雄《蔣介石》

（金星堂，一九二九）、吉岡文六《蔣介石與現代支那》（東白堂書房，一九三六）、石丸藤太《蔣介石》（春秋社，一九三七），別院一郎《蔣介石》（教材社，一九三八），白須賀六郎《苦悶的蔣介石》（宮越太陽堂書房，一九四〇）等作品。

到了戰後，關於蔣介石的書籍減少了；或許是因為他淪為共產革命下的「敗者」，所以日本人對他的關心也跟著減弱了。不過，在這當中有部特別值得一書的作品，那就是產經新聞社於一九七五至一九七七年間連載的《蔣介石祕錄》[10]。為了更進一步了解狀況，我向當年參與此書執筆取材的年輕記者之一，對於這部《蔣介石祕錄》出版經過知之甚詳的前產經新聞社長住田良能提出請求，希望能對他進行採訪，而住田先生也當下便做出允諾，會在二〇一二年的秋天接受專訪，但是在那之後，他的身體狀況便急遽惡化，並在二〇一三年過世。

《蔣介石祕錄》之後，關於蔣介石的出版品在日本一時之間成為絕響。這裡面很重要的原因，是由於蔣介石在一九七五年去世，緊接著日本與中國建立了正常的外交關係，日本社會關注的重點因此轉向了中國大陸，而與台灣之間的關係也變得疏遠了。

然而，隨著冷戰結束，以及台灣的民主化進程，日本對於蔣介石的注目也重新開始高漲。包括黃仁宇《從大歷史的角度讀蔣介石日記》（東方書店，一九九七），野村浩一《蔣介石與毛澤東》（岩波書店，一九九七）等相當扎實的著作陸續發表，一九九九年刊行的保阪正康《蔣介石》，則是將重點聚焦於蔣介石的政治家生涯上。

二〇一一年，著重討論蔣介石與日本關係的作品，如黃自進《蔣介石與日本——在敵友的夾縫之間》（武田Random House Japan）、關榮次《蔣介石所愛的日本》（PHP新書）等書也出版了。另一方面，段瑞聰《蔣介石與新生活運動》（慶應義塾大學出版會，二〇〇六）、家近亮子《蔣介石的外交戰略與中日戰爭》（岩波書店，二〇一二）等優秀的蔣介石研究作品，也陸陸續續出版。

在這當中最受矚目的，應該是二〇一三年四月出版，由山田重雄與松重充浩編撰的《蔣介石研究——政治．戰爭．日本》（東方書店）。這本可說是集日本的中國現代史研究者數年心血結晶之大成的作品，收錄了許多水準相當高，而且層次十分整齊的論文；就當今的日本來說，沒有一本研究著作能夠超越這本書。

不過，若是放眼台灣和中國，認真處理蔣介石與日本關係此一議題的著作，基本上幾乎是等於零。一般而言，中國方面對於中國偉人前往日本留學、與日本人交往這件事，一向都是抱持著過度低估其影響力，甚至是嫌惡的態度。雖然反過來說，或許日本這邊的情況是高估了這種影響力，但所謂的中國「革命史觀」，對於許多中國共產黨元老曾經前往日本這個後來被共產革命打敗的勢力之一留學過的事實，尤其感到芒刺在背，這也是不爭之事。另一方面，在民主化之前的台灣社會裡，深入研究蔣介石與日本的關係，政治風險也相當大。

---

10 譯註：此書中文版由中央日報社出版，書名為《蔣總統祕錄：中日關係八十年之證言》。

超越「愛恨交加」這個陳腐解釋

所有討論蔣介石與日本關係的作品大概都會有一個共通點，那就是認為蔣介石後來以飛黃騰達政治家的身分所講出、關於日本的發言，都是立基於他的日本觀之上。

這樣的結果，便是使得以下這種解釋廣為流傳：「蔣介石對日本，其實是抱持著某種矛盾的感情，或者也可以說是『愛恨交加』吧。」

確實，蔣介石對日本的善意常常被拿出來加以強調，而他在抗日戰爭期間，也的的確確是一貫扮演著與日本敵對、和日本不斷交戰的角色。

可是，我認為，所謂蔣介石的「對日愛恨論」，未必就能正確地反映出蔣介石的日本觀。「愛恨交加」這個詞，很容易給人一種彷彿男女關係般，愛恨糾結、纏繞不清的感覺。可是，蔣介石對日本的評價與批判，很明顯都是經過仔細梳理後提出的論述，因此，在這一點上，我們幾乎無法感覺出蔣介石內心有任何對日本的「愛恨」所產生的糾葛存在。

面對當時的動盪局勢，蔣介石先後投身前述的清華學校、振武學校，以及高田第十九連隊；據他自己宣稱，當時在日本的艱苦生活，不只奠定了他日後成為政治家與軍人的基礎，同時也讓他變得更加堅強。

根據研究中國現代史的大師——慶應義塾大學榮譽教授山田辰雄的說法，蔣介石「似乎是希望從留日的記憶中，找出日本人乃至日軍強大的根源。從這當中，他體認到了中國的弱小，從而展現出一種期盼中國變得更強的情感」。

換句話說，蔣介石的日本體驗，在他心中是被轉換成「中國非得學習日軍的強悍，以及日本民族的優點不可」的論點而存在的。

正如前面的介紹，蔣介石在日本發現了「滅滿興漢」的思想，並且展開了他成為革命軍人的事業起點。對蔣介石而言，最最優先的目標，就是洗雪中國因為現代化過程落後，慘遭歐美以及日本蹂躪的「恥辱」，達成中華民族的復興大業。在這層意義上，學習搶先一步邁入現代化的鄰國日本，自是理所當然的選擇。

的確，蔣介石並不討厭日本的食物以及風俗，但是，他並不屬於在台灣同樣常被提及，以李登輝為代表的日語世代台灣人，那種將日本習慣完全內在化的「親日派」；相反地，他是把自己放在所謂「知日派」的位置上。

撇開好惡的問題，蔣介石的一生，可以說是與日本有著切也切不斷的「緣分」。這不只限定於蔣介石個人，而是生在那個動盪時代的中國人不管願不願意都無法不去面對，時時刻刻來自鄰國日本的「時代的邀請」。

在蔣介石的人生當中，可以特別清楚地看出當時日中關係的明確投影；因此，我認為，研究蔣介石與日本的關係，也就等於是探索中國與日本之間的關係。

而在這當中，最能特別體現出橫跨在蔣介石與日本之間、名為「學習與克服」的橋梁，正是本書所要探討的主題——由日本人組成的軍事顧問團——白團。

第二章

岡村寧次為何獲判無罪？

岡村寧次

身為中國通軍人的岡村寧次

對黃金的執念

蔣介石在敗給共產黨的時候，幾乎是盡可能地將整個「中華民國」搬到了台灣。在歷史上，因為戰爭敗北而捨棄國家首都逃亡的例子並不罕見，然而，像蔣介石這樣，「逃亡」得如此漂亮的國家領導人，幾乎可說是絕無僅有的。

有台灣這樣一個相對於中國可說是「邊境」的場所，對蔣介石而言可說是邀天之幸。

台灣是個依恃台灣海峽與中國大陸遙遙相對、獨自浮在太平洋上的海外孤島，在防守上具備著相當優越的地理條件。它的面積與日本九州差不多，島上當時共有八百萬居民，以人口密度而言並不算高，日本時代打下的農業與產業基礎也相當扎實。

和另一個撤退的候選地點海南島相比，台灣跟它壓倒性的差異，就在於與大陸之間的距離。海南島和對岸的廣東雷州半島，最近的距離只有十八公里而已；相對地，台灣和對岸的福建省，就算最近的距離也要一百三十公里，因此對於登陸作戰能夠更早一步實行警戒；不只如此，對手嘗試登陸時所必須準備的裝備與艦船，其間的差異之大更是難以想像。換言之，沒有比台灣更適合的逃亡地點了。

撤退的時候，蔣介石從大陸帶走了相當多的東西前往台灣。在這些物品當中顯得價值特別高的有兩樣，一樣是黃金，另一樣就是故宮的文物。

在《蔣介石日記》當中，清楚地展現出他對於黃金的執著。蔣介石雖然是軍人政治家，但有一段時間，他為了在上海籌措「革命資金」而熱中於投資股票市場，因此他在經濟方面的觀念，一般也公認相當的強。

在蔣介石與共產黨的內戰遭到慘敗而有了下野的覺悟，並於一九四八年十二月起展開的激烈的資金確保行動當中，清楚地傳達出他對於黃金＝金錢的執念。

根據日記，蔣介石和中央銀行總裁俞鴻鈞、代理總裁劉攻芸，在一九四八年的十二月二十七、二十九日兩天會面，接著又在翌年一月四、五、十四、十五、十八日和他們會談。

關於這幾次會面的內容，日記中寫得相當曖昧而模糊，不過其中一直出現諸如「資金的移動」與「外幣及現貨（金塊）的處理」等字句。黃金首先被運到福建的廈門，接著又陸續被運往台灣。蔣介石於一九四九年一月二十一日宣布「下野」，辭去總統職務，不過為了預防繼任的代總統李宗仁打這批黃金的主意，他派遣了親信周宏濤[1]前往中央銀行：

宏濤剛從上海歸來。中央銀行的黃金大部分都已經運抵了廈門和台灣，剩下的數目不過二

1 譯註：周是蔣介石所信賴的年輕機要祕書，在一九四三至一九五八年間，一直追隨在蔣介石左右。著有回憶錄《蔣公與我》，為研究蔣介石的重要史料之一。

十萬兩，這讓我稍微安心了一點。這些人民的血汗結晶（黃金），必須要以適當的方法加以守護，絕不能讓後生小輩（李宗仁）輕易浪費掉。（二月十日）

在搬運黃金的人選上，蔣介石任命了自己最信任的長子蔣經國負責此事。蔣經國在自己的日記上也寫到：「將中央銀行的金銀運送到安全地帶，是相當重要的任務。」

渡過海峽的故宮文物

和黃金一起被蔣介石拚命運往台灣的另一項重要資產，就是故宮的文物。

故宮文物原本安置在北京故宮博物院裡。故宮的歷史，是隨著清朝的結束而開始的；所謂故宮，指的就是「古老的宮殿」的意思。故宮是由清朝的皇宮——紫禁城改造而成的博物院，院內的收藏品，也絕大多數都是清朝皇帝的所有物。

一九二五年，故宮博物院在紫禁城誕生，作為「革命的象徵」，它吸引了相當多平民百姓前來參觀；然而，在一九三一年隨著日本稱為柳條湖事件，中國稱為九一八事變的滿鐵爆炸事件發生，以及滿洲國建國和日本對東北（滿洲）正式展開侵略，國民政府決定將故宮文物移往南方。一九三三年，故宮文物先被移送到上海，接著又被運往南京。

然而，當中日戰爭爆發之後，隨著淞滬戰事日趨激烈，南京也岌岌可危，因此故宮文物又被運往中國西部，存放在四川省等地。到了終戰之後，這些文物再次集結在南京。

蔣介石希望將這批文物也都一起運往台灣。

這可不是簡簡單單一箱兩箱的物件而已。為數大約三千箱的文物，自一九四八年末至一九四九年二月，歷經三趟船運陸陸續續抵達台灣。原本預計運輸的數量是七趟，也就是還有大量的文物要運過來，但是由於戰況惡化，導致搬運工作中途停止，無法繼續進行下去。故宮的職員們將貴重的文物塞進箱子裡，一箱一箱運往台灣；這當中有許多都是匯聚了中華文明精髓的珍品，如今，這些珍品不在中華人民共和國重建的北京故宮，而是收藏在蔣介石於台北建立的故宮裡。

蔣介石在戰爭最激烈的時候，還拚命動員軍艦運送這些文物，其背後其實隱藏著政治的理由——事實上，在中華文明的

矗立於台北故宮博物院的蔣介石銅像。（作者拍攝）

歷史上，權力的繼承者通常也是文物的繼承者，而蔣介石對這點相當清楚。

和日本「萬世一系」的天皇制不同，在中國，權力經常是處於新興勢力打倒舊勢力，並從而形成新王朝的反覆循環之中。新王朝在安定國政的同時首先要採取的行動之一，就是將散佚的前王朝文物，再次匯集於新王朝的手中。在農民出身或是外族統治者不在少數的中國權力交替中，權力的正統性乃是透過文物確立，這件事情早已深植在中華民族的DNA當中。因此我們可以說，蔣介石對於文物的價值，擁有相當敏銳的感知。

蔣介石「最後運到台灣的物件」

就結果而言，這批黃金與故宮文物，對撤退到台灣的蔣介石做出了莫大的貢獻。

根據國民黨以及其他相關的資料顯示，蔣介石運送到台灣的金塊有二百二十七萬兩（一兩約為三十七．五公克），以現在的價值來說，約為兩千五百億日圓，而就當時來說，價值則是相對而言更高。

蔣介石在日記中提及，國民政府撤退到台灣之後的一九五二年，曾經因為預算不足，於是「以十萬兩黃金為擔保發行（債券）」（一月十一日）。共產黨強烈指責蔣的行為是「盜竊中國人民的財產」，但對蔣介石來說，這批黃金是他在台灣東山再起所必需的寶貴「軍費」。

另一方面，隨著一九六一年赴美展覽，以及一九六五年台北故宮博物院落成，搬運到台灣的故宮文物，在「守護中華文化的是國民黨以及蔣介石總統，中國的正統政權不在中國大陸，而是在保有中華文物的台灣」這種政治宣傳上，也充分發揮了其利用價值。

從這層意義來看，在軍隊於東北和華北屢屢慘敗於共軍手下，首都南京的陷落眼見不可避免，即將要失去一切的一九四八年底那種嚴酷狀況下，在整個國民黨裡面，唯獨蔣介石一人看透了未來的發展，強行將黃金與文物搬運到台灣；他的戰略眼光，確實可以說是其他人遠遠不及的。

台灣政治研究者、東京大學教授松田康博，在接受筆者訪問時就明確指出：「蔣介石是個經常在思考『失敗之後下一步該怎麼走』的政治家。這種能力在撤退到台灣這件事情上，發揮得淋漓盡致。」

不過在我想來，蔣介石從大陸帶到台灣去的東西，除了黃金與故宮文物之外，應該還要加上另一樣東西，那就是「日本軍人」。

日本是亞洲最早進入現代化的國家，同時也是唯一能與歐美列強抗衡作戰的國家。儘管日軍在第二次大戰中，在美國的物資戰力面前苦吞了敗仗，但在甲午戰爭、日俄戰爭、第一次世界大戰中都取得過勝利；對於日軍的實力，年輕時曾留學日本投身軍事訓練的蔣介石，可說知之甚詳。

若是能把日本軍人的優秀作戰能力與勤勉態度，以及高度的紀律與服從性，透過某種方式移植到國民黨軍隊之中的話，將來反攻大陸之際，一定能夠擊破共產黨軍吧？——當時的蔣介石心中，想必曾經如此反覆不斷思索著。

在政治上來說，日本過去曾是國民政府的敵人，而中國人民的心中也有著根深柢固的反日情結；因此，蔣介石不能明目張膽地採取大規模的動作，但是面對戰局不斷惡化，生存還是必須最優先考量的事項。為此，在撤退到台灣落腳之後獲得日本軍人的協助，就成了蔣介石祕策之中的祕策。

致「閣下」的一封信

這封信的開頭是這樣寫的：

> 我國的反共同志，對於閣下確保台灣、長期堅持下去，並且在時機到來之際反攻大陸這件事，全都深信不疑，並且深深祈願著閣下的成功。

信中被稱為「閣下」的收信者是蔣介石，當時六十二歲。

寫信的人是岡村寧次，當年六十五歲。他是舊帝國陸軍大將，同時也是曾任「支那派遣軍總司令官」、在中國大陸統率百萬日軍的男人。

信上的日期是一九四九年十二月三十一日。據當時報紙的報導，在東京，那一天是個降雪的日子。

對岡村來說，他已經很久沒有像這樣子，在祖國靜靜迎接大晦日[2]的到來了。當他在身為幕府家臣後代子孫代代相傳下來的四谷自宅內，望著庭院裡的積雪時，心中或許也正百感交集地想著「終於平安回到日本了……」吧。

此時，距離日本向盟軍無條件投降已經過了四年四個月，而距離共產黨毛澤東在與國民黨蔣介石的內戰中勝出，並在北京宣布成立中華人民共和國以來，也已經過了三個月。

在共產黨勢如破竹的攻勢下，廣州於一九四九年十月十四日陷落，國民政府於是轉移到重慶，但在十一月三十日，重慶也陷入共產黨之手，於是國民政府又逃到成都。緊接著，就在十二月七日，國民政府完全退出中國大陸，全面撤退到台灣。

國民政府當時手中還掌握的領土，除了台灣之外，只剩下海南島與舟山群島，可是在共產黨軍的攻勢下，這些地方的陷落，咸認也只是時間問題而已。

就在蔣介石以敗者身分撤退到台灣之際，他接到了岡村的這封信。雖然岡村的信是以日文寫成，不過對於曾服役於日本陸軍、身為「留日組」的蔣介石來說，想必不難閱讀才對。

岡村以「我等現下的方策」為主軸，向蔣介石提出了設立偽裝商社的方案。

陸軍為了執行地下工作而使用商社的名義做掩護，這樣的手法即使在中國戰場上也屢見不鮮。提到這點，就令人想起那家位在上海，事業範圍從鴉片到武器，幾乎所有危險物資無所不包的傳奇性商社——「昭和通商」。對情報軍官出身的岡村而言，這種用商社為地下組織掩護的手

2　譯註：一年的最後一天。

法，或許已經是基本常識了。

基於「集結反共團體以及親蔣分子」、「防止日共的破壞活動」、「日後工作的偽裝」等目的，由日本和台灣各出資五百萬圓……岡村在這封信中，詳述了關於設立商社的具體計畫。

岡村這個設立商社的想法提出之後，蔣介石陣營內部對此進行了相關討論，但最終並沒有將之付諸執行。

只是，透過這封信，曾在中國大陸展開血腥戰鬥的中日兩軍最高負責人，如今卻成了彼此以信件交流、同為「反共同志」的關係；以及岡村這名舊陸軍的重量級人物，為了支援蔣介石而採取行動的這些事實，可說極其鮮明地浮現在我們眼前。

這封信，是筆者埋首於台灣「國史館」的資料當中時所發現的。

敗軍之將寫給蔣介石的信。到底為什麼岡村會向蔣介石提出這樣的協力計畫呢？這時，作為本書主角的白團已經開始在台灣活動，那麼岡村的「下一步棋」，又是打算怎樣走呢？這個巨大的「歷史之謎」，此刻正橫在我們面前。岡村究竟為什麼沒被追訴為戰犯，而是能夠平安待在日本，還寫信給蔣介石呢？

要解開這個謎，我們就必須從一九四九年往前追溯，也就是自一九四五年八月十五日，日本無條件投降當天開始，追尋蔣介石與岡村寧次兩人的行動軌跡。

陸軍「支那通」的系譜

支那派遣軍總司令官——一九四五年日本戰敗的這個時點，岡村是所有身處中國大陸的日軍當中，位階最高的人物。嚴格說起來，在中日戰爭剛開打的時候，岡村並沒有太深入牽涉其中；然而，儘管如此，岡村仍然顯而易見地，是執行戰爭的主要人物之一，而在終戰時仍然身處中國大陸的日本軍人當中，也沒有人比岡村更該負起戰爭的責任了。

岡村的命運，原本照理說就算沒有被判為主要戰犯而送上絞刑台，應該也會被當成戰爭犯罪者，送進監獄囚禁吧。

追本溯源，岡村乃是人稱「陸軍支那通」，也就是所謂中國通軍人的一員。

陸軍支那通，指的是日本基於對中侵略的必要性而培養出來，擅長於蒐集、分析中國情報的一群軍人。學會了中文以及中國相關的知識後，這些人有的駐紮在第一線，致力於情報蒐集以及經營地方人脈，有的則是在日本母國負責分析中國情勢。翻開他們的履歷，幾乎可以說，他們就是一群將生命奉獻給對中事務的專家集團。

專研舊日本陸軍的優秀學者戶部良一，在他的著作《日本陸軍與中國》（講談社選書メチエ）中，對於支那通的實力，有著這樣的敘述：

……若是論起在戰前的日本，誰對於中國相關情報最為廣泛、最有組織的蒐集，以及在情報的質與量上具有足以傲人的壓倒性優勢，那麼除了日本陸軍之外再無他想。就算是主張外交一元化、對於軍方涉入對中關係相當反感的外務省，在中國情報蒐集這方面，還是不敢陸軍。正因在對中情報上有著足以壓倒外務省的自信，陸軍屢屢展開俗稱「二重外交」的外交干涉活動，並積極投入其中。

誠如戶部所指出的，自明治時代以來，日本陸軍不只在軍事作戰上，對於中日關係整體的發展也產生了巨大的影響。他們設法接近並且操縱那些與日本權益密切相關的軍閥。不只如此，他們也試圖用謀略去改變中國政治，暗殺張作霖是如此，九一八事變亦如此。

在這群支那通軍人當中，屬於重量級人物之一的便是岡村。而這群與岡村同樣深入中國事務的軍人，在一九四五年之後的末路，事實上都相當悲慘。

與岡村同期從陸士畢業的土肥原賢二、板垣征四郎兩人，在東京大審中被判死刑，在處刑台上結束了一生。

身為關東軍司令官、主導九一八事變的本庄繁，在盟軍的逮捕令發布之後，於陸軍大學內自殺身亡。

指揮香港攻略戰的酒井隆，被中國的戰犯法庭判決死刑並處死。

被認為是暗殺張作霖主謀者的河本大作遭到中國共產黨逮捕，病死在收容所中。

為什麼他們和岡村的命運會有如此天壤之別的差異呢？讀史至此，我的腦海裡自然瞬時浮現了這樣的疑問。

另一方面，派遣白團到台灣這件事，不論以當時日本的法令還是GHQ的占領政策而言，都是嚴重的違法行為，也是風險極高的舉動。

那麼，在支那通軍人當中一向被公認為「常識人」的岡村，又為什麼會創設白團，並且在接下來的將近二十年間，持續指揮著相關方面的行動呢？

凡此種種多如牛毛的謎團，隨著我深入發掘岡村的經歷，不只沒有消解，反而似乎變得愈發複雜難解了。

「以德報怨」演說與協助國民黨

花之十六期

岡村寧次這名軍人，在我眼裡看起來，是位非常難以捉摸的人物。

他出生在四谷的岡村宅邸，可以說是每天耳濡目染，聽著附近市之谷的陸軍士官學校號角聲長大的。在日俄戰爭爆發的一九〇四年，岡村進入陸士就讀，畢業之後，他繼續進入陸軍大學深造，一步步邁向典型的陸軍菁英之路。

岡村的思路敏捷，長於交涉，在處理事務方面的能力也相當高明。然而，他並不屬於那種聰明伶俐的參謀類型；相反地，他是個老把「我可是個道道地地的江戶人哪！」這句話掛在嘴上，三杯黃湯下肚後也會為下屬流淚，有著熱血性情的男子漢。

在岡村年輕的時候，曾經有過這樣一件軼事。

日本有一位名叫山中峰太郎[3]的軍人作家。這位山中曾經離開陸軍大學隻身前往中國，參加孫文為打倒袁世凱而發動，結局以失敗告終的「二次革命」；在中日戰爭期間，他也以朝日新聞記者的身分從事戰場報導。岡村在陸大的時候和山中是同學，兩人感情相當好。

當時，有位名叫井戶川辰三[4]的軍人，曾在甲午和日俄戰爭之中表現出色，就讀陸大一年級的岡村和山中聽聞井戶川歸國的消息後，便聯袂前往井戶川家裡造訪。

據山中的自傳所述，當時他們兩人熱切地向井戶川陳述著想要離開陸大，和他一起前往中國的心意，然而井戶川不但不接受，反而勃然大怒斥責他們說：

我過去曾經放棄陸大的學業，獨自前往英國留學，但就算如此，我還是沒能獲得理想的職務。如果你們現在放棄陸大學業的話，不只找不到好的職位容身，也絕對無法將自己的能力發揮到極致！你們現在要做的，就是在學校好好讀書，然後前往歐美鑽研，累積實力，等到準備充分之後，再來談有關支那的問題，明白了嗎！

遭到當頭棒喝的岡村，帶著山中狼狽逃出了井戶川家；最後，他們兩人還是乖乖留在陸大念書。

岡村這一期的陸士畢業生號稱「花之十六期」，集結了眾多優秀的人才，其中永田鐵山、小畑敏四郎以及岡村三人最為突出，號稱「三羽烏」[5]。另一方面，包括前面提到的土肥原賢二、板垣征四郎等，在這期畢業生中，有志於中國者相當多。岡村也十分留心中國事務，當他從陸大畢業後，立即被分派到對他而言具有相當重大意義的職務上——自一九〇七至一九一〇年這三年間，他一直擔任在陸士留學的中國學生（清國留學生隊）的教官。

在中國有句俗諺，「一日為師，終身為父」，意思就是說，擔任老師的人，終其一生都會受到學生的尊敬。岡村當時的學生，有很多日後都成為中國軍事和政治舞台上的重要人物；對岡村而言，和這些學生相遇，其意義遠遠超出單純的師徒關係。從一九〇〇年清國留學生隊制度設立以來，岡村是第四到第六期的教官；在他當時的學生當中，也包括了諸如閻錫山和孫傳芳等未來的重要軍人在內。

在這之後，岡村先是派任參謀本部的外國戰史課，接著又被派任到山東省青島，在那裡，他親眼目睹了辛亥革命後的混亂中國。

3 譯註：日本軍人、新聞記者、冒險小說家、偵探小說家兼翻譯家，曾經翻譯過愛倫·坡、柯南·道爾等人的作品。

4 譯註：日本軍人，甲午戰爭期間曾隨近衛師團出征台灣。之後曾經出使清廷，日俄戰爭期間受命負責特殊任務，活躍於華北和東北地區。

5 譯註：意指在某一領域特別優秀的三個人。

「常識人」類型

一九一九年（大正八年），升任少佐的岡村被派往陸軍省新聞班。兩年之後，他被派往歐洲出差，和各地駐歐武官會面。在這段歐洲之旅中，他和同期的永田、小畑在德國的巴登・巴登（Baden-Baden）意氣相投，攜手創立陸軍內部的小團體「一夕會」。一夕會是以陸軍大學畢業的佐級軍官為中心，以打倒壟斷軍隊的薩摩、長州兩大藩閥為宗旨而結成的團體，同時也是引發之後二二六事件的母體。

小畑後來加入了高唱皇道主義的「皇道派」；這一派人員受到德義的極權主義所影響，主張建設由軍部主導的國家總動員體制以及國防國家。另一方面，從皇道派當中，又分出了主張透過政府機制、以合法手段增強國力的「統制派」，永田則是這派的領導。在這樣的紛爭中，岡村和兩派都保持著一定的距離，並沒有明確依附哪一方；同時，他似乎也為了如何化解兩派紛爭，而不斷苦苦思索著。

一九二三年（大正十二年），岡村被派往參謀本部支那班任職，當時同期的土肥原、板垣等人，都已經在那裡工作了。隨著中國軍閥混戰的白熱化，日本的對中政策以及支持的對象一變再變；在這當中，岡村等人所屬的支那班也全心投入了諜報和謀略活動之中，而岡村自己也曾一度擔任軍閥孫傳芳的顧問。

雖然岡村是情報軍官出身，不過他並不曾像土肥原那樣指揮諜報和破壞活動；事實上，身為司令官的他，還曾經下達禁止殺害百姓的命令，並且嚴厲地要求部下徹底執行。

設置隨軍慰安婦的構想，也是出自岡村寧次。這件「祕聞」是在岡村過世後的一九七一年，由岡村夫人所揭露的。

根據佐藤和正所著的《將軍・提督　妻子們的太平洋戰爭》（光人社，一九八三）一書中訪談岡村夫人的內容，據說當時在上海擔任派遣軍參謀副長的岡村，因為屬下部隊不斷發生姦淫百姓的行為而苦惱不已，於是他便請求長崎縣知事「送一團慰安婦過來」。

關於岡村是個怎麼樣的軍人，前述的戶部有這樣的說明：

就在大部分的支那通軍人爭相與各地特定的軍閥結交，並為了祕密工作而不斷奔走的同時，岡村卻與軍閥保持著一定的距離；在當時的支那通軍人當中，他可說是較為罕見的「常識人」類型。

岡村在中國的成就最為人所知者，乃是一九三三年的「塘沽協定」。當時，關東軍越過萬里長城，兵鋒直逼北京，在蔣介石授意之下，何應欽將軍提出了停戰提議，最後由時任少將的岡村與熊斌中將正式訂立協定。根據這份協定，中國和滿洲國之間劃分了明確的國境線，九一八事變以來的紛擾自此畫下句點。自此之後，日本專注於建設滿洲國，國民政府則是將全部心力投入圍剿共產黨。

岡村在一九三二年（昭和七年）成為上海派遣軍參謀副長，翌年改派為關東軍參謀副長。一九四一年（昭和十六年），他以陸軍大將的身分被任命為北支那派遣軍（日本華北派遣軍）總司令，負責指揮中國戰場的重大作戰，經歷了好幾次大規模戰役。一九四四年（昭和十九年），他升任為支那派遣軍總司令。

這樣的岡村和蔣介石，不論在戰爭前或是戰爭中，都幾乎找不出什麼特別的交集，頂多就是互相知道彼此姓名的程度罷了。於是他們兩人就這樣，以日本投降時的中國最高領袖，以及日本方面派遣軍的最高指揮官身分，共同面對戰後處理的艱巨難題。

「這是對日本的一大開導啊！」

日本正式向聯合國表示接受〈波茨坦宣言〉，是在一九四五年的八月十日。那天，日本母國完全沒有和身為支那派遣軍總司令的岡村進行任何聯絡。

第二天，也就是八月十一日的早上，岡村終於從陸軍大臣阿南惟幾那裡得知了日本同意投降的訊息。而正好在同一天，岡村也對阿南發出了電報，表明繼續進行戰爭的決心：

> 皇軍七百萬皇土以及大陸依然健在，派遣軍百萬精銳，鬥魂亦愈發奮起……在下確信，此刻正是不為敵之和平攻勢以及國內之消極論所惑，斷然一搏，即令全軍玉碎亦不足惜，朝向戰爭目的之完成勇猛邁進之際……

岡村對周圍的部下表示，在最壞的情況下，他將會把陸海兵力集結於山東省東部，形成半獨立的占領區域，等待母國最後的命運到來。就在這時候，天皇同意投降的「玉音放送」內容，傳到了岡村這裡。那是八月十五日早晨的事。

日本母國同時也發電報給岡村，傳達了阿南大臣已經自盡身亡的消息。得知這個訊息後，岡村對自己的命運，想必也已有所覺悟了吧！只是，身為敗軍之將的他，還有一件令他感覺沉重不堪，非得盡心竭力設法處理的未了之事，那就是究竟該如何讓分布在中國全境、共計兩百三十多萬人的日軍以及一般日籍人民順利回到日本？就在岡村走投無路、被灰暗的思緒所纏繞時，忽然有位宛若救世主般的人物，以極富衝擊性的形式出現在他的眼前——那個人，就是蔣介石。

就在十五日的玉音放送之前，蔣介石在重慶發表了這樣的演說：

> 要知道如果以暴行答覆敵人從前的暴行，以侮辱答覆他們從前錯誤的優越感，則冤冤相報，永無終止，決不是我們仁義之師的目的。

這便是有名的蔣介石「以德報怨」演說。事實上，蔣介石在演說當中，並沒有明確說出「以德報怨」四個字；這個詞彙是後來針對這篇演說，將其中要點精簡濃縮而成的四字格言。

參謀小笠原清把收聽到的蔣介石演說抄成文字稿，送到岡村面前。

當著小笠原的面，岡村默默地閱讀了這份稿子好一陣子。然後，他喃喃地開口說道：「這是對日本的一大開導啊！」小笠原可以清楚地感受到，岡村在說這句話時，對於蔣介石的度量所表現出的那種強烈感動。

根據岡村的日記所述，十六日的時候，他曾經思考過這樣的事情：

> 我一直在思考著，關於日華之間的關係，究竟該怎樣發展下去才是最好？雖然我還沒有一個明確的答案，不過我可以很肯定的說，若是要振興東亞，此時此刻除了寄望中國的強大與繁榮之外，別無他法。對沒落的日本而言，這時候能給予中國協助的，大概就只有技術與經驗了吧！至於接收等各方面的事宜，也都應當基於此原則，誠實無偽地移交方為正軌。

值得注意的是，我們從這段日記中可以看出，岡村在這時候已經提出了「技術和經驗（的協助）」這個構想；日後將日本軍人的技術與經驗傳遞給國民政府的白團，他們的活動與岡村此時的想法可說是一脈相承的。

六點投降原則

這是台灣台北的總統府。在這棟曾經以日本統治時代的台灣總督府之尊，君臨整個殖民地的建築物正後方，悄悄隱藏著「中華民國」國史館的分館。由於本館位於離市中心稍遠的新北市郊外，因此我通常都利用交通比較便利的分館。只不過，有些尚未數位化的資料仍然保存在本館內，因此我有時候還是得跑到本館去才行。

國史館現在正在進行將蔣介石、蔣經國、李登輝等歷任總統留下來的龐大文件數位化的作業。在這些資料當中，被視為情報寶庫而備受期待者，是二〇一〇年公開的《蔣中正總統文物》（別名「大溪檔案」）。「中正」，是蔣介石的別名。

在二〇一一至二〇一二年間，筆者不斷走訪這間國史館分館，從中找尋有關「蔣介石與岡村之間聯繫」的史料。現在回想起來，我在二〇〇七至二〇一〇年間，明明就以朝日新聞社台北特派員的身分待在台灣，但卻連一次也沒踏進國史館過，這還真是件不可思議的事。

我聚精會神，仔細查看《蔣中正總統文物》中所留存下來、與岡村有關的文件，當我在資料庫中鍵入「岡村寧次」四個關鍵字時，出現的文獻一共有一百零四件；本章開頭介紹的那封有關設立偽裝商社的信，也是屬於這批文獻當中的一件。

在這些文獻的一開始，岡村是以「敵人」身分出現的。在中日戰爭期間，岡村曾經發動數次大規模作戰，讓蔣介石以及中國軍隊相當頭痛；儘管如此，蔣介石卻幾乎不曾提及岡村的名字，或者更精確地說，岡村根本還不夠格進入蔣介石的視野之中。

岡村的名字突然在檔案中增加，是一九四五年八月日本投降之後的事。

作為支那派遣軍的最高指揮官，蔣介石開始強烈關注岡村寧次的動向。八月十五日，也就是日本投降的當天，蔣介石對岡村發出了名為「六點投降原則」的指示：

一、日本政府已宣布無條件投降。

二、該指揮官（筆者註：指岡村寧次）應即通令所屬日軍停止一切軍事行動，並派代表至玉山[6]接受中國陸軍總司令何應欽將軍之命令。

三、軍事行動停止後，日軍可暫時保有其武裝及裝備，保持其現有態勢，並維持其所在地之秩序及交通，聽候中國陸軍總司令何應欽將軍之命令。

四、所有之飛機及船艦應停留現在地點，但長江內之艦船，應集中宜昌、沙市。

五、不得破壞任何設備及物資。

六、以上各項命令之執行，該指揮官所屬官員均應負責個人之責任，並迅速答覆為要！

當時，蔣介石心中念茲在茲的，是與共產黨之間即將到來的最終決戰。先前，他曾經一度把共產黨逼到崩潰邊緣，但是，隨著中日戰爭爆發，共產黨藉著國共合作的機會不斷蓄積力量，並且再次死灰復燃；就連在中日戰爭中，共產黨也都是把主要戰場交給蔣介石的國民政府軍去應付，自己則小心翼翼保存著實力。

早在這個時候，蔣介石就已經開始深思，要透過吸收日軍的裝備、彈藥以及人才，以使自己在不久的將來與愈來愈不可小覷的共產黨作戰時，能夠立於不敗之地。

「始終帶著笑顏，充滿令人感動的溫柔敦厚」

岡村全盤接受了蔣介石的指示，並保證會協助國民黨。他從蔣介石那裡接下了「中國戰區徒手官兵善後聯絡部長官」的任命，擔負起讓兩百萬日本軍民回歸本土的任務。「徒手官兵」意指手上沒有武器的士兵；之所以不將他們的身分視作「俘虜」，是為了保留日方的面子。

國民黨對岡村的體貼，在一九四五年九月九日午前九時，於南京中央軍校大禮堂舉行的日軍投降儀式中表現得淋漓盡致。順帶一提，之所以選這個時間，是因為「九」在中國被認為是一個吉祥的數字。

蔣介石指派中國戰區總司令官何應欽為中國方面的受降代表。何應欽也是畢業於日本陸軍士官學校，和岡村是舊識。就在投降儀式舉行的前兩天，何應欽造訪了岡村的宿舍，傳達了可以讓岡村佩帶軍刀受降的意思；國民政府之所以會做出如此許諾，或許也與岡村在八月十八日發表了「對支處理要綱」，通知各地日軍接受國民政府解除武裝、全力協助國民政府接收武器彈藥，同時反過來抵抗共產黨接收的舉動有關吧。

被派來南京與岡村聯絡的人員，都是國民黨軍中的知日派。其中有記錄可尋的軍官，包括了

6　譯註：指江西玉山機場。

鈕先銘少將[7]、陳昭凱上校、王武上校等人。這些人大都是日本陸士畢業生，不只精通日語，同時也對日本的情況十分熟悉，若是要與岡村等負責戰後處理的舊支那派遣軍幹部心意相通，沒有比他們更合適的了。

在這些人當中，也包括一位名叫曹士澂的陸軍軍官。曹士澂後來成了白團在台灣方面的窗口，特別是在白團設立前後的這段時間中，可以清楚看見他相當積極活躍的身影。如此看來，國民黨應該是在這個階段就已經和岡村搭上了線，並且埋下了「利用日本軍人進行反共作戰」這一策略的種子。

位於南京的支那派遣總司令部在一九四五年十一月受命遷移到附近的舊日本大使館中，並在年底之前全部搬遷完畢。就在這項遷移行動展開一個多月之後的一九四五年十二月二十三日早上，岡村突然接到通知，說蔣介石希望與他見上一面。雖然這並不是岡村第一次和蔣介石見面，但是兩人面對面的對談還是頭一遭。

根據岡村這天的日記所述，兩人之間的對話內容是這樣的：

蔣：身體可好？若有任何不便之處，請不用客氣，儘管告訴我以及何總司令。

岡：感謝您的好意，我對目前的生活感到相當滿足。

蔣：接收工作持續順利地進行，這樣的狀況，實在值得我們雙方同感欣慰不已。若是留在這裡的日本民眾有任何不便之處，也請儘管告訴我們。

岡：雖然目前還沒有這方面的問題，不過若是真有遇到不便之處，蒙您厚愛，我會盡量告知的。

蔣：我認為，中日兩國應當基於孫文先生的遺志，建立相互提攜的堅固關係，這是相當緊要的。

岡：我也深有同感。

這次會談大約不到十五分鐘便結束了。若是扣除掉中日雙方通譯的時間，以上這些對話的內容，大概就已經包含了兩人之間的所有談話了。

雖然就字面上來看，這段對話只是徹頭徹尾的禮貌性對談，但在我感覺起來，此時的蔣介石與岡村，其實並沒有繼續深談的必要。關於蔣介石，岡村留下了「始終帶著笑顏，充滿令人感動的溫柔敦厚」這樣的記載，不過對蔣介石來說，岡村仍然是舊日本軍的最高指揮者，因此要和他建立更加親密的聯繫，並且試著拜託他一些事情，或許還是有點困難吧？

在這場會談之前，岡村和蔣介石之間並沒有直接的交集，不過早在一九三九年（昭和十四年），岡村在日記當中就已經為了日本太過輕視蔣介石身為敵手的實力，而感到懊惱不已。那時

7　譯註：中國軍人、文學家，知名戰略學家鈕先鍾的兄長，曾歷經南京大屠殺脫險，二戰後一度任職於駐日軍事代表團。

候，他是這樣寫的：「對於蔣介石這號人物的實力，我們的認知明顯產生了錯誤。」這是岡村對於支那通軍人之間一直以來輕視蔣介石的傾向，所做出的反省。不過，當時他應該做夢也想像不到，自己居然會在六年後以戰敗者的身分，和成為勝利者的蔣介石見面吧！

在實際上仍然帶著戰犯身分的同時，岡村對蔣介石和國民黨毫無保留支持與協助的態度，則是始終貫徹如一。根據岡村的日記所述，一九四六年五月十三日，他寫成了一篇文章，題為〈自敵陣觀察所見的中國軍隊〉，並由作戰主任參謀宮崎舜一等人加以校訂和補正。

岡村在日記中這麼寫著：

> 我從還是少佐的時候，便頻繁前來中國，對於中國軍隊的內情可說是相當通曉。另一方面，在與中國軍隊長期持續的交戰當中，我對中國軍隊的缺點也有著相當清楚的理解；因此，雖然是並不常見的請求，但請容我為了中國軍隊的改善，以毫無顧忌的方式，提出我的批判。

這裡所說的「中國軍隊」，指的是國民政府軍。在這篇文章中，岡村總結了自己對於國民政府軍的見解。五天之後，岡村前去拜訪何應欽，將兩份〈自敵陣觀察所見的中國軍隊〉交給了對方。據岡村自己的記載，他一共做了三份同樣的報告，剩下一份由自己保管，但過不久，他便將它給燒掉了。據說曾經看過這份報告的人，除了蔣介石、何應欽外，就只有另一個身分不詳的人而已。

由於和我方經常接觸的中方參謀，全都是日本陸軍士官學校出身的親日者之故，我們兩方這時候的交流顯得相當親密，而他們也不時會將一些內部的情報洩漏出來。

從這篇一九四六年五月二十一日岡村日記的記述中，我們可以窺見中日軍人間令人驚異的「友情」。

免於戰犯追訴

表面上看起來，岡村似乎安安穩穩地過著日子，但事實上他的心裡，卻總是籠罩在追究戰犯的陰影之中。

在日本陸軍當中，岡村並沒有牽扯上諸如決定開戰之類的重大事項。只是，自從中日戰爭爆發之後，他由師團長、軍司令官、方面軍司令官，一直到最後成為總司令官，一直都身處在中國戰場的最前線，因此他自己也有所覺悟，心想「恐怕難以免於極刑了」。

一開始就將岡村指定為戰犯的是共產黨。共產黨對於自始至終一面倒協助國民黨的岡村相當憤怒，甚至可說到了憎惡的地步。

位於延安的共產黨總部發表了兩萬名日本戰犯的名單，其中岡村名列榜首。榜上的第二號人物，則是北支那方面軍司令官多田駿。確實，多田曾是位居滿洲以及華北日軍中樞地位的人物，可是在中日戰爭爆發後，他便因為主張不擴大對中戰線而被解任了。因此，就跟岡村名列首席戰犯一樣，從日本人的角度來看，共產黨將多田列為第二號戰犯這件事，感覺似乎有些突兀。

一九四六年六月至七月這段期間，國民政府內部就一直在討論「是否應當逮捕岡村，將他以國際法庭戰犯的身分送回日本」的問題。

在會議席上，何應欽強烈主張岡村應當無罪；另一方面，在詢問是否逮捕岡村的行政文件上，蔣介石最終批示了「否」，同時加註了這樣的意見：

> 等岡村的任務（筆者註：指遣返日人等任務）結束之後，將之逮捕也無妨。只是，這件事必須待釐清國際法庭要求的相關手續之後再開始進行。（《蔣中正總統文物》）

若要簡單說明這時國民政府的態度，那就是一方面對外表現出要徹底追究岡村身為戰犯責任的強硬姿態，另一方面卻又以「岡村尚有遣返等任務必須完成」為由，不斷拖延對他的起訴，同時伺機而動，等待著將他無罪釋放的良機。

一九四六年九月二十七日，國民黨機關報《中央日報》上，刊登了這樣一則採訪軍方的報導：

問：（政府）何時將拘禁岡村寧次？（記者提問）

答：岡村雖然是日本戰犯，但自日本投降以來，他尚有維持南京治安、協助政府接收，以及（善後業務）聯絡負責人等相關工作尚未完成；對於何時將他以戰犯身分拘禁並加以審理一事，戰犯處理委員會正在慎重考慮研究中。

一九四六年十一月，GHQ透過中華民國駐日代表部，要求國民政府讓岡村以證人身分回到日本，為正在進行中的東京大審作證。

據《蔣中正總統文物》顯示，當時外交部已經傾向同意將岡村引渡回日本，但此一方案在最後階段，卻遭到蔣介石推翻：

目前有關日本軍民的善後事務尚未完全終了，（若是引渡岡村）恐將徒增任務的困難程度。（《蔣中正總統文物》）

蔣介石以遣返任務為擋箭牌，拒絕了GHQ引渡岡村的要求。若是岡村回到日本的話，不只是作證，被當作戰犯起訴的可能性恐怕也相當之高；儘管如此，蔣介石還是決定庇護岡村。

如果岡村被判處死刑的話……

為了日本軍民遣返任務的順利推動……

在國民政府全面動員軍艦、民間船隻以及鐵路等運輸工具之下，日本軍民的遣返任務，遠比想像中來得更加順利；當初原本預計整個任務大概需要花費三到四年，但實際上從終戰開始僅僅用了十個月，在一九四六年夏天之際便已將近大功告成，和被蘇聯拘禁在西伯利亞的日本人淒慘的狀況相比，可說有著天壤之別。

在此同時，國民政府國防部也安排手續，將包括總參謀長小林淺三郎等舊支那派遣軍總司令部的大部分核心成員，經由上海遣返回日本。

另一方面，以岡村為首，包括宮崎舜一中佐、小笠原清少佐，以及通譯和軍醫等共十四人仍然留在中國。這些滯留人員借用了舊日本大使館後方一間民宅的二樓，作為他們的居住兼工作場所。這個殘留下來的團隊以南京聯絡班的名義，擔負起為各地戰犯安排法庭辯護、推動尚未歸國者的遣返業務等相關事項的工作。

只是，也有人清楚察覺到，「為了日本軍民遣返任務順利推動」這個藉口，根本不足以作為國民政府不逮捕岡村的理由；因此，在國民政府內部，主張逮捕岡村的聲音一直沒有停歇。

根據台灣國史館的資料顯示，國民政府軍隊中的實力派——國防部長白崇禧，曾於一九四七年六月，向蔣介石提出了一份題為〈關於岡村寧次的處理方案〉的文件：

岡村是侵略中國的魁首，同時也是被指定為戰犯的人物，若是依法對他進行處置，對於國內輿論也可以產生宣傳效果。我們可以用對他判處有罪、再以特赦加以減刑的方式，一方面表現守法的態度，同時也展現出中國式的寬大政策，可說一舉兩得。（《蔣中正總統文物》）

只是，蔣介石並沒有接受白崇禧的提案，而由岡村擔任長官的「中國戰區徒手官兵善後聯絡部」的解散，也一路延到了年底。

面對共產黨日益激增、以岡村為主題的宣傳攻勢，焦頭爛額的國民黨宣傳部門，想出了一條計策。

一九四七年八月十七日，親國民政府的新聞媒體，一致刊登了一則以〈毛澤東的賣國行為〉為題的報導；這篇報導指出，岡村寧次在山西省和毛澤東聯手，一同展開對國民政府軍的作戰。

雖然這篇純屬捏造的報導後來被撤回了，但從這次國民政府策畫的反宣傳戰之中可以看出，環繞著岡村問題，國共兩黨之間虛虛實實的宣傳工作戰是愈發激烈了。

時序邁入一九四八年，隨著遣返任務幾近完全告一段落，岡村工作的聯絡班也解散了，一直伴隨在他身邊的小笠原清等人，也都陸續返回了日本。就在這時候，岡村因為罹患了肺炎，身體狀況嚴重惡化；接獲這消息，湯恩伯、曹士澂、陳昭凱等國民政府軍人陸續前往探病，令岡村相當感激。這些人自然都是曾在日本留學的軍官。

同一時間，國民政府對於岡村的處置方式，也已經到了無法再繼續拖延下去的地步，於是在同年秋天，岡村被關進了戰犯監獄之中，不過據說他在監獄裡的待遇，卻是非常良好。

得知東京大審的結果

一九四八年十一月二十五日，東京大審的最終判決結果，傳到了監禁中的岡村這裡。當天，岡村在日記上這樣寫著：

> 我得知了土肥原、板垣等人被處死刑的消息。在我青年時代的同期畢業生中，和我一樣憬大陸、攜手一路走來的同志盟友共有四人，其中的土肥原、板垣被處死刑，磯谷和我則被囚禁在大陸的戰犯監獄裡，實在令人感慨萬千。今天我和磯谷對坐，談了談自己的命運觀。

日記中提到的「磯谷」，指的是磯谷廉介。磯谷早在一九四七年七月二十二日就被南京軍事法庭判處終身監禁，在中國囚禁至一九四九年才遣返日本，此後在巢鴨監獄一直服刑至一九五二年。

在這之後，岡村因為身體狀況惡化，從南京被移送到上海，在上海的某間民宅裡接受治療，至於他的療養場所，則是極度保密。在這段期間，國民黨的知日派軍人依舊持續拜訪岡村，聽取他對於反共作戰的建言。

舉例來說，湯恩伯將軍在一九四八年十二月七日，以「聽取有關長江下游地區防備意見」為由，將岡村邀請到自己的宅邸。當天，岡村在日記上寫著：「我以壯年時期研究過的、關於長江下游地區軍事地理的知識為基礎，陳述了我自己關於『長江該如何防備北敵入侵』的看法。」

當時，國民黨與共產黨間的內戰天平，開始逐漸倒向對國民黨不利的一方。國民政府內部要求與共產黨展開和平談判、並迫使反共強硬派的領袖蔣介石總統下野的聲浪日趨高漲，而共產黨方面也將「蔣介石下野」，當成是展開和平談判的首要條件。

就在新年伊始的一九四九年一月二十二日，北京被共軍攻陷；在嚴酷局面的逼迫下，蔣介石終於表明了辭職下台之意。他表示，將任命副總統李宗仁為代理總統，並且將之後的事情全權委任給代總統。

岡村在日記中提及李宗仁時，他是這麼寫的：「後者（李）對於我，並不像前者（蔣介石）那般抱持著好意；然而，縱使我遭逢到多舛的命運，那只怕也是無可奈何之事。」

正如岡村感覺到的那樣，隨著國共內戰局勢的惡化，以及國民政府內部的權力結構變動，他自己的命運也已經來到了危險的懸崖邊緣。

岡村救援計畫

國民政府中受蔣介石影響的知日派團體，在與時間賽跑的緊迫情勢下，發動了「救援岡村」

的計畫。

現在有一份當時留下，蓋著「極機密」印鑑的國民政府陸軍便箋。標題是〈處理岡村寧次政策之意見〉。

這是一九四八年十一月二十八日，在國民政府國防部召開有關該如何處置岡村的會議時，曹士澂提出的意見書。

「我國最後尚未處理的戰犯，就只剩下岡村寧次一人；然而，值此戰雲密布、共產黨漸趨上風之際，關於岡村的審理，我想陳述以下意見……」以這段話為開場白，曹士澂陸續分析了共產黨之所以企圖以戰犯處置岡村的理由：

中國共產黨不斷散布「岡村以我軍顧問身分指揮徐蚌會戰」的流言，其目的包括了以下三點：

一、在日軍投降的時候，岡村服從中央（筆者註：指國民黨陣營）命令，對抗共黨。

二、進行所謂「國民政府利用戰犯」的政治宣傳。

三、升高人民對於國民政府的不滿。

最後，曹士澂做出結論，提議判處岡村無罪。

在這場會議中，除了代表國防部的曹士澂以外，司法部、外交部、行政院軍法局等單位，也都派出代表出席與會。

在會議席間，認為應判岡村有罪、特別是處死刑或是無期徒刑方為妥當的意見，占代表中的絕大多數。可是，這時曹士澂再次起身，強硬地主張岡村無罪：

岡村寧次在中國的作戰指揮，都是遵循著日本大本營的命令而行。在這段期間，他不只不曾下達虐殺的命令，還曾經嚴令禁止濫殺無辜。岡村並沒有直接參與殺害中國人民，也沒有人這樣告發過他。不只如此，岡村在戰後積極遵從中央政府的命令，不將武器轉交給中共，在終戰處理方面也頗有功勞，不是嗎？

在政治上，也有應當判處岡村無罪的理由。

曹士澂接著又繼續陳述：

眾所周知，岡村一向堅守反共立場，若是將他處以死刑，正好稱了中共的意。相反地，將他釋放回到日本，則是相當有利的決定；岡村必定會感於這份恩義，在日本繼續堅持反共的立場，並且很有可能在將來的反共戰爭中，成為支援中國的一股力量。

「經過這番陳述之後，出席者的意見便全部轉變為支持岡村無罪」，在曹士澂的報告裡，如此描述了當天的會議景象。

產生如此戲劇性變化的決定性關鍵，恐怕就在「政治考量」這一部分。毫無疑問，不論哪位與會者應該都能清楚察覺到，在這當中隱含著蔣介石以及國防部的意向。在這處於戰時狀態的政府之中，假使有人膽敢做出「政治不正確」的判斷，那麼這個人的地位也就岌岌可危了。

會議曾經一度中斷，接著再由擔任戰犯處理委員會主任委員的何應欽將軍重新召開。在會上，曹士澂再度重申了自己的主張；在得到會場眾人的贊同之後，何應欽宣布討論結束，並指示曹士澂撰寫正式的報告書。曹士澂當天就完成了這份報告，並將之上呈給蔣介石裁決。

石美瑜審判長

在上海戰犯法庭負責審理岡村的，是一位叫作石美瑜的法官。

石美瑜，一九〇八年出生於福建省，在司法官考試中，他以第一名成績合格，因此得到了「福建才子」的稱號；從年輕時代開始，他就以優秀的法曹人才之姿，備受眾人矚目。在日軍占領上海期間，他脫離了法庭轉入地下；在終戰之後，他對那些被指為協助日軍的中國人，也就是所謂的「漢奸」，進行了徹底而嚴格的審判，因此聲名鵲起，旋即被拔擢為上海戰犯法庭的審判長。

基於日本軍的殘虐行為，石美瑜對酒井隆、谷壽夫、向井敏明、野田毅[8]等人，陸續下達了包括死刑在內的嚴厲判決。因此，當石美瑜被任命為岡村一案的審判長時，當時的中國社會輿論普遍認為他一定會做出相當嚴厲的判決。

然而，審判的結果卻早已決定了。

岡村的最終審判是在一九四九年一月二十六日展開，於接近中午時分開庭審理。為岡村辯護的共有三名中國律師。在庭上，檢方具體要求對岡村處以死刑。

石：被告對於檢察官的主張，有任何要提出異議之處嗎？

岡：辯護人請求庭上同意發言。

石：辯護人請發言。

錢龍生辯護人：辯論已經終結，我認為岡村寧次應獲判無罪。

石：被告有什麼想說的嗎？

岡：對於本法庭的判決，我毫無異議接受。對於日本兵犯下的罪行所造成眾多中國國民物質以及精神上的損害，我在此深深地致上歉意。另一方面，對於因我的健康問題，而導致審判延遲，諸多困擾之處，也請容我在此一併致歉。

---

8 譯註：谷壽夫，進攻南京的第六師團司令官；向井敏明、野田毅，號稱在南京舉行「百人斬」殺人比賽的日本軍官。這三人皆是被指控為在南京大屠殺中犯下戰爭罪行的戰犯。

接下來是中午休庭，判決將在午後做出結論。這時，石美瑜將陸超、林健鵬、葉在增、張身坤四位法官叫到審判長室，取出了已經蓋上國防部長徐永昌大印，寫著「無罪」兩字的判決書。

我必須坦白告知各位，這起案件已經由高層決定了。我對此無能為力，大家現在就在這份判決書上簽字吧。

室內的空氣一下子凍結了。石美瑜接著又繼續說道：

我很清楚大家的心情，因此也無法勉強各位。只是，在隔壁房間裡，國防部派來的軍法官已經在那邊待命了。就算我們不署名，他們也會立刻接手整起案件，結果還是一樣的——唯一不同的就只是接下來，我們會被全體帶到警備司令部的地下室去而已。

石美瑜講到這裡，所有的法官都默默地拿出筆，在判決書上簽下了自己的名字。

這不是「天之聲」，而是……

再次開庭之後，石美瑜在法庭上，宣布了最後的判決結果：

> 宣讀主文。被告岡村寧次，無罪。

場內一片譁然，巨大的嘈雜聲淹沒了整個法庭。

> 被告雖然在民國三十三年十一月二十六日就任中國派遣軍司令官，但是包括長沙、徐州會戰中日軍的暴行、酒井隆在香港的暴行，以及松井石根、谷壽夫在南京大屠殺中的暴行等，皆發生於被告就任之前，與被告並無關係。另一方面，被告在日本投降時遵從中央的命令，引導了百萬日軍放下武器投降。儘管被告在任期間，各地日軍仍有些許的暴行發生，但既然應負責任者都已受到處罰，那麼顯然被告並不需要被認定有連帶關係。基於以上幾點，我們認為被告並無違反戰爭法以及國際公法之處，故此應獲判無罪。

就這樣，作為戰犯被起訴的岡村，極端異常地獲得了無罪判決。

大感意外的歐美各通訊社紛紛拍出緊急電報，法庭內一片騷亂，憤怒的旁聽群眾爭相對審判長發出質問。如前所述，正在和國民黨進行內戰的中國共產黨已經將岡村列為日本人在中國的「頭號戰犯」，聽聞這個消息，他們更是憤怒欲狂，不只發表了責難聲明，還要求重新再審，國內外輿論也是清一色大表反彈。

儘管大家都認定就算岡村在日本接受戰犯審判，獲判死刑的機率也不高，但是作為中日戰爭結束時，日軍在中國的最高負責人，他被問罪的可能性還是極高的。可是，這件事卻被一手翻盤了，而造成這個結果的，並不是單單的「天之聲」，而是「蔣之聲」。

就算至今仍在中國超有名的岡村

在主張岡村有罪的共產黨掌握政權的中國這裡，岡村至今仍然算是所謂的「超有名」人物。不只在中國的歷史教科書上記載著岡村的名字，就連我試著詢問五、六位認識的中國朋友說：「你們知道『岡村寧次』這個人嗎？」結果不分年齡，幾乎所有被我問到的人都知道這號人物。

雖然是稍微有點年代的調查了，不過二〇〇二年的時候，朝日新聞和中國社會科學院曾經共同舉辦過一項民意調查，調查的內容是詢問中國民眾：「一提到日本人，你最先想到會的是誰？」結果岡村名列第十名。

調查結果的第一名是小泉純一郎，第二名是田中角榮；在舊日本軍人當中，岡村的知名度僅次於東條英機（第四名）、山本五十六（第五名）。另一方面，二〇〇六年在中國報紙《環球新聞》上，刊載了一篇題為〈對現代中國最有影響力的五十位外國人〉的報導；在這份名單中，岡村是入榜的六位日本人當中唯一的軍人。在報導裡將岡村定調為「指揮侵略戰爭，帶給中國人民巨大的災難」，嚴詞抨擊他的罪行。

岡村在中國的知名度，遠遠高於他在母國日本的名氣，而對岡村的評價，在中日兩國也可說是完全的兩極化。究其原因，大概是共產黨因為岡村不只協助國民黨，最後還平安無事回到了日本，所以拚命宣傳他的負面形象之故。

與之相對地，協助蔣介石建立白團的岡村，在台灣這裡卻幾乎沒有什麼人聽過他的名字。歷史，有時候真的相當諷刺。

平安無事踏上日本的土地

獲判無罪之後，岡村便等待著國民政府安排的歸國船隻到來。一九四九年一月三十日，早一日已經潛入船內的岡村，從貼滿「別讓日本戰犯逃掉」小海報的上海動身啟航。他所搭乘的美國軍艦「威克斯號」（USS John W. Weeks）是一艘建造於一九四四年，以某位海軍出身的美國議員命名的驅逐艦。船上除了岡村之外，另外還搭載了兩百六十名戰犯。

「威克斯號」於一九四九年二月四日抵達橫濱港，港口高高懸掛著日章旗；據前來接船，隸屬於GHQ—G2（參謀第二處）[9]的利米中校向岡村表示：「這是我的上司，為了將軍的到來而特地懸掛的。」

「有末機關」的主持人有末精三在他的著作《政治、軍事與人事》（芙蓉書房，一九八二）中，有這樣一段關於岡村歸國後的記述：

9 譯註：參謀第二處在盟軍司令部裡主管情報、保安、新聞控制等業務。

當時我奉副參謀長威洛比少將之命，前來詢問岡村將軍「是否有什麼想要的東西」。岡村將軍看著我，率直地表示：「為了將南下的共軍阻擋在揚子江一線，希望美軍能夠派遣兩個師到華中地區。」翌日，我向威洛比將軍傳達了岡村將軍的意思，不過威洛比將軍表示了拒絕之意：「不管他想聽到什麼樣的答案，總之這件事就到此為止了。」威洛比將軍要我如此轉告岡村將軍，同時帶一箱美軍將官的營養口糧以及少量盤尼西林過去。於是我盡速趕到了若松町第一國立病院，將這些東西放在將軍的枕邊。

據有末說，岡村聽到這個消息之後，在病床上痛苦地長歎道：「難道就沒有拯救蔣介石軍隊的方法了嗎？」

讓人相當感興趣的是有末與岡村間的交集點。有末是陸士出身的陸軍參謀，同時也是戰後仍舊活躍於幕後的舊陸軍相關人員之一。有末先是擔任「涉外委員會委員長」，負責和GHQ之間的聯繫，接著又在G2的威洛比少將庇護下組織了俗稱「有末機關」的祕密組織。接著他又以幹部身分，加入了後來創辦的「河邊機關」，負責調查舊日本軍人以及日本共產黨的動向。

為什麼GHQ會對岡村如此格外地照顧呢？這理由直到現在仍然難以斷定。只是，從舊陸軍的情報軍官們日後曾一度參與岡村策畫的白團組織這點來考量，我們或許可以認定，「GHQ—舊陸軍參謀—岡村—蔣介石」之間的反共連線，在這階段已經隱約發展成形了。

回國之後的岡村因為健康惡化，住進了位於牛込的國立東京第一病院，並且為了白團的成立，和先一步歸國的小笠原清等人展開了相關工作。一九四五年六月二十五日，岡村在病床上寫下了這樣一封給蔣介石的信：

蔣總統中正閣下鈞啟：

因入院養病之故，字跡略顯凌亂，尚請務必見諒。赤浪（筆者註：共產黨）南下之勢甚速，情勢亦愈發嚴峻，然逢此危難之際，足以扭轉乾坤者，除閣下之外再無他人矣。故此，還請您務必珍重自身，繼續朝自我之信念勇往邁進。不才區區亦願抱病協助貴國駐日代表團諸君，以報閣下之恩義。在此謹由衷祝您身體康泰。

六月二十五日　　岡村寧次

而在此同時，蔣介石的「密使」也已經在岡村的身邊展開行動；這位密使就是白團幕後的重要推手——曹士澂將軍。

第三章

隱藏在白團幕後的推手

小笠原清

曹士澂

《曹士澂檔案》

就算是幕後推手，也有值得自豪之處

在歷史上，有著這樣的一群人：他們明明參與了推動時代巨輪的偉大工作，卻湮沒在歷史深處的陰影之中，被人們遺忘。或許，這可說是每個人的幸與不幸各自不同吧？只是，當事人本身不希望走到舞台前面的例子，其實也不在少數。這樣的人生哲學，大概是他們在工作中體悟出來的。這些人，我們稱他們為「黑子」[1]，或者「幕後推手」。

曹士澂與小笠原清，這兩位分屬台灣與日本的軍人，在白團誕生中扮演決定性角色的同時，也徹底堅守了身為幕後推手的立場，直到最後，都以這樣的身分終其一生。毫無疑問地，正因為有他們這樣默默在幕後支撐的人物存在，像白團這樣的祕密計畫才得以實現，並且在此後二十年間持續運作。

曹士澂這個人，在軍中的最高階級僅止於區區少將而已，嚴格說起來也不算有多飛黃騰達；然而，若是論起在白團誕生過程中功績最大的人物，台灣日本兩地有關白團的研究者，一定都會提及曹士澂的名字。明明有這麼大的功績，卻只以少將終其一生，雖然有點讓人難以理解，不過，這或許正是最符合幕後推手身分的待遇。

然而，就算是幕後推手，必定也有著「若是沒有我，這件事就無法成功」的自豪心境存在。

曹士澂也是如此。懷著這樣的想法，他在一九八〇年代末期，突然造訪了國民黨內公認的知日派——陳鵬仁。

擁有東京大學博士學位的陳鵬仁，擔任過國民黨黨史委員會主任等職務，也曾在相當於台灣駐日大使館的「台北駐日經濟文化代表處」任職。

退休之後，陳鵬仁一度在台灣的中國文化大學擔任教授，現在則是住在台北市內，專心從事寫作活動。迄今為止，他已經在台灣和中國發行了上百部作品，是廣為人知的現代史專家。

二〇一二年春天，我在陳鵬仁位於西門町鬧區的辦公室見到了他。在一番初次見面的寒暄之後，陳鵬仁從書桌的抽屜裡，拿出了一冊檔案。

檔案封面上寫著《偷渡赴台捨命報恩之無名英雄——日本將校團白團》這樣的標題，作者是曹士澂；以下提及這份資料時，我希望能統一以《曹士澂檔案》來稱呼它。

交到我手中的檔案

「某天，曹士澂突然出現在我的辦公室，將這份文件託付給我；當時他對我說：『希望能夠將白團的歷史流傳到後世。』」

在這之前，儘管身為台灣著名的知日派歷史研究者，對於曹士澂的事蹟也或多或少有所耳

1　譯註：日本傳統戲劇演出中，穿著黑衣，負責更換舞台布景、提供道具等任務的幕後人員。

聞，但陳鵬仁並不認識曹士澂本人。

不過，一聽到曹士澂的名字，陳鵬仁的記憶便立刻醒了過來。他在駐日代表處任職期間，結束任務回到日本的前白團成員，會和代表處的幹部定期舉行聚會；在那時，他總會從那些成員口中，屢屢聽到他們提及曹士澂的名字。

整本《曹士澂檔案》，共由十七個章節以及五份附加文件所組成。

自第一章「捨命偷渡赴台報恩的無名英雄」開始，直到最後的第十七章為止，曹士澂以全部親筆書寫的方式，將白團的全貌、白團成立的背景、白團活動的實際狀況，以及種種插曲軼事等，全都詳細地記錄在這份檔案之中。

隨著愈發深入閱讀，我彷彿可以清楚感受到曹士澂在每字每句之間，所傳達出來的深刻執念。

在第十四章「白團的文獻與團史」裡，曹士澂這樣寫著：

> 白團的組建、來華的來龍去脈以及工作的狀況由於全屬機密，因此不曾記載在任何公開文件之上。只是，所有團員甘冒性命危險前來台灣報恩的事實，令人不禁為之動容，而他們所留下的不朽成果，除了豐碩之外也再無其他可以形容。然而，直至今日為止，關於這方面的事情仍舊沒有詳實的官方記錄，就這樣任憑這件重要的史事，以及相關人員的貢獻就此埋沒不彰，實為讓人遺憾之事。這幾年來，雖然在中日兩國有不少人留下了相關記述，但大都是

片片斷斷的部分資料，並沒有針對白團的整體來龍去脈進行書寫與記錄……

「無論如何，我都不容許自己一手建立的白團，被埋沒在歷史的荒煙蔓草當中！」大概正是因為這樣的想法，所以曹士澂才寫下了這份報告，並將它託付給陳鵬仁。得到檔案之後，陳鵬仁曾經從中擷取部分有關白團的片段資料來使用，但是關於整份檔案的完整內容，他則從未對外公開。

就算對我而言，白團也是個包含了太多祕密的研究題材。特別是我的手邊並沒有日本方面的資料，因此對於是否要如此輕易地將它公諸於世，我感到相當猶豫。因此，我希望身為日本人的你，一定要把這件事情好好寫下來。

保存《曹士澂檔案》多年的陳鵬仁教授。（作者拍攝）

陳鵬仁這樣說完之後，便將檔案交到我手中。《曹士澂檔案》，是由創立白團的關鍵人物親筆書寫、毫無疑問的第一手珍貴史料。就算在本書中，它也是和《蔣介石日記》以及《蔣中正總統文物》並列的重要參考資料。

曹士澂的兒子，前石川島播磨重工副社長

曹士澂已於一九九七年亡故，因此我只能從他的家人那裡，試著了解他這個人。我和曹士澂的長男曹道義會面，是在我與陳鵬仁見面三個月後，也就是二〇一二年初夏的事。

我聽說曹士澂的所有家人都在日本定居，於是想盡辦法打聽，終於找到了曹道義位於東京都港區的住所地址，可是卻沒有那邊的電話號碼。不得已，我只好在沒有事先知會的情況下，直接登門拜訪。當我按下門鈴之後，對講機那頭傳來應該是曹先生妻子的女性聲音，詢問我的身分。「請問這裡是曹道義先生的宅邸嗎？突然造訪真是不好意思……」我才剛這樣開口，對方馬上給了我當頭一棒：「門牌上面不是寫得清清楚楚的嗎？您到底是哪位啊？」聽到這句話，我不由得當場面紅耳赤了起來。

幸好，當我表明自己是為了取材而來之後，對方便相當爽快地讓我進來；緊接著，我便從曹道義那裡，得知了更多有關他父親曹士澂的事情。

曹道義的童年時代，最初是住在南京和湖南省，後來，國民政府因為中日戰爭的關係遷都到重慶，因此國民黨軍人的家人們也都移居到四川；當父親曹士澂於一九四九年前往日本赴任時，

曹家便舉家定居日本。

曹道義在慶應義塾大學工學部畢業之後，進入石川島播磨重工任職。他在鍋爐等動力設備的領域累積了許多實績，最後成為公司的副社長，並於數年前退休。雖然在曹先生身上散發著技術專家那種沉默寡言的氣質，但他基本上是一位有問必答，同時也有求必應的人物。

> 我父親曹士澂是上海人，母親則是湖南人。我小的時候，因為國民政府在中日戰爭中搬遷到重慶的關係，所以是在重慶長大的。正因如此，我的母語可說是四川話，直到現在我讀中文書的時候，都還是用四川話的發音在朗讀。

曹道義的日語，和土生土長的日本人幾乎沒有任何差別，從這裡可以隱約窺見，「戰爭使人成長」這句話不容否定的一面。確實，隨著動亂造成的流離失所，因此一蹶不振的人自是所在多有；然而，在這動亂之中，也同樣會孕育出具有豐富經驗以及語言才能的人物。

在曹道義從壁櫥裡搬出的資料箱中，滿滿盛裝著曹士澂的遺物。在這些遺物當中，我發現了一份深埋在最底下的文件。那份文件是以直式中文寫成，上面全都是密密麻麻的手寫字，總共有大概二十張稿紙左右的分量。

在文件的開頭，寫著「我的自傳」四個字。看到這份文件，就連曹道義也露出不敢置信的眼神說：「居然有這樣的東西……我在整理父親遺物的時候，完全沒有注意到它的存在。」

閱讀這份「我的自傳」後，曹士澂的一生彷彿歷歷浮現在我眼前。那是一位活在動盪現代中的人物，所留下關於自己生命的記錄。

從上海前往日本留學

曹士澂出生在上海一個富裕的家庭裡。當他從專供有力人士子弟就讀的英文商業書院畢業之後，原本打定主意要前往英國伯明罕大學，學習土木方面的知識，然而就在這時，他的父親突然過世了，於是在母親強烈懇求下，他決定改變目標，前往距離中國較近的國家留學。

正好就在這時候，他聽說有好幾位同學為了前往日本留學，去接受了政府的測試，於是他也去試著應考，結果一試便合格過關了。就這樣，他在意想不到的情況下，從原本的第一志願轉而踏上軍人這條路。

曹家在上海擁有相當多的不動產，據說在曹士澂的父親死後，他的母親曾經對包括他在內的三個兒子說：「你們就算不工作也沒關係，母親會一輩子養你們。」不過，曹士澂的哥哥卻當了醫生，弟弟則是進了銀行。後來，當上海落入共產黨手中時，曹家的資產全被沒收，家人也都流亡到了台灣。但是他們即使身在台灣，也不曾為了工作問題而煩惱，兄弟們全都精神抖擻、毫不懈怠，努力為自己的人生而奮鬥。

一九三一年，從日本陸軍士官學校畢業的曹士澂回到了中國。當時正好是蔣介石北伐打倒軍閥、完成平定中國全土大業，並且開始建構中國第一支「國家軍隊」的時期。曹士澂先是來到位於南京的兵科學校，教導年輕軍人戰術理論，接著當上海事變（一二八事變）爆發的時候，他也投身前線，隨後又被派往甘肅以及東北地區擔任參謀。

直到終戰前夕，一通陸軍人事命令，改變了曹士澂的命運。

一九四五年，曹士澂異動到陸軍總司令部，在同樣留日的何應欽將軍底下擔任高級參謀，不久又被任命為陸軍總司令部第二處處長，一手負責從八月十五日日本投降儀式起，直到解除武裝、遣返業務、戰犯事務等，大大小小有關中日戰爭善後處理一切事宜。

就在這個時期，誠如第二章所述，他與岡村寧次、小笠原清等在日本方面促成白團成立的關鍵人士之間，出現了相當深刻的交流。

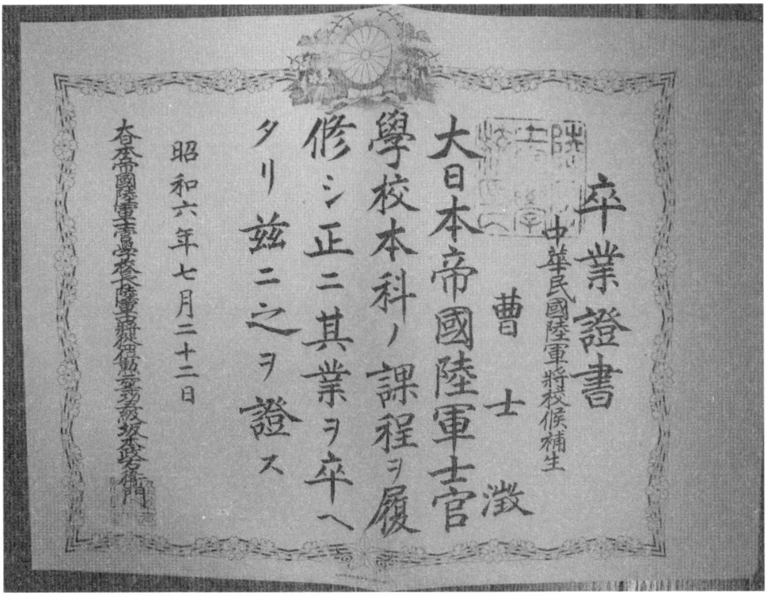
卒業證書
中華民國陸軍將校候補生
曹士澂
大日本帝國陸軍士官學校本科ノ課程ヲ履修シ正ニ其業ヲ卒ヘタリ茲ニ之ヲ證ス
昭和六年七月二十二日

曹士澂的陸士畢業證書。（作者拍攝）

「我在僅僅十個月的短暫時間內，將兩百三十五萬日本軍民全部成功送回日本，不只蔣總統，連美國的羅斯福總統[2]也頒授勳章給我……」雖然曹士瀓在〈我的自傳〉裡，是以一種雲淡風清的筆觸來描寫自己的一生，但當他寫到有關遣返日本軍民的業務時，仍然可以透過字裡行間，清楚感受到他那種隱藏不了的自豪。

地下任務

當日本軍民的遣返任務告一段落後，曹士瀓便於一九四九年四月，前往日本赴任，他的身分是中華民國駐日代表團第一處處長——第一處屬於駐外武官的部門。然而，曹士瀓被派往日本時，除了檯面上的職務以外，他還被賦予了另一項不為人知的「地下任務」。

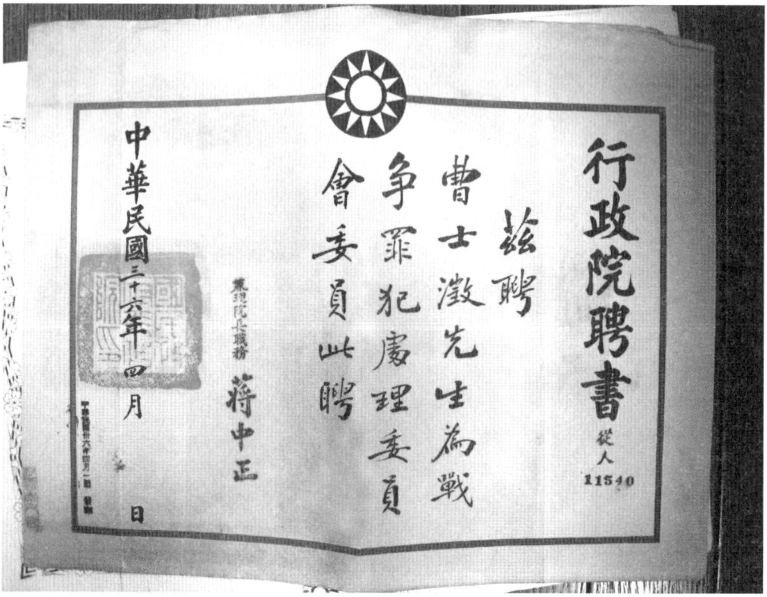

曹士瀓的任命書。（作者拍攝）

當時，國民政府正瀕臨危急存亡之秋。在蔣介石被迫下野之後，代總統李宗仁便主導著與共產黨的和平談判；然而，幾乎已經大勢底定、勝利在望的共產黨，卻徹底看穿了國民政府的弱點，因此和平談判可說是寸步難行。雖然蔣介石已經以國民黨總裁的身分，將據點移轉到台灣，但當時在台灣，僅有以一萬名學生兵為核心，再加上一部分轉移過來的海空軍所構成的兵力，光憑這點戰力想要阻擋共產黨的攻勢，根本完全不夠。

在《曹士澂檔案》裡，曹士澂本人有著這樣的記述：

> 我被派遣到日本的主要任務，是透過和日本軍及各界進行聯絡、找尋日本隱藏的武器等各式各樣的方法，試著發現協助我國政府的良機。當時，日本的浪人們（好比說橫山雄偉），正打著「招募義勇軍拯救中國」的名號，四處非法詐取金錢，情勢可說一片混亂。就在這種紊亂的狀況下，我開始擬定集結日本正規軍人組成「國際反共聯盟軍」，對共產黨發動反攻的計畫，隨後並演變成在日本組織軍事顧問團，前往台灣助戰的計畫。

文中所提及的「橫山雄偉」，據說是一位出身福岡縣的玄洋社社員[3]，在太平洋戰爭期間，

2　譯註：羅斯福總統於一九四五年四月逝世，當時的美國總統應為哈利・杜魯門。
3　譯註：玄洋社是由頭山滿等人成立的右翼組織，主張聯合亞洲、對抗列強的「大亞洲主義」。著名的地下組織「黑龍會」，即為玄洋社轄下的海外工作部門。

他以國粹主義活動者的身分，與日本政界以及諜報機關都有某種程度的聯繫。曹士澂前往日本的時候，正是關於台灣義勇軍的金錢醜聞最為甚囂塵上、引起日本社會一片騷然的時期。

儘管關於台灣義勇軍的傳聞幾乎都是空穴來風、子虛烏有的報導，但正所謂「無風不起浪」，曹士澂在這個時期，確實正在為了「借東風」，而四處不停地奔走。

提議籌組「東亞國際反共軍」

一九四九年五月三十日，曹士澂向蔣介石發出了一封重要的電報。電報內容指出，他和在上海被戰犯法庭判處無罪後回到日本，目前正在養病中的岡村寧次，經過重重密商之後，提出了「組建東亞國際反共軍」的構想。

我在台灣的國史館裡，找到了這封文件。在文件中，曹士澂針對當時的國際局勢，做出了這樣的分析：

> 麥克阿瑟將軍和美國國策之間的矛盾已然表面化；將軍希望能夠確保遠東，並在此展開反共活動。我國剛好可以利用這點，發動反共同盟、組織國際聯軍，在亞洲展開長期抗戰，並且獲得最後的勝利。除此之外，東京是東亞各國代表機構雲集的場所，在麥克阿瑟的反共精神號召下，聯合各國共同合作也較為容易，這也是相當有利的地方。

接著，他又提出了「實施此一方案的要點」：

一、組織戰時政府，建立軍事第一的體制。

二、外交方針以發動東亞反共大同盟為主，以東京為據點。

三、建立東亞國際反共軍。第一步首先建立東亞反共情報組織，設總部於東京，並設分部於馬尼拉以及新加坡。同時在台灣或菲律賓，組建聯合參謀團。

在這個時點，比起軍事顧問團，白團顯然更接近「義勇軍」的地位。光是閱讀這份文件，我就可以清楚感受到曹士澂的視野早就超越了一般的參謀或是情報軍官，可說已經上升到了包含國際情勢在內的國家戰略層面。

蔣介石似乎也對曹士澂這份報告相當心動。

當時蔣介石雖然已經不是總統，但仍然掌握著軍隊的主導權。眼見共產黨軍銳不可擋，國民黨軍的頹勢日趨顯著，幾乎每天送到面前的都是各地敗北的消息，蔣介石的焦灼也日益加深。於是，他從台灣飛往菲律賓、韓國，呼籲組成東亞反共大聯合，並期待各國能夠組成反共義勇軍出兵援助，然而實際結果和目標卻有一大段距離。

不只如此，一向作為國民政府後盾的美國，在這時期的態度也有了一百八十度的轉變——事實上他們已經決定捨棄蔣介石了。原本羅斯福總統所描繪的戰後世界秩序藍圖，是由美英蘇再加上國民政府四國所構成，但在羅斯福過世後，繼任的杜魯門政府對於蔣介石與國民黨的執政能力轉趨懷疑，同時也開始重新檢討，是否有必要協防國民黨撤退的最後據點——台灣。一九四九年八月，美國政府發表了厚達一千五百一十四頁的報告書《中國白皮書》；事實上，這份《白皮書》就是以清算美國與蔣介石及國民政府之間的關係，並推斷內戰將以共產黨獲勝告終為前提所寫成的。

蔣介石的許可命令

就在這種面臨內憂外患、深陷焦慮與絕望的情況下，蔣介石在一九四九年夏天，連續兩次召喚從日本回到台灣的曹士澂，就這個問題與他認真討論。當時蔣介石的心裡大概是想著「美國已經不可倚靠了，剩下的就只有日本了」。《蔣介石日記》裡記載著此次會面：

> 從曹士澂那裡聽取了他的日本調查報告。有關日軍人才運用的具體方法相當不錯，只是資金花費或許稍嫌高昂了點。報告的內容非常詳細。（一九四九年七月十三日）

蔣介石當天便下令曹士澂從台北直飛國防部主力所在的廣州，和國防部第二廳的侯騰[4]廳長會面，進一步討論相關計畫。

七月二十二日，曹士澂向蔣介石報告了他與侯騰商議的結果。他們兩人的結論是：

此一計畫的目的與方針都相當正確，然而日本目前仍處於美國的控制之下，如果公然組織軍隊，恐怕會加深我方與美國之間的矛盾。故此，當下是否可先考慮募集優秀的日本軍人，組織顧問團？

對於這份報告，蔣介石在反覆深思熟慮之後，於七月三十日對曹士澂發出了許可命令。在國史館裡，可以看見一份這時候由蔣介石所發布，名為〈基於利用日本軍官之指示，所擬定之計畫綱領案〉的文件。開頭的「一、綱領」這樣寫著：

為中國陸軍之改善以及東亞反共聯合軍之組建，茲招募優秀之日本軍官，在教育、訓練，制度設計方面提供協助，並應情勢需要，命其參加反共作戰。

4 譯註：侯騰是中華民國國軍中少見的留美派，曾任駐美武官，一九五二年出任台灣國防大學（現為國防大學戰爭學院）首任校長，確立了國軍在台的參謀教育基礎。

在接下來的「二、組織」裡，則是提出了如下的計畫：由中方和日方共同組建幕僚團，日方派遣二十五人，國軍亦選出二十五人，日本軍人以國軍顧問的身分配屬其中。

在「三、經費」裡，詳細明列了日本軍人的薪俸。

每一名日本軍人出發的時候，當下先支付兩百美金（約相當於日幣八萬圓）報酬；若是二十五人份的話，預計就要五千美金的費用。接下來給予每名日本軍人的生活費、和家人的聯絡費，則是每個月一百一十五美金；在這方面的支出，二十五人份就要每月支付兩千八百七十五美金，可說是破格的高額待遇。

為了與共產黨的最終決戰

蔣介石在七月三十一日日記的「今月的重要日程」事項裡，寫著這樣的內容：

三、日軍技術人員運用方法及準備人選　張岳軍　朱逸民　湯恩伯　鄭介民。

四、日技術人員收容地點（舟山金門平潭玉環）。

「張岳軍」就是蔣介石在日本陸軍高田連隊時代的同學張群，岳軍是他的字，可說是心腹中的心腹。湯恩伯是岡村被拘留在南京時，與他交情甚篤的留日派將軍。鄭介民是諜報機關「軍事統計局（通稱軍統）」出身的軍人。

從日記裡將日本軍人稱呼為「技術人員」這點來看，我們可以想見曹士澂在派遣日本軍人之際，理當是用了「技術人員」這樣的名目，來瞞騙GHQ以及各國的耳目吧。

另一方面，被指定為日本軍人登陸地點的四個點：「舟山、金門、平潭、玉環」，全都是和共產黨進行最終決戰的最前線據點。「舟山」指的是舟山群島、「金門」是面對廈門的金門島、「平潭」是位於福建省福州對面的一座島嶼、「玉環」則是位在浙江省台州半島上。

從這裡可以清楚理解到的一點便是，這時候蔣介石運用日本軍人的辦法，主要還是停留在「讓他們站在與共產黨戰鬥的第一線，以『幫手』的身分提供國民政府軍建言，以求在背水一戰中擊退共產黨」這層意義上。

光是追逐著這樣的軌跡，就足以發現這時的曹士澂有多麼活躍。來回奔走於東京、台灣、大陸之間的曹士澂，即將迎向他軍人生涯的最高峰。

圍繞著《螞蟻雄兵》的種種

人選的條件

接獲蔣介石的許可命令之後，日本方面立刻開始挑選適當人選。

關於挑選的目標對象，蔣介石給了曹士澂如下幾個條件作為標準：

一、陸軍士官學校或陸軍大學畢業。
二、具備實戰經驗。
三、具備端正的人格。
四、具有堅強的反共意志。

蔣介石之所以特別舉出「陸士、陸大」這項條件，大概是因為他自己一心嚮往著日本陸士，卻在即將達成目標之際因為辛亥革命爆發而無法如願以償，懷抱著遺憾的緣故。

負責聯繫派往台灣人選的日方成員，據《曹士澂檔案》所述，共有以下四人：

岡村寧次
澄田睞四郎
十川次郎
小笠原清

姑且不提岡村和小笠原，在這裡我想針對十川以及澄田稍微做點說明。

十川是山口縣出身的陸軍軍人，沿著陸士、陸大的菁英路線一路走來，腳踏實地一步步爬到了中將的位子，最後以支那派遣軍第六方面軍司令官的身分，結束了自己的軍人生涯。他和岡村以及小笠原的交集點至今仍然不明。

至於澄田這個人，當我看到他的名字出現在這裡時，不禁大感驚訝。我之所以如此，是因為澄田身為將眾多日本兵拋棄在中國、見死不救的「背叛者」，至今仍然是一部分前日軍所憎惡的對象。

《螞蟻雄兵》

就在我對白團的取材日漸深入之際，我弄到了一片電影DVD。

那是一部名為《螞蟻雄兵》的紀錄片。由於我猜想這部片或許會和白團之間有所關聯，所以便試著將它買了下來，結果一看之下豈止有關係，根本就是和白團問題互為表裡；為此，我不得不關注它所描述的主題，也就是滯留在山西省的舊日本兵問題。

《螞蟻雄兵》的內容，是描述在山西省過著拘禁生活的舊日本軍人，為求獲得軍人退休金而向國家提出控告的過程，推出之後獲得各方相當高的評價。

由於我和導演池谷薰先生先前就因別的採訪而熟識，因此不費吹灰之力便和他取得聯繫。不久後，在朝日新聞總社附近的築地市場裡，池谷先生一邊吃著壽司，一邊用兩個小時的時間，將關於《螞蟻雄兵》的背景故事告訴了我。

一言以蔽之，在日本投降之後，原本應該盡速從中國返回日本的舊日本兵，卻有一群人留在山西省，在國共內戰的最前線，不斷進行著殊死戰，這可說是極端異常的現象。在這群舊日本兵當中，共有五百五十人戰死，活下來的七百人則成為中共的俘虜，直到一九五五年為止，一直處在漫長的拘禁生活之中。

根據池谷先生的說法，對於這些舊日本兵在戰後的行動，日本母國並不承認他們是在「執行軍事任務」；根據舊厚生省定調的解釋，「他們是自己不願歸國，加入國民黨軍作戰的。」「然而，事實是，前線的士兵們並沒有選擇權，只是遵循長官的命令才留下來的。」和眾多前山西兵持續有交流的池谷先生這樣說道。

以「留用」為名提供士兵

以各種各樣的方式聘用戰後仍留在中國的日本人，這樣的行為一般統稱為「留用」。在歷經長期戰亂、社會機能全面癱瘓、教育荒廢的中國，日本人——不只是舊軍人，也包括一般老百姓——所擁有的高度教養、知識和技術，都是中國人如飢似渴想要獲得的東西。而為了積蓄力量、應付預計不久之後將爆發的內戰，當時二分天下的國民黨和共產黨，也紛紛積極伸手試圖拉攏日本人，將他們「留用」下來。

長年統治山西省，在國民黨內有「山西王」別稱的閻錫山將軍，在日本投降之後，便積極想方設法，希望能將日軍留為己用。拜山西豐富的煤鐵等天然礦物資源所賜，閻錫山高唱「山西門羅主義」，自成一股獨立勢力，就算在國民黨內，他也是軍閥色彩相當濃烈的人物。

閻錫山擁有曾在日本陸軍士官學校（清國留學生隊第六期）留學的經歷，當時的教官正是岡村寧次。

閻錫山進行留用交涉的對象，同時也是最終決定全面協助閻錫山的人，正是澄田睞四郎。順道一提，前日銀總裁澄田智，乃是這位澄田睞四郎的兒子。

澄田留有一本題為《我的足跡》的自傳，在這本自傳中，對於山西兵留用有著較為詳細的記載，其中也有清楚提及閻錫山為了想利用日本兵對抗共產黨，向他提出請求的事情：

（閻錫山說：）「技術人員當然不用提，我知道軍人也有家庭的問題需要面對，但是我真的希望能夠盡可能留下更多的人，和我一起為了重建中國同心協力；唯獨這點，請原諒我的任性請求，我代廣大的同胞在此誠懇呼籲。」除此之外，他也強烈請求我，希望我能用上述的方針來指導部下。

面對閻錫山的請求，澄田表示，自己當時是這樣回答的：「不管多麼言之有理，關於是否留下的問題，就本質上而言，都應該徹底交由個人的意志來決定，哪怕多少有一點上司施加的壓力都不行；不管再怎樣強烈的信念，都不應當扭曲這一點。」就這樣，他拒絕了閻錫山的要求。

然而，在澄田的部下中，希望留在山西與共產黨戰鬥者始終絡繹不絕，於是以今村方策大佐、岩田清一大佐等人為中心的軍官們，紛紛設法勸誘士兵留下。據澄田說：「一開始就已經失去指揮權的我，還盡可能地憑一己之力，設法限制這樣的行動，但到最後，我也無法抗拒這股勢頭。」結果，最後一共有幾千名日本人志願留在山西省。

讀到這裡，我忽然感到一股強烈的不對勁。

當時，真的有這麼多無視前線司令官的意志、願意留在遠離故鄉的中國作戰的人嗎？雖然說日本已經戰敗了，但前線的軍人應該還沒有那種退伍並脫離指揮系統的意識存在，因此，若是澄田真有下達歸國命令的話，他們理應不會抗命不遵才對啊！關於這點，池谷先生也和我抱持同樣的意見。

圍棋、釣魚、麻將都不缺

在這之後，澄田便以戰犯嫌疑人之身逗留在山西，閻錫山給了他一棟過去曾是德國人居住的豪華宅邸，還配給他司機，圍棋、釣魚、麻將，該有的娛樂一樣不缺。當南京政府要求將分散收容在各地的戰犯移送到上海時，閻錫山編造了一個漫天大謊，他對政府說：「澄田罹患中風，生命垂危，不堪長距離移送。」然後繼續將澄田留在自己身邊。在這場閻錫山自己也是賭上性命的抗共之戰中，澄田的協力是絕對必要的。

不久之後，隨著戰況日趨惡化，閻錫山再度向澄田提出請求，希望他能直接指揮留用日本兵進行作戰。澄田感到有點猶豫，於是拒絕了閻錫山的要求，但閻錫山不死心，再度提出了這樣的邀請：「既然如此，那就請您以總顧問的身分，在作戰指導方面輔佐我們吧！」這次澄田答應了。於是，他便掛起了「上將總顧問」的頭銜正式出山。

在這之後，澄田不斷輔佐閻錫山的部下，急速進行改造強化陣地等緊要任務；據說，他幾乎是「沒日沒夜一直待在戰區司令部內的專屬房間裡，為作戰指導盡一份犬馬之勞」。

一九四八年底，澄田接獲上海的岡村等戰犯將移送到東京的情報，感到萬分焦慮，於是向閻錫山表示說：「如果一直無法洗清戰犯的罪嫌，就這樣在灰色地帶終其一生的話，那比什麼都更讓人難以忍受。」事實上，他這樣說是在試探，看看自己是否有無罪歸國的可能。

緊接著不久，閻錫山在翌年一月對澄田做出了回應：「我會擔起全部責任，一定讓你獲得不起訴處分。」換言之即是同意了澄田的歸國請求。

丟下部下與戰友獨自返國

於是，就在幾千名部下仍在和共產黨不斷進行死鬥之際，大喜過望的澄田一邊說著「蒙您厚愛，真是感謝之至」，一邊跑去找暗殺張作霖的首謀，此時在山西經營企業的河本大作，和他商量歸國事宜。河本自從因暗殺事件被逐出軍隊之後，便在軍方斡旋之下，在山西省經營起一家煤礦公司。

然而，河本卻說：「太原仍有日本人在，因此我沒辦法獨自返國。」拒絕了澄田的邀請；最後，澄田便獨自一人搭上了在太原著陸的美軍運輸機，回到了日本。

不久後太原陷落，今村方策自盡，岩田清一與河本大作則以戰犯身份被囚死在共產黨的監獄中。失陷在太原的留用日本兵，都被中國當成了戰犯處以拘禁，其中時間最長者甚至長達二十年之久。不僅如此，這些人日後還因為澄田在日本作證說：「部下們都是自願留下的。」結果連領取退休金的資格都喪失了。

由於再針對澄田在山西日本兵留用問題中的諸多疑點討論下去的話，將會偏離本書主旨，因此只能就此打住；然而，對於澄田這人的人格，我仍然忍不住想要打上一個大大的問號。

其他反共聯合陣線

除了岡村─蔣介石與何應欽組成的「南京．上海連線」、澄田─閻錫山合組的「山西連線」以外，還有其他在終戰前後這段「大混亂時期」裡，被歸為所謂「戰後處理」的一環，由日本以及國民黨共同攜手展開的反共聯合陣線存在。

二〇一一年刊行的湯淺博《消失在歷史之中的參謀：吉田茂的軍事顧問──辰巳榮一》（產經新聞社）當中，就提及前陸軍參謀、駐英武官、戰後與白洲次郎[5]並列為吉田茂的左右手、地下組織「辰巳機關」的指揮者，在警察預備隊[6]的組建上亦扮演了決定性角色的辰巳榮一，也曾經接受過國民黨的請求，進行反共任務。

根據該書所述，一九四五年十二月底，服役於支那派遣軍第三師團，正在安排終戰後官兵歸國事宜的辰巳，突然接到了湯恩伯將軍的會面邀請。湯恩伯是日本陸士留學派的一員，也是蔣介石的嫡系子弟兵，同時也以日本軍人的庇護者而聞名。包括岡村寧次的無罪判決、根本博對金門島的支援活動（參照第四章）等，都與他有密切關聯。

在與辰巳的會面過程中，陸軍參謀土居昭夫一直隨侍在湯恩伯身邊。土居曾經擔任過關東軍情報部部長，是對蘇聯情報戰的專家。終戰之後，土居便被湯恩伯「留用」在身邊；一九四六年一月二日，這三人且曾一起共進晚餐。

儘管辰巳的日記上對於相關事項並未多作詳細敘述，但根據保存在美國國家檔案館當中、有關辰巳的中央情報局（CIA）檔案顯示，辰巳在這個時期確實接受了國民政府國防部的請求，著手協助他們建構對蘇聯的諜報網。據CIA檔案指出，辰巳之所以接受這個請託，是為了換取第三師團早日從上海回到日本。

當時辰巳的長官，如第六方面軍司令十川次郎以及師團長等人，都被拘留在戰犯收容所中，但辰巳卻在土居的安排下，獲得了「上海東區露營司令官」的頭銜，得以免於遭到拘留的處境。

後來，土居留在上海擔任國民政府國防部的顧問，回到日本的辰巳則負責和曾參與對蘇諜報工作的舊陸軍幹部接觸。據說辰巳在積極尋求與對蘇情報專家接觸的同時，也暗中派遣了暗號破譯專家大久保俊次郎潛入蘇聯。這項祕密工作，隨著擔任窗口的國民政府駐日代表處陷於財務困境，無法繼續投入資金，於是辰巳與國民政府之間的合作便於一九四七年秋天告一段落。

辰巳與國民黨的關係，基本上類似於岡村和澄田。

---

5 譯註：日本著名官僚、實業家，活躍於美軍占領下的日本，致力於戰後經濟復興。

6 譯註：即日本自衛隊的前身。

讓我們將話題轉回白團上。澄田在《我的足跡》中，對於自己協助白團的經過，有著這樣的一段記載：

我從太原出發的時候，曾經受到閻將軍的囑託，希望我在歸國之後，也能繼續提供中國援助；之後，當我在偶然的情況下，前往探視當時正在國立第一病院住院治療中的岡村寧次時，我們兩人很快便產生了一個共識，那就是：為了協助國民政府軍的教育，必須物色優秀的舊日本陸海軍軍官，並將他們送往台灣。

根據澄田的說法，這項物色人選的行動，是由以岡村為中心的幾個人為首，「像戰前的共黨活動一樣，完全以地下潛伏的方式進行」。他們輾轉各地，以朋友住所之類地方為祕密據點，或是召喚鎖定的陸海軍軍官前來，或是親自登門造訪，透過不斷密談，試著勸誘他們前往台灣。

關鍵人物——小笠原清

存活於世的見證者——瀧山和的證詞

二〇一二年冬天，我在位於田園調布高級住宅區一隅的某間喫茶店裡，和前陸軍少佐瀧山和見面。瀧山的記憶力，好到完全無法讓人想像他已是高齡九十六歲的老翁；甚至連事件發生的日期，他都能正確無誤地記得清清楚楚。瀧山是繼糸賀公一之後，我所見到的第二位至今仍存活於世的白團成員。

瀧山是隸屬陸軍的戰鬥機駕駛員。一九三九年（昭和十四年）的諾門罕事件中，他參加了和蘇聯之間的空戰，是位出戰超過百回仍能安然歸來，經驗老到的熟練飛行員。

提起諾門罕事件時，瀧山是這樣講的：

到最後，我們在蘇聯壓倒性的物資戰力面前，幾乎是無計可施。老實說，一想到我居然活過了那場戰爭，就忍不住鬆了一口氣。

不只是陸戰，就連日本一開始占有優勢的空戰，也在蘇聯陸續投入新銳戰鬥機與優秀飛行員，以及不斷增援物資彈藥的情況下逐漸被逆轉。被迫節約彈藥的航空隊不得已只能與敵機近身纏鬥；瀧山的許多同僚就在這種情況下遭到敵機狙擊，最後墜落在蒙古的大地上。

終戰的時候，瀧山正在高松的航空部隊。身為參謀，他只能一邊按捺著心裡的憤憤不平，一邊把物資和燃料交給美軍；等到一九四六年眼睜睜看著一萬名隊員四散分飛之後，他才從收拾殘局的任務中解脫出來。

那是個軍人再就業相當困難的時代，瀧山費盡力氣，好不容易才終於在日本橋的藥局找到了可以餬口的工作；就在這時候，小笠原清出現在他的面前，那是一九五〇年（昭和二十五年）秋天的事。

若是這男人的話，他肯定真的會這麼做……

小笠原的表情充滿了魄力，一看就是一副下定決心、不達目標絕不罷休的樣子。瀧山雖然不認識小笠原，但要就此把對方趕回去，他又覺得自己似乎做不到，於是最後兩人還是一起走進了藥局附近的一家喫茶店。

「前往台灣，就先支付前金二十萬圓。」小笠原開出的條件，對當時每個月收入不過七千圓的瀧山來說，實在極具誘惑。然而，這也代表著這筆錢其實是筆搞不好得拿命來換的危險報酬。同時，對於歷經諾門罕跟滿洲那段日子後，事實上已經相當嫌惡軍隊的瀧山來說，要他再一次回到軍人生活，實在是件很讓人猶豫的事。再說，他也不想過著非得離鄉背井、遠離妻兒不可的生活。

於是瀧山向小笠原這樣問道：

在外國生活實在太辛苦了；若是我拒絕的話，會怎麼樣呢？

只見小笠原表情不變地說著：

現在朝鮮正在打仗，你應該知道有不少前軍人為了清除地雷而被派到那邊去吧？要是你拒絕的話，我們就借麥克阿瑟的手把你派到那邊去；反正總歸都是去外國，去台灣總是比較好吧。

若是用常識思考，這樣的事再怎麼想都根本不可能，但是，若是這男人的話，他肯定真的會這麼做——小笠原給人的感覺就是如此。

請給我一個月的時間準備，畢竟我這邊也還有客人要處理；不管怎樣，總是得把工作確實移交給接手的人，才能前往台灣。

不只是小笠原，對於白團的實質領導者——前陸軍大將岡村寧次，瀧山也一點都不熟識。雖然他也是畢業於陸軍士官學校，不過據他所言，因為自己打從畢業之後就一直在航空領域裡打滾，所以「我和那一群（陸軍）參謀，完全沒有什麼特殊的交集」。不只如此，對於那些把日本捲入中日戰爭泥淖裡的陸軍參謀，瀧山其實是頗為反感的。諾門罕的痛苦經驗，讓瀧山心裡不時籠罩著一股「反參謀」的情緒。

明知如此，對方卻還是選中了自己；關於這點，就連瀧山本人也覺得相當不可思議。就在他準備動身前往台灣前夕，他前往四谷宅邸，拜會了身為「保證人」的岡村；但岡村只說了：「我想把責任託付給像你這樣的年輕人，請你務必要協助蔣介石。」至於其他更詳細的事情，則一概未提。

兄弟鬩牆

一九五一年春天，瀧山來到了台灣。他才剛踏上台灣的土地，立刻就被請到國防部舉辦的歡迎會上。在那裡，一名軍官走近瀧山，對他這樣說著：

聘請瀧山先生前來台灣，是我方主動提出的請求。瀧山先生您曾經發表過一段「兄弟鬩牆」的演說，這件事傳到了蔣介石總統耳中，於是總統便指示我們，一定要請您到台灣來。

聽對方這樣一說，瀧山頓時憶起了這件事。那是他在南滿鞍山機場擔任第一〇四戰隊飛行隊長時候的事；當時，包括漢人以及滿人在內，附近所有城鎮的幹部們，全都聚集在某個溫泉地召開大宴會。

也就在那裡，瀧山發表了一段氣勢激昂的演說：

雖然我們此刻正與蔣介石的國民黨作戰，然而，這只不過是兄弟之間的鬩牆罷了；我們真正的敵人，理應是蘇聯和美國才對呀！

這場演說透過口耳相傳，不知何時傳到了國民黨陣營內。

瀧山所提出的「兄弟鬩牆論」，雖然在中日戰爭期間，屢屢被日本和中國兩地的中國通以及日本通提起，但此一理論的淵源，實際上可以追溯到孫文。

孫文曾經說過：「無日本即無中國，無中國亦無日本。」著眼於日本明治維新以來的現代化成果，孫文大力鼓吹日中攜手合作以及大亞洲主義。

作為孫文的弟子，蔣介石也在一九四五年日本無條件投降之際，發表了有名的「以德報怨」演說。雖然「以德報怨」這一概念，在這之後也成為白團活動的基本理念，不過當時蔣介石在演說中所強調的，則是「只認日本黷武的軍閥為敵，不以日本的人民為敵」這樣的一種日中攜手合作論。

既然「日中本為兄弟」，那麼戰爭結束後，仗義相助也是理所當然，而相助的其中一種形式，正是白團──瀧山的演說，大概正合蔣介石這套邏輯的胃口。

「我們永遠無法得知，是什麼樣的契機會改變自己的一生，總要直到事後，才會為之感慨萬千。」回首過去，瀧山如此說著。在那之後的十年間，瀧山一直致力於強化台灣空軍。

「簡單說，就是什麼都做的勤務兵一枚。」

就如同瀧山的案例一般，擔任日本方面推手的小笠原，他的招募行動在一九四九年秋天白團成立之後，仍然持續地進行。

「就算多一個人也好，請盡量將優秀的日本軍人送到我們這裡來。」台灣方面傳來的請求，聽在眾人耳裡簡直就如同悲鳴一般。在中國大陸已被共黨奪走，台灣海峽也不知何時會被洶湧的人民解放軍淹蓋的情況下，藉著日本軍人的幫助，讓國民黨軍隊重新站起來，這項計畫就像一縷細線般，維繫著蔣介石脆弱的希望。

小笠原在一九九二年（平成四年）應「白團記錄保存會」的請求寫下一篇文章，描述了自己擔任白團幕後推手時的情形：

> 話說回來，我，蕭立元，雖然身分是（岡村寧次的）侍從長，但實際上我還是岡村將軍的秘書、聯絡員、調查員……簡單說，就是什麼都做的勤務兵一枚。這份工作一開始最讓我印象深刻的，就是前面稍微有提及過，遭到GHQ傳喚的事……

即使身在日本，小笠原也還是使用了「蕭立元」這個分配給他的中文化名。在某種意義上，小笠原可說是白團中最令人感到興趣的人物。在白團當中，岡村寧次是象徵性的存在，富田直亮是第一線的負責人，他們各自都有屬於自己的清楚「定位」；然而，在這舞台上，小笠原並沒有扮演過什麼突出的角色，不管是教育也好、調查也好，他都不是那種主動參與的類型。可是，就是這樣一個人，卻給人一種「掌握著白團存在的最關鍵之鑰」，難以磨滅的強烈印象。

雖然我在向白團成員以及家人取材之際，總是會試著詢問他們對於小笠原的印象，不過得到的卻都是諸如此類的話語：

總之，就是一個很會照顧人的人吧？

從台灣把錢跟家書帶到家裡來的人。

不只提供我們關於未來出路的諮詢，還幫我們打探工作機會。

擅長不動產投資，對於好的投資物件，常會從旁提出不錯的建言。

透過這些話語，我們的眼前清清楚楚浮現出一位身為「推手」，並竭盡心力扮演好這個角色的人物輪廓。

「直到最後我都不太明白，他到底是靠什麼為生？」

小笠原的寓所位於東京高田馬場，和早稻田大學校區相鄰的角落。現在，那裡已經改建成一棟中型公寓；小笠原的妻子——絢，就住在公寓一隅。

他們兩人是在一九五〇年（昭和二十五年）戰爭畫下句點之後結婚的。戰爭期間，小笠原以「不知何時會死在戰場上」為由，一直不願結婚；不過到了戰後，雖然他和絢的年齡有段差距，但經過相親之後，兩人的感情便逐漸穩定升溫。

讓絢感到相當奇怪的，是小笠原所從事的職業。

> 我記得當初結婚的時候，他跟我說他是在從事著述業；儘管如此，對於他究竟是靠什麼為生，我還是感到相當的好奇。就算結了婚之後，當我問起這個問題時，他也還是都用敷衍的方式一筆帶過。自衛隊那邊似乎也好幾次邀請他去任職，但他始終都沒有明確點頭答應。

小笠原出生於九州的小倉，父親和他一樣也是軍人。小笠原家一共有七位同父異母的兄弟姐妹，小笠原清是長子。據絢所說，他對於底下的弟妹全都一視同仁地認真照顧呵護，甚至還為所有家人蓋了一棟合居的房子。

關於自己在戰爭中所經歷的種種，小笠原清幾乎是絕口不提，家裡也完全沒有擺設任何戰時的照片或勳章。在絢的回憶裡，他就連一次也不曾炫耀過自己身為軍人的豐功偉業。

小笠原和絢結婚的一九五〇年，正是白團渡台活動達到最巔峰的時期。關於這點，小笠原是這樣向絢解釋的：「因為我在戰爭爆發前，有做過一些安排軍人從中國返回日本的工作（所以現在人家才找我去幫這個忙）。」絢也記得，兩人結婚之後有好一陣子，小笠原經常三不五時就往四谷的岡村家跑。在這之後，他留在家裡書寫文件或是整理資料的時間，便與日俱增。

絢似乎是位帶點大小姐氣質，對什麼事情都能泰然處之的女性，對於小笠原的祕密主義，她不只沒有感到任何不悅，甚至也沒有提出過任何疑問。

不過總而言之，他是個相當聰明的人，不管我問什麼，他都能夠用最簡單明瞭的方式說明清楚。雖然我知道他是在岡村先生底下，幫忙管理前往台灣的大家的薪水，但是他自己的薪水究竟是從哪裡來的，他則是對我一概不提；當時，我只覺得就算不追問也沒什麼大不了的，結果直到最後，我還是不知道他到底是靠什麼為生……

將近二十年的默默耕耘

那時候，小笠原想必正為了白團的事情而四處忙碌。

小笠原的任務中最為重要的，就是擔任和中華民國駐日大使館（兩國之間的正式邦交一直維持到一九七二年〔昭和四十七年〕）之間的聯繫管道。

給白團成員的薪俸，除了在台灣當地支付的薪資以外，另外還有一部分是透過東京的大使館，以現金的形式交付給小笠原。小笠原每年會分成幾次將這些安家費和從台灣以外交郵件管道寄回日本的家書，親自分送到各成員家中。仔細想想，白團各成員留在日本的家人，北起東北、南到九州都有，因此，小笠原想必是經常不停在全國各地奔波吧！

此後的二十年間，小笠原一直默默從事著這樣的工作。

在這走訪全國的過程中，小笠原會針對各家庭的狀況旁敲側擊，一旦發生問題，便會立刻通知在台灣的丈夫。另一方面，他也會提供白團的子弟關於升學或者就業方面的諮詢；在白團成員的子弟中，將小笠原當成父親一樣仰慕的人也不在少數。

另一方面，他也擔任著向岡村定期報告狀況，並將岡村的指令傳達到台灣的「傳令兵」角色；本書後段將會詳細提及的，白團在日本方面的調查機關「富士俱樂部」的運作任務，也都託付給了他；因此，若說小笠原是白團在日本方面的關鍵人物，可說一點都不誇張。

第四章

富田直亮與根本博

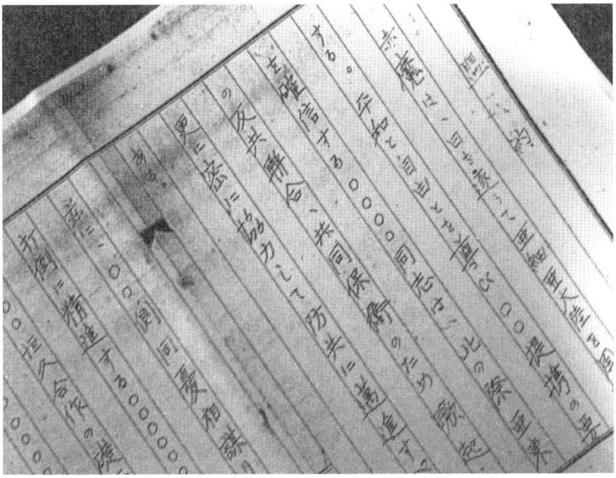

白團的「盟約書」。（作者拍攝）

一九四九年九月十日

打倒赤魔

「借重日本軍人之力，對抗共產黨」。

根據記錄，在一九四九年九月十日這天，蔣介石的這一祕策終於來到了開花結果的時刻。我們之所以能清楚得知日期，是因為這一天正是交換「盟約書」的日子。

這一天，在東京的高輪，日本以及中華民國國民政府的相關人士祕密聚集在此。為了避開GHQ與日本共產黨的耳目，他們選擇的地點是當地一家小小的旅館。集結起來的眾人，在一間狹窄的和室裡面對面席地而坐，玄關外面則有中華民國駐日代表處的武官王亮負責站崗，以防萬一事態發生。

〈波茨坦宣言〉第六條明確指出了「欺騙及錯誤領導日本人民使其妄欲征服世界者之威權及勢力，必須永久剔除。」這一方針。根據這一條，GHQ對日本政府下達了將戰犯、前軍人、戰爭協力者永遠不得從事公職的指示；一九四六年，日本政府正式發布了《公職追放令》。

儘管前軍人受到外國政府雇用，理論上不算是就任日本的公職，但對身為戰勝國的中華民國而言，這很明顯是一種違背自己所提出的〈波茨坦宣言〉精神的舉動。

不僅如此，當時的日本對於出國有嚴格的限制；因政府派遣等特殊理由自然不在此限，但一般百姓要前往外國是不被允許的。

因此，白團的組建，在當時不管就哪方面的意義來說，都具有極端強烈的違法意味。

「赤魔逐日，席捲亞洲……」

舊日本軍人抱著決死覺悟簽署的「盟約書」這段開場白，對於成長在現代的我們來說，似乎會覺得有種誇張過了頭的滑稽感，但對當事人而言，他們卻是極度認真的。那種喪失中國大陸、被逼到生死存亡絕境的危機感，絕非只是執筆者的誇飾修辭而已。

「赤魔」指的是共產主義，或者更明確地說，就是中國共產黨。為爭奪中國大陸統治權所展開的「國共內戰」，至此時已是大勢底定，難以逆轉。國民政府的首都南京以及上海等地，陸續遭到共產黨占領，距離共產黨宣布成立中華人民共和國，也只剩三週時間。

隨著國民政府代表與舊日本陸軍軍人一同在這份盟約書上簽下自己的姓名，一場挽救陷入存亡危機的國民政府的計畫，也正式宣告展開。

我手邊有一份該盟約書的影本。

盟約書開頭的署名欄，依照簽名順序是這樣的：

中華民國國民政府駐日代表　曹士澂

受聘者代表　富田直亮

保證人　岡村寧次

為了組建白團的準備工作而四處奔走的曹士澂，他的名字列在盟約書的首位。保證人是岡村寧次。

而日本方面作為「受聘者代表」署名的富田直亮，正是之後被稱為「白鴻亮」，也是「白團」名稱來源的人物。

盟約書的原文，僅僅是一張直書二十六行的稿紙。它的開頭是這樣寫的：

盟約

一、赤魔逐日，席捲亞洲。尊崇平和與自由，深信〇〇攜手重要性的〇〇〇〇同志，值此之際，正是為亞東的反共聯合、共同保衛奮起，更加緊密結合，致力防共大業之秋。故此，〇〇方面為求同憂相謀，並欣然攜手為打倒赤魔邁進，茲接受〇〇〇〇〇〇〇〇之招聘，以期奠定〇〇恆久合作之礎石。

二、承上，〇〇〇〇〇〇〇〇，在此欣然同意左側之契約，並保證應聘者家人的安全。

盟約書各處的〇〇為隱字，是一種為了保證就算這份文書流出，也絕對沒有人能得知立約者究竟是誰的保密機制。

對於這些隱字，我們可以這樣解讀：最前面的〇〇是「日中」，接下來的〇〇〇〇是「日中兩國」，第二個〇〇是「日本」，接下來的八個〇則是「中華民國國民政府」，第三個〇〇是「日中」，最後八個並列的○，則是同樣的「中華民國國民政府」。

變相的傭兵契約書

作為「盟約書」的附件，另外還有一份「契約書」。

契約書的第一條是「乙方擔任甲方的○○顧問」。

第二條是「契約期限為一年」。

接下來的第三條則是「乙方的勤務地點為○○○○」。○○是「軍事」，「○○○○」則是「台灣本島」。

第四條是國民政府支付白團成員和原來在日本軍隊舊階級相當的待遇（薪金），同時保證提供成員自日本出發之日起，至歸國為止的一切衣食住行。

第五條是規定國民政府方面應支付成員動身費（前金）、安家費，以及離任費（後謝）。第六條是國民政府應解決日本軍人的「身心安全問題」。第七條是若成員因事故等勤務以外的原因死亡或重傷害時，應給予成員的家人「相當程度的補償」。

最後的第八條是在取得「盟軍最高司令官總司令部暨日本政府的諒解」這方面，應由國民政府負起交涉之責。

不只如此，在這份契約書中，還附有一份名為「附屬諒解事項」的備忘錄，裡面明白規定了白團成員的實際薪資額度，以及付給其家人的安家費金額。換言之，這完全就是一份變相的傭兵契約書。

在「附屬諒解事項第二條」中規定，契約締結之際，台灣方面應支付白團成員的動身費為：團長二十萬日圓、團員八萬日圓。接著第三條又表明，付給家人的安家費，「自締約至歸還日本內地為止」每個月應給三萬圓，並在契約額滿離任之際，保證支付五萬圓的離任費。

當時（一九五〇年，昭和二十五年），大學畢業生的平均起薪是三千圓，因此，白團成員的待遇明顯可說是出奇優渥。不只是薪資，還有其他許多地方，都讓人足以明確感覺到其待遇之優厚。

「附屬諒解事項第五條」規定，成員因勤務原因導致生病或負傷，應由台灣方面擔負治療及其相關費用，同時也須負起將傷病人員送回日本的責任，至於返回日本之後的治療費，以及治療期間的家人生活費，也一律由台灣方面負擔。

同備忘第六條表示，若是面臨戰鬥以及其他「恐讓成員陷於身心危險」的情況，台灣方面原則上「應讓（白團）成員前往日本暫避，若不得已，則須另尋安全地帶」。這是以台灣成為戰場，受到共黨軍隊攻擊為前提而擬定的條文。

生於明治三十二年的陸士三十二期生

在這場交換盟約書儀式上出席的日方人員，除了岡村寧次、小笠原清、富田直亮以外，還有以下十一位（不過，其中的瀧山三男並沒有來台任職的記錄。）：

佐佐木伊吉郎・前陸軍大佐（陸士三十三期）
瀧山三男・前陸軍大佐（陸士三十四期）
鈴木勇雄・前陸軍大佐（陸士三十六期）
守田正之・前陸軍大佐（陸士三十七期）
杉田敏三・前海軍大佐（海兵五十四期）
酒井忠雄・前陸軍中佐（陸士四十二期）
內藤　進・前陸軍中佐（陸士四十三期）
伊井義正・前陸軍少佐（陸士四十九期）
河野太郎・前陸軍少佐（陸士四十九期）
藤本治毅・前陸軍大佐（陸士三十四期）
荒武國光・前陸軍大尉（陸軍中野學校畢）

根據我手上的影本顯示，所有出席成員都是以蓋章的方式簽下契約。過去曾經有介紹白團的文章指出，當時的與會者是以「歃血為盟」的方式表達心跡，可是在這裡似乎沒有看到類似的跡象。

這場立約儀式上的主角，並非岡村，也不是曹士澂，而是此後便遠赴台灣的富田。

富田既是在台日本軍人的領袖，同時也是以白鴻亮這個中文名字，成為「白團」這個神祕名稱命名起源的人物，因此，關於他的種種，我們必須在此詳加敘述才行。

富田在一八九九年（明治三十二年）生於熊本縣，是陸士三十二期畢業生。他在同期同學之間，由於通曉軍略而有著「天才」的異稱。畢業之後，他前往美國留學並擔任駐美武官；雖然他不屬於擅長中文的所謂支那通軍人，後來卻被派遣到中國戰場，擔任部署在廣東方面的第二十三軍參謀長，直到終戰為止。他之所以被任命為團長，其中一個原因，也是由於他通曉中國南方情勢之故。

富田在日本退役之後，便和朋友一起開公司做起了生意，但當他雀屏中選成為白團領袖之後，他便毅然決然下定決心前往台灣。雖然當初也有不同的聲音，主張推舉其他人為白團領袖，但後來因為諸多原因而未能實現。

富田原本留著一撮小鬍子，但因為小鬍子在中國幾乎就等於日本人的代名詞，於是他便應曹士澂的要求，將這撮鬍子剃掉了。他之所以用「白」為姓，是隱含著對抗共產黨的「紅」之意，而鴻亮的「亮」，則與中國著名的軍師諸葛亮（諸葛孔明）正好相同，因此這個名字在中方普遍受到了好評。

富田的次男重亮，目前定居在紐約。

富田重亮生於一九三七年（昭和十二年），他在日本讀完大學後，先在台灣的名校台灣大學取得碩士學位，接著前往美國；在那裡加入了聯合國的工作，歷任聯合國人口基金會等單位，最後升任為聯合國開發計畫署（ＵＮＤＰ）總務局長。離開聯合國之後，他前往北京大學講授國際關係課程，為期五年。由於他擁有台灣大學的碩士學位，因此中文也相當流利。他現在擔任某財團的理事長，偶爾會回到位於水戶的宅邸；這次，我也是在水戶採訪他。

自從重亮懂事開始，他的父親便一直在中國戰場作戰，歸國之後又馬上飛往台灣，因此他對父親的記憶，一直要到他長大成人，前往台灣大學就讀，並在台灣與父親聚首，才算正式開始。

我試著詢問重亮，他是否有留下關於父親的記錄，不過他告訴我：「父親說：『記錄是中國人的拿手好戲，交給他們去做就行了。』」基本上，他應該可說是位徹底堅守低調原則的人物吧！

先遣隊

在最初交換盟約書的十七人當中，有一個名叫荒武國光的男人。他的中文姓名是「林光」。富田在該年十一月間，和荒武兩人以先遣隊的身分，手持標示著「GHQ情報員」這個怪異頭銜的出國許可證，從香港轉往台灣，至於相關假身分文件的安排，則由中華民國駐日代表處一手包辦。他們兩人先是搭乘飛機來到香港，再從香港搭上台灣方面前來迎接的船。

一九四九年十一月三日的《蔣介石日記》，僅僅寫下了這樣一行文字：

十點與富田直亮等會面，向其指示任務並慰勉之。

這條記述，是白團的領導者富田直亮與蔣介石之間首次見面的證明。

富田一行人是在台北陽明山的蔣介石辦公室中獲得接見。

蔣介石交給富田的第一項任務，就是前往中國西部。根據《蔣介石日記》，十一月十三日，蔣介石再次召見富田，並和他一邊喝茶一邊暢談。

緊接著，富田便偕同荒武搭乘從台灣起飛的軍機飛往重慶，在十一月十八日與也來到重慶的蔣介石再次見面。在那裡，他受到蔣介石委任，負責指導中國西南地區的抗共戰線，並即刻趕赴最前線。

荒武是宮崎縣三股町出身，畢業於陸軍中野學校[1]，是位歷經千錘百鍊的硬底子情報軍官。在中國戰場的時候，他便曾和富田共事。他是白團當中唯一出身於中野學校者；他在白團的任務告一段落後，便轉而投入日本自衛隊的行列。

關於自己的這趟重慶之行，荒武留下了一篇相當長的備忘錄；據說只有極少數的朋友才得以看見這份備忘錄。筆者透過某位自衛隊相關人士獲得了這份備忘錄，以下稱之為〈荒武備忘錄〉。接下來，筆者將透過〈荒武備忘錄〉，試著重建富田與荒武在重慶參與抗共作戰的過程。

前往重慶

富田與荒武在十一月十五日為了前往重慶而從台北的松山機場起飛，但是當天的天候太過惡劣，於是他們又折返台北。

翌日，兩人再度搭乘軍機，從天候不佳的福建省沿岸迂迴南下，朝著廣西省的柳州前進。關於自己在機上的心情，荒武有著這樣的記述：

我一邊望著窗外深沉的夜色，一邊聊以自慰地想著，自己現在正在為了補償二次大戰期間給予眾多中國人民的苦難與損失，而不斷地努力……

柳州市內，擠滿了已然放棄桂林戰線的白崇禧將軍的軍用車輛。整個城市瀰漫著戰火逼近的壓迫感，敗象分明的國民政府發行的法幣已經完全無法流通，一切交易都只能依靠銀幣。

富田和荒武在柳州停留了一宿，第二天便繼續前往重慶。當他們在重慶機場著陸時，總統府派來的專車已經在那裡等著，並將他們帶到重慶郊外一棟充當宿舍的洋樓。隔天，兩人再度與蔣介石會面。

會面的時候，蔣介石「露出充滿溫和與慈愛的表情，不停地輕聲說著『好、好』」，還一直和兩人輪番握手，慰勉他們的辛勞。接下來，兩人聽取了同席的參謀說明軍事情勢。

在《蔣介石日記》上，記下了當時和富田的一部分對話內容：

1 譯註：日本在中日戰爭爆發後創立的情報學校，專司諜報、防諜、宣傳等祕密工作人員的教育訓練。

與白鴻亮會面。其對西部戰線之敵情及地形判斷甚為正確。（一九四九年十一月十八日）

第二天，也就是十一月十九日，富田為了前往最前線視察敵情而搭乘偵察機出發，但因為四川特有的濃霧導致視線嚴重不良，於是又被迫折返。在兩人房間隔壁的作戰室裡，蔣介石再次臨席，聽取富田的意見。

二十日，富田一行一大早便起床，兩人在武官陪同下搭車前往位於重慶東方的南川，視察及指導最前線部隊。他們抵達位於南川的軍司令部，見到了司令官羅廣文軍長。羅軍長也是出身日本陸士，多少能說一點日語。在那裡，他們聽取了軍隊的配備狀況以及作戰計畫，但是在很多方面，荒武都不得不為這支軍隊的前途感到悲觀。

軍司令部的作戰室極度簡陋；還不只如此，他們對於敵情的掌握也極度不足，甚至可說到了幼稚的程度。

翌日，富田前往最前線視察，回來之後便不斷苦思今後的作戰構想。然而，當黎明破曉時，情勢驟然一變；從重慶的國防部發來了向後方撤退的指示，而羅軍長也決定要放棄戰線，回到重慶。

從這次視察中，荒武清楚感覺到「軍隊士氣明顯低落」，且「指揮官的意志也頗為脆弱」，因此，他對往後的作戰抱持著相當強烈的疑慮。富田和荒武一致認為「自然地形對於守方明顯有利，若要作戰，並非不可一戰」，但是究竟該如何打這一仗，他們也苦無良策。

二十三日回到重慶之後，富田針對戰況提出了歸納：「共軍分成幾路，一路從東沿長江逼近，另一路從南通過滇緬公路北上，還有一路從漢中南下。」在這種狀況下，富田指出：「一旦讓敵人攻入四川盆地（重慶、成都地區）則毫無勝算，因此若不在對方進入四川盆地之前發動攻勢，便無法挽回形勢。」

從這個觀點出發，富田不眠不休地將作戰構想寫成書面報告，提交給蔣介石。

對於富田的指點，國民黨軍的參謀深深地感同身受，於是頻繁走訪富田的宿舍，徵詢他的意見。荒武在備忘錄上是這樣寫的：「對於鄰國的日本人居然無視生死參加這場戰役，（國民黨軍人）不禁為這份濃郁的友情所深深感動，而這對我們來說，也具有重大的意義。」確實，這次的重慶體驗，對往後白團計畫的推進，產生了相當正面的影響。

國民黨喪失大陸

然而，戰況急遽惡化，重慶的防線有一部分已遭到共軍突破；逐漸迫近的砲擊聲，彷彿預言了重慶最後的命運。二十七日，蔣介石召喚富田和荒武前來。他對兩人下達指示，要他們搭乘隔天早上的飛機回台灣。當時，蔣介石的模樣明顯地相當憔悴，從中可以清楚感受到他心力交瘁。

「來重慶的這段時間，真是辛苦你們了。」

「非常抱歉，沒能幫上您的忙。」

據說，蔣介石和富田做了這樣的對話。

眼見戰況已然無可挽回，蔣介石遂下定決心放棄重慶。大量部隊投共的國民黨軍徹底崩潰；十二月七日，包括蔣介石自己在內，國民政府從中國大陸完全撤退，而富田如前所述，已經早一步回到台灣。

富田和荒武，是極少數親眼目睹國民黨喪失大陸最後那一瞬間的日本人。儘管這對他們來說是相當寶貴的體驗，但當初組建白團的目的——在國共內戰中成為國民黨軍的救世主，已經因為時機太遲而喪失了可能性。於是，就在這個時點，白團的存在理由，也從在大陸與共黨進行戰鬥，搖身一變成為保衛台灣與反攻大陸的有力後援。

得出這個理所當然的結論之後，除了富田和荒武之外的十五名初始成員，便從神戶直接出發前往台灣。十二月七日，帶著岡村給蔣介石的親筆信，一行人搭乘運送香蕉的貨輪「鐵輪號」，從橫濱港動身出發。當時，從台灣運送到日本的香蕉，在戰後的日本是令人望眼欲穿的奢侈品，深受眾人喜愛。

從締結白團盟約書，到富田與其他成員動身出發，其間歷經了兩個月的時間。若是以一般出國的情況來說，用這樣的時間來準備自是理所當然；可是，以當時國民政府被逼入絕境的狀況來看，照理他們應該沒有這麼多時間才對。

講到這裡，就不能不提及另外一位日本軍人潛渡台灣的問題。

古寧頭戰役之謎

傳說般的存在

這位日本軍人是前陸軍北支那方面軍司令官——根本博中將。根本博體格壯碩，留著一頭刺蝟般的短髮，戴一副圓框眼鏡，臉上總是掛著和藹可親的笑容，不管到哪裡都能跟人輕鬆打成一片。在崇尚嚴謹剛直，視壓抑情感為典範的陸軍軍人當中，他可說是相當另類的人才。

根本的知名度，遠比其他白團成員要來得高。之所以如此，其實與根本在戰後這段時間裡積極陳述自己的經歷有很大的關係；從這層意義來看，他與始終保持沉默，也不曾留下任何著作的富田直亮，正好是極端的對比。

過去有關根本的著作，除了小松茂朗的《戰略將軍根本博——某位軍司令官的深謀》（光人社，一九八七）以外，最近，作家門田隆將的《捨身取義——拯救台灣的陸軍中將根本博的奇蹟》（集英社，二〇一〇）也詳細描述了根本博的活躍事蹟。

過去經常有人產生一種誤解，那就是把根本博和白團混為一談；然而，不管是從潛渡台灣的來龍去脈，到兩者之間的人脈關係，我們基本上都應該將白團和根本博視為兩個截然不同的系統。白團渡台是高度組織的計畫，而根本則是帶有強烈個人色彩、打游擊式的舉動。不過，兩者的動機仍然是一致的，那就是為了拯救陷於困境中的蔣介石而前往台灣。

根本於一八九一年（明治二十四年）出生在福島縣須賀川市的仁井田。那裡是會津藩的舊領地，也是戊辰戰爭的敗軍之將們聚居的土地。根本的父親雖然是教員，不過家裡也兼務農。他從陸士二十三期畢業後便進入陸大深造，以陸軍支那通的身分接受培養。

終戰的時候，根本正擔任北支那方面軍司令官兼駐蒙軍司令官；一九四六年八月，他回到日本退役。當時，在戰爭已然結束的情況下，根本果敢地下令日本軍隊推遲解除武裝的進度，從而將北支方面三十五萬將兵與四萬民眾的生命，從蘇聯的兵鋒中拯救下來，這段傳奇的故事，至今仍然令人傳誦不已。

以下的記述主要是根據根本自己的手記，以及他從台灣歸國後接受媒體採訪的內容，重現根本渡台的來龍去脈。

「我去釣個魚」

正當根本在東京過著晴耕雨讀的退役生活之際，出乎意料之外地，在他面前突然出現了一名自稱為「李銓源」的年輕人。李銓源表示，他是國民政府傅作義將軍的使者，希望能夠邀請他「前往台灣指揮戰爭」。傅作義是曾經和根本直接交手過的敵將，兩人在戰後處理的過程中也有相當多的交流；對根本來說，傅作義是一位在人品上相當值得信賴的人物。只是，後來證明，所謂「傅作義的邀請」云云，完全是一個捏造出來的謊言。

一九四九年五月八日，根本博扛著釣竿，說聲「我去釣個魚」之後便離開了自家，和陸士二十四期的吉川源三等八人，從東京車站一路前往九州。六月初，他們從宮崎搭乘小型漁船潛渡到台灣，但在途中遇上海難，幸好得到駐紮沖繩的美國海軍救援才倖免於難；雖然幾經波折，不過他們最後還是成功到達目的地，在台灣北部的基隆登陸。

然而，根本一行人到了基隆之後，卻一直聯絡不上台灣方面的接頭人員，於是他們被警察拘留起來。直到一個月後，在湯恩伯將軍斡旋下，根本等人才終於獲得釋放。對於該如何處理這些突然造訪的不速之客，台灣方面也是大感頭疼，最後除了根本之外，其他成員全被遣返日本，並由曹士澂負責收拾善後。

當根本從宮崎偷渡的事情曝光之後，一九四九年十一月十二日，有關他的問題被提交到參議院院會上討論，而日本各家雜誌對於「台灣義勇軍」一事的推測，一時之間也甚囂塵上，結果就是潛伏在地下的白團計畫各相關人員，不得不暫時將神經繃得更緊，就怕發生什麼出乎想像的意外。

死守金門

根本在這一年的八月成為湯恩伯將軍的私人顧問，然而國民黨此時已經陷入了崩潰的局面。從上海到廈門，各重要據點陸續落入共軍之手；除了台灣以外，國民政府就只剩下金門、馬祖等寥寥幾個島嶼而已。為了保住反攻大陸的橋頭堡，蔣介石絕對不能失掉最接近廈門的金門島；然而，不管在誰看來，金門的陷落也只是時間問題而已。

十月二十五日深夜，共軍展開了對金門島古寧頭海岸的登陸作戰。國民政府軍原本的防衛計畫，是考慮要在灘頭阻止共軍登陸，但根據根本的手記，後來根本提出了建言，指出正面衝突將極為不利，於是整體作戰計畫便改為放共軍登陸，然後再殲滅的方針。

國民政府軍部署在離海岸有點距離的台地上，等到共軍登陸上岸之後，便集中全部火力攻擊，而共軍卻似乎因為連戰連勝的緣故，顯得有些輕忽大意。結果，共軍整個陷入一片大混亂，登陸用的舢板幾乎全被燒光，多達數萬人被俘虜，這次戰役最後便以國府軍大勝利作結。

這場戰役對國民黨而言，簡直就像久旱逢甘霖一樣，具有極其重大的意義。在連戰連敗的國共內戰中，能夠取得這樣一場久久不曾見到的大勝，對於低落的士氣可說有著相當大的鼓舞效果。同時，這場金門島的勝利，也使得共軍被迫重整攻擊台灣的計畫，從而給國民黨爭取了寶貴的時間。雖然這樣說或許有點結果論，不過後來隨著韓戰爆發導致美軍介入，並使中台分斷的局面固定下來，但假使金門在這次攻勢中淪陷的話，共產黨的「台灣解放」或許會在韓戰之前便已實現也說不定。

現在，金門仍然處在台灣的支配下；雖然緊張的情勢已經緩和許多，但它作為中台之間最前線的地位仍然不變。從這點看來，這場古寧頭之戰可說具有極大的歷史意義。

為什麼不曾留下記述？

從台灣搭乘飛機，經過一小時的航程便可飛抵金門；至今那裡仍然有座緬懷古寧頭戰役的紀念館，供人造訪參觀。紀念館裡，高高懸掛著一幅蔣介石乘坐吉普車，慰勞勝利將士的巨大宣傳油畫。

在這座紀念館（戰史館）裡，並沒有任何關於根本的介紹。然而，不只是根本博，就連當時國民黨部隊的指揮官，同時也是根本輔佐的對象——湯恩伯將軍，也沒有任何相關記述。

看到這種不可思議的狀況，我的心中忍不住浮現一個疑問，那就是：「根本博在古寧頭戰役中，真的像他自己所說的，扮演了決定性的角色嗎？」

另一方面，在台灣國防部的正史中，對根本的事蹟也隻字未提。正因如此，國防部相關人士對於表彰根本在金門戰役中的功績這件事，普遍是抱持著消極的態度。

金門古寧頭戰史館，圖中蔣介石站在吉普車上校閱勝利將士。（作者拍攝）

相較之下，白團被記錄在國防部的官方文件當中，確保了他們在歷史上的「定位」，根本所受的待遇可說截然不同。

作家門田隆將在前述著作中指出，根本的功績「遭到抹消」，原因是湯恩伯將軍在和對手陳誠將軍的權力鬥爭中敗北，於是支持湯恩伯的根本之貢獻，也就跟著湯恩伯一起被埋葬在歷史的陰影中了。

確實，湯恩伯在和陳誠的地位競逐中落於下風，隨後遭到了貶逐；然而，根據台灣學界一般的看法，比起和陳誠的權力鬥爭，湯恩伯本身在軍事和政治上的失敗，更是他遭到放逐的主要原因。

雖然前面我們已經提過湯恩伯在大陸淪陷之際連戰連敗，但是真正導致他失勢的確切關鍵，是他和當時擔任台灣省主席的陳儀之間的關係。陳儀是湯恩伯的同鄉前輩，據說他能夠出任台灣省主席就是靠著湯恩伯的推舉。陳儀和湯恩伯同樣在日本留學，在國民黨內也同樣是屈指可數的日本通。

陳儀這個人在一九四七年激起了所謂的「二二八事件」。二二八事件指的是國民黨在毫無逮捕令的情況下，捉拿並虐殺了大量的台灣人，死者據說高達數萬人；台灣民眾之所以至今仍然憎惡國民黨，二二八事件是最主要的理由。

只是，在《蔣介石日記》中，蔣介石本人對於二二八事件導致台灣情勢惡化顯得相當苦惱，並在文中反覆寫著對於導致台灣混亂的陳儀十分不滿。後來，蔣介石接到陳儀圖謀叛變投共的情報，於是決定撤換陳儀，並將這件事告訴湯恩伯。湯恩伯得知後，不斷懇求蔣介石饒陳儀一命，但蔣介石卻表示要「殺一儆百」，於是決定處死陳儀。

在這段期間，蔣介石對於湯恩伯的不耐與厭煩達到了極點，蔣介石甚至嫌惡湯恩伯到了「不想再看到這傢伙的臉」的地步。

領悟到自己在軍中已無容身之地的湯恩伯，於是向蔣介石請求前往日本療養，但蔣介石卻無動於衷，只表示「在國內治療就行了」；直到湯恩伯的病情已經相當惡化的時候，蔣介石才終於批准他前往日本，可是他在日本入院時已經太遲，最後湯恩伯便於五十五歲的盛年之際撒手人寰。

根本博真的有提出「直接導致國府軍勝利的關鍵策略」嗎？

就算在這樣的情況下，湯恩伯和根本的友情仍然維持不變；當他在日本入院的時候，根本幾乎是每天前往湯恩伯病床前探病。

既然兩人的關係如此親近，那麼若是湯恩伯在金門真的指揮了古寧頭之戰，那麼根本的貢獻，也就有很大可能是貨真價實的存在。然而，若是湯恩伯當時並沒有執掌戰役的指揮，那麼根本的貢獻，就很有可能其實只是他自己想像下的產物，或者是多方誇大的結果。

湯恩伯的軍隊一向以軍紀紊亂、統御無方、戰鬥力薄弱知名，就算在國共內戰中，也是連戰連敗。儘管如此，蔣介石對湯恩伯仍然不失溫情，將上海防衛戰的責任託付給他，然而湯恩伯卻在那場戰役中又遭到慘痛的失敗。更有甚者，在放棄福建省的重要據點廈門後，湯恩伯向蔣介石請求另派他人接替自己的司令官一職，結果卻被蔣介石用近乎斥責的語氣對他下令：「直到最後，我都不會同意更換司令官，給我死守金門！」

於是，金門的防衛司令官仍然是湯恩伯，可是就在金門之戰最高潮的古寧頭戰役之前不久，湯恩伯的司令官位置終於被胡璉將軍取代。

根據有關金門戰役的報導文學《無法解放的島嶼》一書的作者，居住於金門的作家李福井所言，湯恩伯與胡璉的交接時間，正好與古寧頭之戰是重疊的，結果很有可能導致當時的指揮權事實上處於一種曖昧不明的狀況下。

根據李福井的看法，戰役的前半仍然是由湯恩伯所指揮，但在進行到一半之際，便由胡璉接手負起指揮之責。事後不久，胡璉一方便積極主張金門戰役的功績應當歸於他們這邊，但這樣的說法也引發湯恩伯舊部激烈反駁，雙方的爭論直到如今仍然沒有一個明確的定論。

不過，在胡璉部下的回憶錄中，曾經提及胡璉在接手指揮之際，曾在戰場上「與湯恩伯將軍的日籍顧問根本博會面」。由此可知，根本博當時人在金門戰場上，這點是毋庸置疑的；只是，對於他的貢獻究竟到什麼程度，我們卻沒有足夠的資料能夠證明這一點。

二〇一三年我走訪金門之際，李福井針對根本博的問題，對我提出了這樣的見解：

關於這個問題的答案，其實會根據湯恩伯將軍的影響力究竟到什麼程度而產生出不同的判斷。儘管當時湯恩伯仍然是處在指揮官的位置上，但是實權卻已經移交到了部下手中；換言之，他不過就是個象徵性的存在罷了。根本這位日本人為了報答蔣介石總統的恩義而投身戰場，這是事實沒錯。只是，要說在他投身戰場的這段時間中，在古寧頭戰役扮演了什麼重要的角色，甚至是提出了「直接導致國軍勝利的關鍵策略」，以當時湯恩伯的影響力來考量，我想未必有這樣的事。

在現今民主化的台灣，若是有著明確的史實，那麼不管當時的派系鬥爭有多激烈，要想完全否定乃至抹殺某一件事的存在，必定相當的困難。至於李福井對根本博的見解，是否就是最妥當的答案，我自己至今仍然抱持著疑問；為此，我衷心期待將來能夠發掘出更詳盡的史料，以確定這件事的真相。

儼然「軍師」般的存在

「輕生樂死乃武士道之真髓」

白團開始運作之後，蔣介石自己也相當頻繁地參與課程。

同時，白團的領導者富田也屢次站上講台執教。

據一位曾在戰術方面受教於富田的前軍人所言，富田的教導方式是這樣子的：

富田先生突然間揪住一名聽講生的衣領，擺出一副像是要痛揍對方的模樣。就在全場一片訝然的時候，富田先生開口說了：「戰爭，就是拘束敵人，然後展開攻擊。若是能先讓敵人陷於無法逃跑的境地再發動攻擊，就必然能給予對方重大的打擊。」透過這樣的方式，他讓我們理解了作戰的根本概念。到現在為止，我還沒有看過國軍中有哪一個教官，能像他這樣用最簡潔易懂的方式，將戰爭的本質教授給學生的。

至於富田的講課對蔣介石本人所產生的影響，我們可以透過一九五〇年的《蔣介石日記》，清楚領會到這一點：

四時前往軍訓團，聽白鴻亮講授武士道歷史，甚為有益。（一九五〇年九月二十六日）

接下來的九月二十八、三十日兩天，蔣介石也都前往軍訓團，聽取富田關於武士道的授課。

午後十四時往圓山，聽武士道歷史，甚佳。與學生進行會面。（九月二十八日）

午後二時，於圓山聽武士道課程兩小時，甚佳。（九月三十日）

關於武士道，蔣介石在日記上是這樣寫的：

有關日本武士道和中國正氣之間的關係。

讀《武士道》（安部正人編）[2]。（兩行皆為一九五〇年十月五日之日記）

白鴻亮總教官的武士道課程，對學生而言有如照亮黑暗的一道光芒，令人深感欣慰。（一九五〇年十月七日）

緊接著，將富田的講課加上自己對武士道的觀察之後，蔣介石似乎得到了結論。他在十月九日的日記裡，寫下了這樣一句話：

輕生樂死，乃武士道之真髓。（一九五〇年十月九日）

2 譯註：以幕末名劍客兼政治家山岡鐵舟的生平為出發點，闡述武士道精神的作品。

所謂「輕生樂死」，就如同字面上的解讀一般，指的是「不為生所拘束，亦不因死而恐懼」的意思。

「甚感愉悅」

在這過程中，富田對蔣介石而言，事實上已經是相當於「軍師」般的存在了。

午後前往軍訓團，聽白鴻亮講授戰爭科學三小時。（一九四九年十月十八日）

聽白鴻亮講述戰爭科學及戰爭哲學，計六小時。（一九四九年十月十九日，前週的反省錄）

不只如此，日記裡還頻頻出現蔣介石與富田之間，類似下述的交流記錄：

認可白鴻亮，亦即富田所定的各種方法及計畫。（一九五〇年三月十八日）

所謂「各種方法及計畫」，指的大概是為抵抗人民解放軍攻擊台灣而制定的作戰計畫。

與白教官（筆者註：富田直亮）單獨會商，討論今後國防的重要策略以及陸海軍建設方

針。決定以裝甲兵作為建軍的重點。（一九五〇年九月十四日）

縱使在年輕軍官面前，蔣介石也毫無保留地稱讚富田：

午前進行訓話，讚譽日本軍教官白鴻亮有如朱舜水。同時，令吳樹給予教官特別的優遇及尊重。（一九五〇年六月二十七日）

朱舜水是自中國渡海前往日本的明代哲學家，在日本集眾人尊敬於一身。

正午，與亮晴（筆者註：「直亮」的誤植）議論時局。（一九五〇年七月二日）

於苗栗，聽白鴻亮教官針對演習之講評，其誠實令我深深感動，對一般軍官之學業亦有相當大之助益。（一九五〇年八月十六日）

當富田一度暫時返回日本，然後又再次回到台灣時，蔣介石明顯流露出安心的樣子：

白鴻亮自日本歸來，喚其進行會面。（一九五一年五月一日）

凡此種種的記述，令人讀之不禁有種莞爾一笑的感覺。富田所扮演的身分，事實上是蔣介石個人的軍事顧問——或者可以說，就是所謂的「軍師」吧！

蔣介石是非常暴躁易怒的人，部下和親信對於蔣介石突如其來的脾氣，總是相當畏懼。然而，舊日本軍人對於蔣介石的印象卻極端良好；在他們眼裡，蔣介石是個「個性沉穩、道德高尚的人物」。

蔣介石在和富田這些白團的舊日本軍人會面時，總是顯得相當輕鬆，同時也留下了像是「與三十二師日本教官三人茶敘，大笑，甚感愉悅」（一九五二年一月三日）之類的記述。然而，遍尋整部蔣介石日記，我們卻找不到任何蔣介石在與手下的將軍們會面時，曾經「甚感愉悅」的記錄。

特攻隊？

富田在一九五〇年一月，曾經向軍訓團教育長彭孟緝提出一項以日本特攻隊為藍圖設想出來的提案。在彭孟緝提交給蔣介石的一篇名為〈關於空軍突擊隊編成之意見〉的文件中，具體地介紹了富田的計畫內容，這份文件目前保存於國史館裡：

一、由空軍提供三十一架飛機（作戰機二十五架、預備機六架）。

二、各機配備五百磅炸彈一枚，一百磅炸彈六枚，由於命中率是百分之百，所以只要一架飛機，就可以爆破七艘共產黨的船隻，若是出動二十五機，就有可能摧毀一百七十五艘船隻。

三、全體需求人員，包括校官和尉官在內共八十二名；為達成此需求，可以在日本募集人員。

四、該部隊直屬於空軍總司令部。

這支突擊隊的目標，也就是「仿效第二次世界大戰末期，日本所使用的『神風特攻隊』，以突擊的方式爆破敵艦船。」

在這份文件的最後，彭孟緝做出了這樣的總結：「據白團長表示，中國空軍的能力非常優秀，因此這種做法十分值得參考，故希望能夠考量是否採用本計畫。」

儘管這項「神風特攻隊」計畫最後並沒有被採納，但是一想到富田或許曾經為了成立特攻隊而在日本招募人員，就讓人不禁覺得深感興趣。

更換團長的激烈爭辯

然而，當白團的運作日漸步上軌道，而隨著韓戰爆發，共軍對台灣攻擊的可能性也大幅降低，這時便產生了另一種聲音，認為：「是否該由根本來替代富田，出任白團的領導者？」這個主張在白團內部，引起了激烈的爭辯。

根本是在實戰指揮之中，最能發揮其力量的類型；在與共軍之間的戰鬥幾乎不可能發生的此刻，要如何安置根本，就變成台灣方面相當煩惱的問題；因此，一般咸認希望白團起用根本的想法，是出自台灣方面的要求。

以身在陸軍的最終資歷而論，根本是中將，富田卻只是少將。以年齡來說，根本出生於一八九一年，富田則是出生於一八九九年，比他要小八歲。若是從這些點來考量，由根本來擔任富田的長官，自是理所當然。

可是，根據《曹士澂檔案》的記述，當白團內部就此召開會議時，有不少人激烈地表達反對之意，其中尤以本鄉健（中文名字「范健」）特別強硬：

> 根本中將，不論就前來台灣的理由或者狀況，都與我們有著極大的差異。因此，我認為他不適合擔任白團的領導者；白團的團長，還是應當由富田少將來擔任才對！

在會議席上，本鄉如此大聲怒吼著。

為什麼本鄉會如此強硬反對根本的任命案，這讓人感到相當不可思議。由於本鄉本人已經作古，因此要找出確切的理由，似乎也不太可能了。

不過，在仔細分析本鄉的經歷後，我們可以推斷出他與曹士澂之間的關係其實相當親密。本鄉和曹不只在陸士就讀時是同期，陸士畢業後也一起被配屬到兵庫縣的篠山連隊。長期的衣食與共，毫無疑問讓兩人之間結下深厚的友情。本鄉是經由曹士澂推薦而進入白團，這樣的可能性相當高。

根本那種一貫高調的行事態度，很有可能會使曹士澂一手推動的，派遣舊日本軍人員進入台灣的計畫，陷入曝光的危機當中。正因如此，對曹士澂而言，他理應不會坐視自己投注無數心血推動的白團計畫，被根本隨便糟蹋殆盡。

從曹士澂與本鄉之間的深厚關係來看，我們不能否定有這種可能性存在——本鄉激烈的反根本發言，其實是受到了曹士澂的委託所致。

根本歸國

無論如何，根本參加白團的提議，最後遭到白團以集體決議的形式拒絕了；眼見在台發展已然無望的根本，於是下定決心返回日本。

根據國史館保存的《蔣中正總統文物》顯示，一九五二年六月，身為蔣介石親信的軍人張群，曾經針對根本問題，向蔣介石上呈一份提議：

> 據湯恩伯將軍所言，根本預計會在這個月二十五號返國。由於《公職追放令》目前仍未解除，因此他只能以祕密方式歸國。根本是位純粹的軍人，他不只敬愛總統，而且也出於滿腔的熱愛，盡心竭力守護自由中國，他的這份真摯與熱情，我們都能清清楚楚地感受到；為

此，我們是否應當在他歸國之際，向他表達適切的溫情與慰勞之意呢？故，我在此懇切請求，盼願您能在根本離台的最後時刻召見他，並且賜予他旅費和生活費，不知尊意如何？

接受了張群的請求，蔣介石在一九五二年六月二十三日，決定透過駐日代表團中名為「蔡孟堅」者，支付給根本一千美金的報酬。

另一方面，根本也透過張群，就回國之後自身的行動，擬定了一份名為〈歸國後努力之腹案〉的報告提交給蔣介石。在這份腹案中，根本有如下獻策：

第一期：為了促進自由中國與日本之間的和約早日成立，以及日台菲聯合防共組織的結成，將展開以下行動：

一、向各界有力人士說明國軍改造的實績與實力。
二、使日本朝野獲知潛伏敵後國軍游擊隊的狀況。
三、向各界有力人士說明國民政府的兵工政策、克難運動及美援等財政經濟方面的實情。
四、使日本朝野廣知反共抗戰的氣勢，以及男女學生在軍中服務的狀況
五、積極讓朝野得知大陸軍民對反攻的殷切期盼，以及台灣民眾對於他們的支援，以壓倒共匪的宣傳攻勢。
六、針對日、台、菲聯防組織的重要性，向各界有力人士廣為進言。

七、針對日本和國民政府締結正式和約，在精神、道義以及其他實質層面將產生的正面影響，以及反之若日本游移於中共和國府之間所產生的負面影響，提出相關意見，並向各界有力人士積極進言。

八、為封殺中共宣傳及第三勢力雜音，活用中央社及華僑發行之報刊媒體。

第二期：當中日和約確立之後，為妥善保護留日學生，不受共匪宣傳所蠱惑，將採取以下行動：

一、在日本政府文部省、留日中國學生在學之學校，以及日華文化協會的援助下，以中國代表團（大使館）為中心，建立中日協同的留日學生後援會。

二、後援會首先於東京設立本部，其後將支部陸續擴展到留日學生居住的各地點。

三、除了單純的學生保護管理業務之外，後援會須更進一步，針對學生畢業後的歸國就職等問題加以支援。

第三期：為使留日學生後援會事業獲得更加飛躍性的發展，應基於人種平等、民族平等、國家平等的觀念，以「讓東亞各國人民接受平等的教育」為目的，在東亞各國合力出資、共同管理的情況下，首先於日本設置「東亞國際大學」；若是中國的情勢安定，則於中國同樣設立之。

一、本大學所鼓吹的思想基本理念，乃是東亞諸邦基於絕對平等之立場，為實現以下之目標而共同致力：在政治上，以相互扶助為目的，追求內政之完全獨立、外交之協調支援；在經濟上，以交換應需為原則，給予各國人民居住營業之平等待遇，並追求資本、技術以及減少貿易壁壘的跨國境合作；在軍事上，則是以對外聯合為宗旨，以求達成集體保安、協同防敵理想之實現。

只是，我們並沒有看見根本回國之後針對這項獻策中的第一至第三期採取過什麼積極的行動。根本回到日本之後，幾乎只是忙著在大眾媒體上曝光。

一九五二年（昭和二十七年）八月號的《文藝春秋》中，以〈蔣介石的軍事指導老師〉為題，刊載了根本的手記。在這篇手記當中，根本用相當戲劇化的筆觸，描寫了自己祕密前往台灣的緣由、潛渡過程中的艱辛，以及到達台灣之後和蔣介石會面，被任命為湯恩伯軍事顧問的種種事蹟。或許正是因為這種豪放磊落的性格之故，根本一直是媒體聚光燈追逐的焦點；而在這之後，他也屢次受到週刊雜誌邀約，進行「後來怎麼了？」之類的追蹤採訪，可說是位直到最後都在世間引起廣泛話題的軍人。

第五章 他們所留下的成就

富田直亮受勳典禮，右起糸賀公一、岩坪博秀、蔣緯國、富田直亮、大橋策郎、立山一男。（大橋一德提供）

奇貨可居的敗北者

軍隊內部的反彈

……這並不是西方教育不好，亦決不是我們反對西方人的訓練，而是其方式不能與我們國情配合，所以沒有效果。……

……所以我們今後要用日本教官，來教我們軍官才可以免除過去的缺點，來挽救當前的危機。以往東方各國中，要算日本的軍事進步最快，而且文化社會與我們相同，尤其是他們刻苦耐勞、勤儉樸實的生活習慣，與我國完全相同，所以這次決定請日本教官來訓練你們。我相信一定能夠糾正你們過去的毛病，同時也惟有以東方人知道東方人的性能，東方人知道東方人的道理，這樣訓練，才能真正復興東方固有的道德精神，建立東方的王道文化，完成我們的革命事業，洗雪過去的重大恥辱。

但是也許有人會說，日本同我們經過八年戰爭，過去他們侵略我們，做過我們的敵人，現在我們打了勝仗，還要請他們來當教官，教訓我們，實在使人不能悦服。大家是不是也有這種觀念呢？如果也有這種觀念，那就是一種極大的錯誤。所以我今天在開學之前，一定要為大家講明這個道理。……

以上這些話，都是出自蔣介石在白團擔任教官的「革命實踐研究院軍事訓練團」開校之際，以〈訓練團成立之意義〉為題，對學員所做的訓示。

為什麼非得招攬白團前來台灣不可呢？為什麼身為戰勝國的中華民國，卻非得仰賴身為戰敗者的日本人不可呢？國軍內部打從一開始，就隱隱有著這樣的不滿。畢竟，他們都是才剛在中國大陸上和日軍打了八年長期抗戰的軍人；為什麼明明昨天還是敵人，今天卻突然間變成了自己不得不師法的對象？對於在第一線奮戰的軍人而言，要他們輕易接受這樣的事情，自然沒有那麼簡單。

儘管包括蔣介石在內，有留學日本經驗的軍官們，對於日本在軍事制度、軍人資質，以及軍事教育等各方面的優點都有清楚的理解，但對那些沒有日本經驗的軍人而言，這件事卻顯得相當難以接受。就連陳誠和孫立人等位居中樞的國軍高層，對這件事也表現出反彈態度。

為此，蔣介石不得不就此事的必要性，反覆向軍中幹部說明；本章開頭的這段演說，正可視為是這項說服工作當中的一環。

蔣介石在日記裡，也曾提及軍中的反彈聲浪：

> 正午，針對採用日本教官一事，聽取將級軍官的意見，然而他們似乎仍舊相當難以磨滅八年間的抗日心態。這也是無可奈何之事；既是如此，那對於活用日本人一事，顯有必要再做更進一步的檢討。（一九五〇年一月十二日）

於是，蔣介石幾乎是一步一腳印地，反覆說服那些包括陳誠、孫立人等重量級將領在內，對於啟用日本軍人感到不滿的部下：

花費一小時時間，向眾人說明「無中國則日本必不能獨存，而若無日本，則中國亦不可能邁向獨立之道」的事理。（一九五〇年二月二十二日）

六時前往圓山革命實踐院，向軍官進行點名訓話。訓話中力陳雇用日本教官之重要性，以及中日兩國未來攜手團結、共倡大亞洲主義之必要意義。（一九五〇年五月二十一日）

蔣介石一生所敬奉師法者，是公認為「中國革命之父」的孫文先生。孫文對當時不過是一介血氣方剛青年軍官的蔣介石推心置腹，並將他拔擢為軍隊的領導者，在蔣介石走上中國政治頂峰的過程中，他可說是最大的恩人。而孫文所提倡的主張，正是「日中相互提攜的大亞洲主義」。與日本之間因緣非常深的孫文，於一九二四年在神戶發表了有名的「大亞洲主義」演說。從《蔣介石日記》的記述中，我們可以清楚看出，孫文這個理念除了賦予聘用日本人這件事在道義上的正統性之外，其實在蔣介石的心中，它也早已形成了一種相當有力的思想基礎。

軍事訓練團（亦即之後的實踐學社）後來被稱為「地下國防大學」，若是哪個軍官沒在這裡就讀過，將來就不可能有出人頭地的機會；由於這件事幾乎已經成為一種定論，因此志願前來受訓的人數也多如過江之鯽——不過，那都是在白團的教育成果已經獲得大家普遍認可之後的事情了。

邁向建設真正「國民軍」之路

撤退到台灣的時候，國民政府軍的狀況可說是悲慘到了極點。

空軍的狀況倒還好，由於及早預見了敗北的可能性，並設法將戰力保存下來之故，為數將近三百架的戰機幾乎是毫髮無傷地撤退到了台灣。海軍的狀況也還說得過去，以美國提供的驅逐艦和向日本接收的海軍艦艇為中心組成的艦隊，儘管並不算是很強大，但對手共軍也沒有足以正面抗衡的海軍，因此也不至於構成太大的威脅。

只是另一方面，作為國民政府軍主力的陸軍，卻因為一而再、再而三的敗北和撤退，不論是人員、裝備或是士氣，都遭受了沉重的打擊。然而，對蔣介石而言，這次的台灣撤退，正是讓他得以扭轉乾坤、一舉解決長期以來頭痛不已的陸軍派系腐敗問題的大好良機。從這一點來思考的話，活用白團這件事，正可說是蔣介石非常重要的一記關鍵手段。

國民政府的陸軍，在國民黨軍與地方軍閥不斷結合成長的這段過程中，包括東北軍、西北軍、桂（廣西）軍、山西軍等地方軍閥的勢力，都在未曾打散的情況下直接編入了所謂「國軍」陣容之中。這些派系是連蔣介石都無法輕易插手的「聖域」，特別是擁有在國共內戰末期蔣介石下野之後代理總統的李宗仁，以及曾任國防部長的白崇禧等重量級軍人的桂系，更是屢屢讓蔣介石嘗到背叛的苦果。

蔣介石的權力基礎是以黃埔軍校畢業生為骨幹組成的「黃埔系」，他們是以陳誠、胡宗南、湯恩伯三大將軍為核心，向蔣介石宣誓忠誠的軍方勢力；然而，不論蔣介石如何培植黃埔系的實力，始終都無法達到足以完全壓倒其他舊軍閥勢力的程度。

國民政府軍最大的問題，還是軍隊本身的腐化。除了盜賣兵糧之外，虛報兵額、吃空餉中飽私囊的軍官也是所在多有；美國之所以在一九四七年之後停止援助國民政府，這是主要的原因之一。

然而，伴隨著國軍撤退來台，將貧弱的軍隊一口氣拆散解體、重新編組，並徹底執行軍規，這樣的大好機會也隨之降臨。李宗仁已經逃亡美國，而白崇禧也被丟到了純屬榮譽的虛銜位置上。這時蔣介石所要求的第一件事，就是各部隊必須先解除武裝，才能撤退到台灣；如此一來，各地方軍閥想要重新配置、拉拔自己的部隊，就變得相當困難了。

接著，作為派閥解體的第二階段，蔣介石所導入的，則是類似於白團這樣，一種中央集權式的軍事教育。

這時蔣介石心中所浮現的，毫無疑問正是現代國家中所謂「國民軍」的概念。

自法國大革命以來，民族國家的概念便在世界上廣為流傳；同時，為了國家而不惜犧牲生命的「國民軍」，這樣的理念也應運而生。日本在明治維新之後，已經追上了這股世界潮流，然而中國儘管歷經了辛亥革命，卻仍舊一直為了無法建構起這樣一支「中華民國的軍隊」所苦。

在撤退到台灣的過程中，蔣介石開始思索著，要著手建設一支真正的國民軍；而被他視為重建軍隊的關鍵之鑰並加以重用的，正是白團。

氣魄驚人的蔣介石

面對國共內戰敗北，蔣介石不斷沉思默想，並將自己所想到的理應反省之處，接連不斷地寫在日記之中。在這裡面，很多都是關於軍隊戰力以及統御管理的省思。

一九四八年九月，在國民政府頹勢盡顯、敗象濃厚的狀況下，蔣介石寫下了這樣的日記：

> 軍事、經濟、黨全面失敗，終至陷入無可挽回地步的原因，是由於政治、經濟、外交，乃至於教育的失敗所導致的。（一九四八年九月一日）

> 針對濟南戰役的失敗，國防部檢討了各種原因，但箇中最大的原因，乃是中央在高級司令部人事及組織方面的督導統御無方。（一九四八年九月二十八日）

這時候，蔣介石已經預想到敗北的可能性，並且開始著手諸如空軍轉移之類撤退到台灣的事前準備。在先前的中日戰爭中，蔣介石曾經提出將日本軍牢牢拖在中國內陸，「以空間換取時間」的持久戰構想，讓日軍吃盡了苦頭。

而這時，蔣介石再次打算以台灣作為據點，和中共做最後決戰。在他的日記中也這樣寫著：

終日沉浸苦痛、沉痛與恥辱之中，任憑時間流逝，並不斷思索該當如何運用時間及空間，以進行最後之決戰。（一九四八年十一月七日）

蔣介石氣魄驚人之處，就在於他徹底的自我反省能力，讀《蔣介石日記》時，可以深切地感受到這一點。縱使身處苦境之中，也絕對不會讓自己完全被負面的情緒支配，而是不斷試圖踏出起死回生的關鍵一步，這種驚人的韌性，或許正是蔣介石最令人敬佩的長處。

在一九四九年三月二十八日的日記中，蔣介石以「在此逐條寫下此次失敗之重要原因，以期作為今後反省改革之借鏡」為開篇，寫了以下內容：

甲、外交失敗乃是最大的近因。（筆者註：此處應指美國中斷支援）
乙、軍事教育及高等教育的失敗，乃是最大的根本敗因。
丙、黨內分裂與組織崩壞，乃是失敗最大的總因。
丁、經濟金融政策的失敗，實為軍事崩壞的總因。

接著，蔣介石徹底列舉了數十條失敗的原因，而名列第二條的「軍事教育的失敗」，正是蔣介石聘請白團的動機。

同年十月，蔣介石又這樣寫著：

我們之所以會走向今日的失敗，其原因雖然相當多，但最主要的原因，乃是軍隊的崩壞；而軍隊之所以會崩壞，其主要理由，正是源自於我們軍事制度中，關於教育、人事以及管理等各方面的不健全所致。

超乎尋常的期待與信賴

縱使如此，閱讀白團組建完成之後的《蔣介石日記》時，我還是可以清楚地感受到蔣介石對於白團非比尋常的期待——或者說得更清楚一點，是一種超乎常軌的信賴感。

蔣介石簡直就像把自己當成學生一樣，頻繁地前往軍訓團實踐學社，並且相當熱中於聆聽日本軍事教官「上課」。

前往軍訓團，聽白鴻亮講授戰爭哲學課程。（一九五一年七月二十四日）

九時五十分往實踐學社，聽有關「日本在太平洋戰爭中作戰指導失敗之因」的授課。（一九五三年四月二十三日）

十時於實踐學社，聽亞歷山大大帝戰史，深覺己身之學識貧乏，以及學問之重要性。（一九五三年九月三十日）

總而言之，《蔣介石日記》中提及白團人員及其活動的部分可說相當豐富。

自白團誕生的一九四九至一九五四年這五年間，在我所閱讀到的日記中，提及白團的部分超過百次以上。次數如此之多，恰好證明了蔣介石對白團，乃至於對日本的強烈關切。

當時的國民黨，擁有不少資歷豐富的將軍。

陳誠、湯恩伯、孫立人、閻錫山、白崇禧……不論哪位，都是歷經北伐、抗戰、國共內戰生存下來的猛將。他們不只在和人民解放軍作戰方面有著相當的經驗，跟隨蔣介石的時間也都頗長；然而，閱讀《蔣介石日記》時，我們可以發現，這幾位經驗豐富的將軍和蔣介石之間會談的次數可以說少得可憐，就算會面，交談的內容大概也都僅限於事務性的商議或報告。

蔣介石不管在日本或是中國，都不曾接觸過最高層次的軍人教育。在日本，他在進入陸士就讀之前，便已經因為辛亥革命而返回中國；而中國在蔣介石年輕的時候根本不存在真正的軍人教育機構。或許，正是因為這種自卑感，讓蔣介石對這些經過美日嚴格軍事教育鍛鍊出來的將軍們抱持著複雜的心結，並且刻意和他們保持某種程度的距離。

事實上，蔣介石對這些基本上算是「自家人」的國民黨將軍並沒有什麼親近感，而當他在戰後移居台灣，逐步鞏固了權力基礎之後，這些將軍便陸陸續續地遭到他的排除。

與之相對地，蔣介石不只經常和白團的成員會面、討論、用餐，而且也的的確確不厭其煩地聽取他們的意見。單以《蔣介石日記》的記載來判斷，自一九四九年至一九五〇年代前期，富田直亮和蔣介石幾乎每週都會固定進行一次一對一的談話。在這段台灣與蔣介石都處於極端危險狀態的時期，富田可以說是蔣介石身邊極為親信的軍事顧問之一。

在圓山的日子

最初其實是公開性組織

這一節的主旨是介紹「白團在台灣的活動」，一開始請容我在此試著把橫跨將近二十年的白團歷史劃分為以下四個階段（本書所提及的部分，主要是以第Ⅰ、第Ⅱ期為主）：

Ⅰ期、革命實踐研究院圓山軍官訓練團時代……一九五〇～一九五二年。
Ⅱ期、實踐學社時代……………………一九五二～一九六三年。
Ⅲ期、實踐小組時代……………………一九六三～一九六五年。
Ⅳ期、陸軍指揮參謀大學時代…………一九六五～一九六八年。

第Ⅰ期的革命實踐研究院圓山軍官訓練團時代，既是白團的草創期，同時也是它的最盛期。

革命實踐研究院是蔣介石鑑於在中國大陸「革命的失敗」，為了對國民黨幹部實施再教育，於一九四九年在陽明山設立的機關；舉凡政府公務員以及黨的中堅幹部，都有在這裡接受一個月訓練的義務。革命實踐研究院的院長由蔣介石親自擔任，因此也可說就是「蔣介石學校」。由白團所主持推動的軍人再教育，一開始正是以革命實踐研究院軍事部門的面貌出現。

儘管後來為了躲避美軍警戒的目光，白團潛入地下成為所謂的「隱形組織」，但在這段時期，革命實踐研究院麾下的圓山軍官訓練團，確實是屬於公開性質的組織。現在一提到「圓山」，大家似乎都會直覺想到台北的地標——圓山大飯店，不過，「圓山」其實是台北北部的一處地名。最初，此一軍人再教育組織被命名為「訓練班」，不過很快便更名為「訓練團」，團長由蔣介石親自擔任。

「對尉官以上的所有軍官實施再教育」，軍官訓練團之所以揭櫫此一徹底的目標，其原因正是蔣介石認定「在中國的失敗乃是肇因於軍人的軍事能力和紀律不足」，並對此痛下決心反省之故。

蔣介石任命他相當信賴的彭孟緝將軍擔任訓練團的教育長，王化興將軍擔任副教育長。彭孟緝畢業於黃埔軍校，是國民黨新生代的菁英將領，歷練白團教育長之後一路高升，曾任陸軍總司令、駐日大使等職務。

普通班與高級班

圓山軍官訓練團的課程可分為「普通班」和「高級班」兩類。普通班是以少校、上尉、中尉等基層軍官為教育對象，授課內容從最基礎的步兵操典教練開始，一直到師級戰術的培訓，基本上呈現出一種類似日本陸軍士官學校的形象。

普通班施教的期間為每期三十五天，扣掉星期天正好三十天。每天上午從早上八點至十二點授課，中午休息兩小時，午後兩點到四點繼續上課，每天要學習六個小時。

軍官訓練團普通班第一期於一九五〇年五月二十二日開講，共有一百五十六名學生參加。其後，直至一九五二年一月二十四日畢業的第十期生為止，由於課程大受好評，所以每期人數確實也不斷增加，到第十期已經達到七百二十九人。

另一方面，高級班的授課對象則是上校以上的階級，其中甚至不乏師長以及軍司令官等級的將領，因此教育內容自然也與普通班有極大的差異。高級班主要是學習師至軍團等級的戰術，大體上相當於日本陸軍大學的程度。除了戰術訓練之外，高級班課程也包括沙盤推演、戰史教育、後勤教育等等。它的施教期較普通班略長，每期大約要三個月以上。

高級班一共舉辦過三期，第一期的參加者為一百零五人，第二期兩百五十八人，第三期則有兩百七十七人。不限於陸軍，空軍和海軍軍官也參與了培訓；事實上，我們可以毫不誇張地說，當時在台灣的師長和軍司令官，大都參加過這項培訓。

松田康博在《台灣的一黨獨裁體制之成立》（慶應義塾大學出版會，二〇〇六）中指出，蔣介石事實上是設法利用高級班來抑制敵對派系——陳誠系——的坐大。舉例來說，陳誠直系的胡璉將軍，在三個月的訓練終了後，蔣介石對他批示「不合格」，要他再接受一個月的追加訓練；而在這段訓練期間，蔣介石便將胡璉麾下的師長全部換成了不同派系的軍人。

當日本教官在高級班教授後勤課程時，眼見國軍當中普遍「輕視後勤」的心態，他們不禁大為驚訝。在深感「輕視後勤乃是日軍敗於美軍手下之主因」的日本軍人眼中看來，這想必是個相當嚴重的問題。

在〈「白團」物語〉（「白團」記錄保存會編述，偕行社）中，當岩坪博秀（中文姓名江秀坪）回顧起這段往事時，他是這樣說的：

（國軍）無視後方、輕視後方的情況，在我感覺較日本更加嚴重；他們對於後勤方面的問題簡直是一無所知。在司令部演習時，要是我把哪個軍官任命為後勤參謀，馬上就會接到這樣的抱怨：「難道我就這麼差勁嗎？」於是，為了讓他安心，我只好這樣告訴他：「若是作戰參謀的話，不管哪個軍人都可以當，但是後勤參謀，就只有深入了解後勤的人才能擔任。正是因為你很優秀，所以我才任命你擔任這個職務的！（笑）」

根據統計，在這兩年的軍官訓練團時代裡，包括普通、高級兩班，前後共有高達四千六百九十六人之多的軍官在此受訓。對於軍官訓練團開辦不過短短的時間便產生如此巨大的效果，蔣介石大感驚訝，於是向日本方面提出要求，希望能再增加白團教官的人數。

一九五一年，日籍教官的人數達到了白團二十年歷史中的最高峰。根據〈「白團」物語〉所述，這時候的白團總共有七十六名成員隸屬其下。據說，當時每到星期一早上，白團要召開全員參與的「會報」時，因為在台北以外授課的成員也都要回來，所以不得不在北投宿舍裡弄出一間打通隔間的房間，作為容納所有人的會場之用。

人事訓練班與聯勤後勤班

大體來說，前往普通班和高級班受訓的軍官，都必須暫時離開原本的任務，搬到宿舍裡居住，並接受密集的進修與訓練。不過，當時除了普通班和高級班以外，其實也有一邊維持現職、一邊接受授課的班級，那就是所謂的「人事訓練班」與「聯勤後勤班」。

所謂人事訓練班，是蔣介石鑑於國軍內部出身軍閥的軍官，長久以來總是橫行無忌、恣意妄為地做出地域色彩強烈的人事安排，因此他在重建軍隊之際，便著眼於人事制度的大改革，設立了這樣的訓練課程。人事訓練班的實施期間是一九五一年的五月和六月，共計兩回，每一回的授課時間是一個月，參與人數大約是各五百人。負責這項課程的核心人物是中島純雄少佐（中文姓名秦純雄）。中島出身於熊本縣，是陸士四十六期畢業生，他曾經擔任過近衛第三師團參謀，終戰時正在參謀本部擔任人事局員；因為他有這方面的經歷，所以有關人事教育的部分便交由他來負責。中島待在台灣的時間很長，一直到一九六四年十二月才歸國。

「聯勤後勤班」的實施時間是一九五一年八月下旬至十二月底，每週上課一到兩次，上課時間由下午三點到五點共兩小時，主要講授內容是軍隊的後方任務，也就是所謂的後勤（logistics）。這也是鑑於國軍普遍輕忽後勤的意識形態而特地開立的課程；參與本課程的總人數大約有兩百人，據說其中也有上將階級的將領相當熱忱地共襄盛舉。負責這方面課程的主要人物是山藤吉郎中佐（中文姓名馮運利），以及前面提到的岩坪博秀（江秀坪）。

山藤是栃木縣出身，陸士四十四期畢業，一九五一年五月來台，一九五二年三月便回到日本，停留在台灣的時間不滿一年。另一方面，岩坪則是一九五一年三月來台，此後便一直留駐在台灣；一九六八年白團解散時，他是當時最後留下的幾位成員之一。

公平的評分機制

軍官訓練團的教育，對於白團的教官們似乎也產生了相當大的衝擊。

在〈「白團」物語〉裡，岩坪就曾經介紹過一段關於高級班學員方先覺司令官的軼事。方先覺曾在一九四四年與日軍作戰時被俘，不過後來卻巧妙地逃出牢籠，並獲得了蔣介石親手授勳。這位方將軍在野戰中表現得相當勇敢，同時也立下了相當優秀的實績，但在戰術方面的知識卻顯得十分貧乏。

> 對於這件事，我到現在還記憶猶新。最初，我試著要他回答陣地攻擊之類的戰術問題，結果卻是一塌糊塗、完全不行。最後，我只好畫一張地圖，再畫一個大大的箭頭指著說要從哪裡攻擊哪裡，靠這樣的方式來誘導他。

不過，隨著反覆的教育，「我發覺，眼前這些人其實只是不曾獲得好好接受教育的機會罷了。他們不只成長的速度相當快，同時也表現出了相當優異的能力。」岩坪感動地說著。

然而，這種指著鼻子大罵、毫不留情指出錯誤的日本式教育方法，果然還是會讓受教的軍官覺得難以拉下面子來。岩坪說：「他們覺得自己被教官貶低過了頭，一整個顏面掃地，於是產生了相當強烈的反彈心理，甚至憤怒到臉色大變；為此，我們不得不在某種程度上稍微放緩和一點。」為了拿捏適當的分寸，白團教官們可說是既勞心又勞力。

國軍內部之所以給予白團教育極高評價，其理由之一，似乎是與他們的評分標準既公正又值得信賴有關。

回顧當時，國軍內部充斥著錯綜複雜的派閥與人脈關係，各派系軍人為了「提拔」手下的嫡系，對同一派系的軍人往往毫不掩飾地給予極高的分數。然而，身處這種派系藩籬之外的日本教官，他們的評分標準基本上相當公平，就連蔣介石本人，也把白團教官所打的分數當成衡量是否擢升某位軍官的重要參考基準；當這件事情廣為流傳開之後，申請參加授課的人便急遽增加了。

在被美國捨棄的時候……

不過另一方面，以台灣的保護者身分被派遣來台的美軍顧問團，對於白團的存在則是感到相當不快。儘管雙方都是為了同一個目的而來——協助防衛台灣，但是對於拘泥於「能給予台灣軍事援助的，就只有我們美國而已」這一前提的美軍而言，白團這群不管怎麼說都不能算是透過正式管道，而且抱持著美國人所不能理解的「報恩」動機來台的舊日本軍人，看在他們眼裡實在是相當礙眼。正因如此，他們不斷地向蔣介石激烈施壓，要求他排除白團。

然而，根據糸賀在訪談中對我所言，蔣介石相當堅定地認為：「白團在美國捨棄我們的時候仗義相助，現在怎麼可以毫不講理地就把人家趕回日本呢？」

如前所述，美國曾經一度捨棄在國共內戰中敗北的國民黨。當敗走台灣的國民黨政權面對共軍迫在眉睫、隨時要「解放台灣」的危難之際，一九五〇年一月，美國的杜魯門總統表明「不介入台灣海峽」，並將台灣以及朝鮮半島排除在美軍的「最後防守線」之外。一九五〇年五月，美國甚至已經發出警告，要求駐台灣的大使館員準備撤退，並且開始認真考慮蔣介石以及國民黨幹部逃亡時的落腳地點。

然而，由於美國政府的情報錯誤，金日成和毛澤東在一九五〇年六月越過北緯三十八度線，對南韓發起進攻，韓戰從而爆發；眼見朝鮮戰局日趨激烈，美國深恐東亞赤化，態度頓時幡然一變，轉為支持「台灣海峽中立化政策」，並派遣美國海軍第七艦隊前往台灣海峽守護國民黨政權。

白團的成立與實現，正是發生在台灣的命運由黑暗轉為光明的這短短一瞬間。在美國捨棄台灣的時候，白團誕生了，並且逐步發展；爾後不久，美國重新恢復了對台灣的支援。這時候的蔣介石，深深陷入了對美國的「絕望」以及「感謝」這兩種矛盾複雜的情緒當中。一方面，他對於在自己苦難之際仗義伸出援手的白團懷抱著深深的感謝之情，但另一方面，美國的軍事援助仍然是他賴以防衛台灣，乃至反攻大陸的關鍵，這一點也一直沒有變過。

一九五一年一月，美國決定向台灣派遣軍事顧問團，並締結《中美共同防禦條約》。來到台灣的美軍顧問團徹查各司令部的經費之後，發現了白團的相關經費，並且將它當成是「背叛」的證據，態度強硬地向蔣介石苦苦相逼。

威廉．蔡斯

閱讀蔣介石日記之後，有關蔣介石和美方之間環繞著白團的激烈角力，便透過日記的字裡行間，清晰地躍然紙上。

當初，美國原本打算任命一位名叫庫克，個性比較溫和的軍人擔任美軍顧問團團長，後來卻換成了一位名叫威廉．蔡斯（William C. Chase）的將領。蔡斯是位個性相當積極，甚至到了咄咄逼人地步的軍人，針對白團的問題，他不斷對蔣介石施加壓力：

午後，閱讀蔡斯顧問的意見書。（一九五一年六月二十二日）

自一九五一年四月至一九五五年六月間擔任美軍駐台軍事顧問團團長的蔡斯，他在對蔣介石提出的意見書中，傳達了自己對於白團的疑慮。

而蔣介石閱讀了蔡斯的意見書之後兩天，在日記上寫下了這樣一段文字：

今日極其痛苦、且迫在眼前不得不解決之檢討事項，乃是美國顧問蔡斯的報告與建議書。關於日本教官的運用契約，非更加仔細思考不可。（一九五一年六月二十四日）

過了三天，蔣介石和蔡斯展開了一次會談；身為受到美國軍事援助的一方，蔣介石在蔡斯的強烈要求下，不得不和對方當面懇談。在這場會談的最後，蔡斯果然提出了白團問題：

蔡斯對我表示說，美國在對各國進行軍事援助之際，都有一項先決條件，那就是「只能雇用美國軍事顧問」；基於這個立場，蔡斯針對我繼續雇用日本教官這件事，表達了堅決的反對之意，而我並沒有當場做出回應。（一九五一年六月二十七日）

即使到了第二天，蔣介石仍然苦惱不已。在這天的日記中，蔣介石坦然寫下了這樣的苦惱：

關於美國顧問對日籍教官的排斥問題該如何解決，思考良久。（一九五一年六月二十八日）

傳喚岡村

這時，美國不只在台灣有所行動，在日本似乎也對白團展開了更加強力的打壓。當時，日本的報紙和雜誌，已經陸陸續續刊載了關於白團的零星報導，於是，GHQ針對在日本控制白團的岡村寧次發出傳喚命令，要求他前往位於日比谷的GHQ總部接受訊問。

據當時和岡村一起接受傳喚的白團實際運作負責人小笠原清回想，GHQ派出了一名隸屬於G2，被稱為「上校」的人物，對岡村進行訊問。

面對這名「上校」，岡村是這樣回答的：

我們絕對不能失去中國大陸。我輩為了報答終戰時的恩義，進而參加（台灣的軍事訓練）這件事，以及我們的行動，與美國的利益並沒有牴觸。相反地，美國應當感謝我們才對；畢竟，美國不正是因為對中國大陸的認識不足，才導致喪失了整個大陸嗎？

聽了岡村這番說教似的陳詞，上校只說了一句：「我明白了，請回吧。」便將岡村無罪釋放了。小笠原清在回憶錄裡，把這件事當成有趣的插曲來描寫。

然而，實際情況並沒有這麼輕鬆愜意。岡村雖然獲判無罪，但他仍是戰犯名單上登記有案的人物，因此被美國（GHQ）給盯上，不管就哪一方面來說，對他而言都不是什麼可喜的事情，想必他內心也會因此而動搖不安。事實上，根據《蔣中正總統文物》的資料顯示，應該是在接受GHQ訊問之後不久的某個時期，岡村寫了這樣一封信給蔣介石：

承蒙您對白團不斷的指導與照應，在下實在感激不盡。只是，最近伴隨著美軍顧問團抵

台，他們與白團之間的關係究竟會如何發展，實在令在下隱隱感到憂心。（一九五一年七月二十六日）

一九五二年，在美軍顧問團強硬介入之下，白團的活動受到了相當大的限制，編制也不得不被迫縮小。只是，蔣介石仍然執拗地將白團保留了下來。白團的名稱，從原本在國民黨組織之下，被賦予正式地位的「圓山軍官訓練團」轉變為軍事組織色彩較為淡薄，也比較平凡無奇的名稱——「實踐學社」；訓練地點也為了掩人耳目，而從圓山轉移到遠離台北市中心的石牌。也就從這裡開始，白團展開了他們在台灣發展的第II期。

聯戰班、科訓班

最多曾經一度達到七十六人的白團成員，在一九五二年的這時候，尚有超過十人以上已經辦妥訪台手續，準備動身前往台灣；只是，隨著情勢演變，不只這些人來台的計畫遭到取消，就連已經身在台灣的白團成員，也朝著逐漸削減的方向發展。同時，白團教官的頭銜也不再是軍事顧問，而是變成了「外籍教官」。然而，就實際狀況而言，他們的任務跟軍官訓練團時代相比並沒有改變，仍然是一種軍事教育機關；事實上，我們可以說，在實踐學社存在的這十年間，由白團所建構起來的一套長期且穩定的軍事教育規畫，才是他們真正發揮本領之所在。

以實踐學社為主體展開的「黨政軍聯合作戰研究班」（聯戰班），自一九五三年七月至一九六三年十二月，一共開辦了十二期，每期的時間約為八個月，共計有七百零七人在此受教。授課內容和軍官訓練團一樣，學員從中校、上校到少將都有。蔣介石的次男蔣緯國是聯戰班的第一期生，後來還被派任為白團的監護者。除了蔣緯國以外，包括後來歷任參謀總長、行政院長等要職的郝柏村等一批前途看好的年輕軍人，也都被送進了聯戰班受訓。

聯戰班之外另一個相當值得注目的軍官訓練組織，是所謂的「科學軍官儲訓班」（科訓班）。有關這個班級的設置理由，據糸賀公一在〈「白團」物語〉中所述，是因為「蔣總統考量到國軍歷經長期戰亂，在科學方面的基礎教育相當不足，非得加強不可，因此他認為也有必要特地撥出時間，就這方面進行相關的訓練」。

科訓班開課的時間是一九五九年六月至一九六四年一月，每期授課時間是一年半，比起其他課程而言相對較長。科訓班一共舉辦了三期，共有一百六十名陸海空軍的上尉至中校等中層軍官接受了這項課程的教育。

科訓班的教育內容大抵是以日本的舊陸軍大學為準，第一期入學者必須是參謀大學甲等成績畢業、受到部隊推薦，並經過選拔考試合格的少校或中校，其門檻相當之高；說得更精確一點，科訓班所代表的，正是軍隊菁英養成體系的實現。

蔣介石的目標，旨在養成未來成為國軍核心的優秀人才；為此，他不只一一接見科訓班的畢業生，同時對於科訓班也特別另眼相待。

除了以上的班級之外，一九六三至一九六五年，亦即實踐學社存在的最後幾年間，又開設了

「高級兵學班」，中將級以上擔任要職的軍官前往此班受教者，共有一百一十八人。教育內容包括中國共產黨戰略戰術研究、反攻大陸作戰指導、國家總動員方法等等。由於參與者都是現職人員，因此上課的時間為半天，由富田團長親自擔任講師。在這裡受教育的學生，多半是聯戰班的畢業生；換言之，台灣的軍官在各個階段當中，曾經兩度乃至三度接受白團教育者不在少數。蔣介石所期盼的「日本精神」，透過這樣的細膩方式，無可置疑地貫注到了學生的養成過程中。

在餐敘中

一九六四年底，白團的成員大幅縮減，原本留下的二十位教官中有十五個人返國。接著在一九六五年八月底，實踐學社也宣告解散了。同時，白團在台灣方面的窗口與監護者，也由彭孟緝換成了蔣緯國。僅剩五人的白團改稱為「實踐小組」，於一九六五年九月一日，將據點轉移到由蔣緯國擔任校長的陸軍指揮參謀大學（第Ⅲ～Ⅳ期）。

根據〈「白團」物語〉所言，這個時期的白團主要負責以下四項任務：

一、協助陸軍總部。
二、協助作戰發展司令部。
三、協助陸軍參謀指揮大學。

四、在其他方面進行協助。

在這時期，他們每天實際從事的任務，就是三、協助陸軍指揮參謀大學，也就是協助台灣方面培訓教官。

白團對陸軍指揮參謀大學的主任教官實施了兵推及戰術統裁方法、前線作戰戰術、後勤支援等多方面的教育。這種教育採兩階段形式，前期是直接對教官進行教育，後期則是針對教官對學生們的教育進行指導。

另一方面，白團在從事教育的同時，也隨時會前去視察台灣各地的部隊與學校；據說若是他們檢閱的部隊成績不佳，部隊長便會遭到撤換的命運。蔣介石的目的，是要借助沒有特殊人際關係和利害糾葛的白團之眼，來肅正部隊的綱紀。

實踐小組最終也於一九六八年走向了解散的終局。第二年，也就是一九六九年一月十三日，白團全體成員返抵日本，並在二月於東京舉行了解散儀式。

在最後這段時期，蔣介石幾乎是每個月都會召集白團的教官餐敘；除此之外，他也把握各式各樣的機會，希望能從白團教官這邊獲取更多知識以及關鍵建言。

據糸賀的回想，當時的情況是這樣的：

蔣介石相當盛情地款待我們這些外籍教官；每當餐敘結束之後，他便會要求我們一定要陳述自己的意見，當我們各自表達完之後，他會立刻叫在座的參謀總長過來商議。蔣介石對日式教育尤其充滿熱情，總是要我們告訴他有關軍制學[1]方面的種種。「明治維新後，日本為何能在那麼短的時間內，建立起一支強大的軍隊呢？我想知道其間的祕密。（中略）就請你們告訴我，你們在日本所學到、有關這方面的祕訣吧！」當時他召喚來餐敘的人員不只限於軍人，也包括了政府當中的諸位重要人物。

接下來，我想記述白團除了教育以外，在台灣所留下的其他具體成果。

模範師與總動員體制

第三十二師

國民黨的軍隊在國共內戰中徹底敗北，最後陷入了稱為「瓦解」也不為過的慘狀之中，而蔣介石信賴的嫡系子弟兵所率領的各軍團，也全都遭到慘痛的失敗。為此，蔣介石極度希望能夠確保一支實戰部隊，以作為將來反攻大陸時的主要戰力。若是以日本的狀況來說，蔣介石所想要的，就是一支地位類似於近衛師團的部隊。

於是，蔣介石向白團提出請求，希望他們協助創立一支模範師團。他選中了位於新竹湖口的

「第三十二師」，針對這個師展開徹底的日本式訓練。

被任命為三十二師師長的是張柏亭將軍。張柏亭有留學日本的經歷，在圓山軍官訓練團時期，他也曾擔任副教育長一職。在三十二師底下，分別設有九十四、九十五、九十六等三個步兵團。白團從台北派遣了十名以上成員前往三十二師實施訓練。對白團而言，這是除了在台北的軍事教育之外，當時最重要的計畫。

負責輔佐張柏亭的是村中德一（孫明），而隸屬其下，各自分布於三個步兵團當中的人員，分別是九十四團的美濃部浩次（蔡浩）與中山幸男（張幹）、九十五團的佐藤正義（齊士善）與池田智仁（池步先）、九十六團的井上正規（潘興）和新田次郎（閻新良）。

另一方面，在裝備使用方面，機關槍由新田，迫擊砲由市川芳人（石剛），通訊由三上憲次（陸南光）各自負責教導，包括各項細節在內，都採取徹底的日本式教育。

其實，當初白團並沒有想過要在這裡投注這麼大的心力，只是，先前村中在視察三十二師的時候提出了一份報告書，而這份報告引起了蔣介石的興趣，最後形成了訓練模範師團的契機。

對於三十二師的實力，白團是這樣評價的：

（編成裝備）極其貧弱，特別是砲工兵、搜索等特科部隊，更是貧弱到了極致。不只如

1 譯註：研究軍隊的組織、編制、兵役、裝備、訓練、管理、教育、紀律、動員等的學科。

此，將來訓練所必需的教育資料、資材以及設施等，一切全都不具備。

就士兵素質而言，該師士兵的個性相當溫順，體力方面比起舊日本軍的士兵也並不遜色，然而一般常識和教育程度則都偏低。

至於士官素質方面，該師的士官在個性以及體力方面，都跟士兵一樣並不算差，但是指揮以及教導的技能，則只相當於舊日本軍的上等兵程度而已。

這支軍隊的成員，從十四、五歲的年輕小夥子到五十歲以上的老兵，全都混雜在一起；當相關人員向白團介紹說「這就是台灣的精銳之師」時，白團的成員不禁為之啞然。

白團成員判斷，若是不整個砍掉重練的話，要讓三十二師脫胎換骨根本是不可能的事。於是，他們將教育期程分成三個階段，分別是一九五一年一月開始的半年、一九五一年中旬至年底的半年，以及一九五二年的上半年；按照步兵、騎兵、砲兵、工兵各兵種，安排相關的教育進度表，開始進行訓練。對於白團的教導，三十二師的官兵都表現出相當的感激之意，但是對這些教官所傳授的內容，他們的吸收進度仍然是有如匍匐前進一般緩慢。

湖口模範兵團的訓練工作，在一九五二年之後交給美軍顧問團接手實行。在這之後，蔣介石萌生了一個想法，那就是是否要派遣白團到最前線的金門去實施同樣的模範兵團建設？然而，這個想法一出現，立刻在白團之間引起了「該去」和「不該去」正反兩極的議論。縱使白團的成員都有著「賭上性命」的意識，但對於是否奔赴最前線，成員之間的熱度還是有顯著的差異。最後，岡村寧次下了「我無法擔起這個責任，因此不應前往該地」的判斷，於是這個建議就被取消了。

戰利品

由於撤退到台灣的國民黨軍隊數量有限，因此在對抗共產黨進行台灣保衛戰的時候，能夠集結多少兵力，就成了眼前最大的課題。

鑑於這點，蔣介石於是下定決心，要導入日本式的動員制度。

陸士四十四期畢業，曾有第四師團動員參謀經驗的山下耕（易作仁），因為身為動員專家，所以被指定為動員小組的領隊。以山下為首，白團派出了大橋策郎（喬本）、富田正一郎（徐正昌）、笠原信義（黃聯成）、土屋季道（錢明道）、川田一郎（蕭通暢）、美濃部浩次（蔡浩）、小杉義藏（谷憲理）、松崎義森（杜盛）、河野太郎（陳松生）等十人，推動這項重要計畫。

山下在一九五一年六月二十一日抵達台灣。到達台灣的第二天，圓山軍官訓練團的教育長彭孟緝便將他找來表示說：

總統強烈期望，能夠從日本教官這邊學到有關動員的方法。

在這之後，山下便開始針對台灣的狀況，執行關於動員計畫的檢討與考察；然而，蔣介石卻不給他慢慢準備的時間，反而急如星火地催促他說：「我希望最近就能舉行動員演習。我也會親自出席，希望能盡早讓我知道舉行演習的時間。」蔣介石非常喜歡演習，不管什麼事情，似乎都希望白團能夠在他面前演練一下。

於是，一九五一年十月，山下在一場集結了國民黨政權各重要幹部的會議中，首先發表了他的看法。當天與會的人不只有蔣介石，還包括行政院長陳誠等有頭有臉、鼎鼎大名的人物，也都出席參與了這次會議。面對這些國民黨高官，山下當場給了他們一記嚴厲的當頭棒喝：

台灣根本沒有實施動員和徵兵的基礎可言，就連兵役制度也不可能推行。現今國民黨的軍隊全都是處於臨戰態勢，也就是野戰的配備體制，但是這樣是絕對沒辦法進行動員之類任務的！若是要推行日本式的動員，那不設想平時的狀況就絕對不行；日本各地的師團、連隊司令部，都有負責動員任務的單位，但是在台灣的軍隊中，根本看不到類似的組織。不只如此，台灣也沒有可以動員的後備兵力，甚至連士兵的名冊都無法確實掌握，總之就是什麼東西都沒有；這種情況要是不加以整頓，動員什麼的根本是不可能的事情！

事實上，中國原本就沒有「動員」的概念；所謂軍隊，只有身為超級菁英的軍官，以及從農村用「拉伕」的方式強迫徵召而來、沒有任何知識與經驗的士兵這兩種分子。有鑑於此，白團為了動員演習，設立了名為「復興省動員準備委員會」的組織，以彭孟緝本人兼任副司令官的保安司令部為中心，開始進行動員準備。

就這樣，在一九五二年二月，展開了台灣第一次動員演習。演習的核心，是由白團以模範師團方式培訓出來的湖口第三十二師，擔任模擬一個軍團的演習部隊。

但是，這時最大的問題是，在白團手邊，根本沒有作為動員行動的基本中之基本的〈軍隊動員計畫令〉可供依循。為此，他們試著詢問日本方面是否能夠提供相關資料，但日本方面的回答是，在戰後的混亂中，陸軍的機密資料或者四散佚失，或者被ＧＨＱ查扣，因此不可能獲得這方面的資料。

不過，塞翁失馬焉知非福，在中日戰爭期間，華北的國民政府軍諜報人員曾經從日軍那邊截獲一份日文寫成的〈軍隊動員計畫令〉，並且由國民政府將之翻譯成了中文。

聽說國防部有這份資料的山下等人前往探詢後，確認了這是貨真價實的日軍動員令。儘管國民政府並不知道翻譯出來的這份文件代表什麼意義，也不知道該如何利用它，但他們還是把它保存下來，並且在撤退到台灣時也一起帶了過來。

只是，因為這份資料不是日文原件，所以在使用的時候，還得再把它翻譯回日文才行，可以說是相當有意思的狀況。

動員令到手之後，也就可以開始實施具體的動員教育了，於是實踐學社在一九五二年八月，設立了「動員幹部訓練班」。在一九五二至一九五九年這七年的時間當中，動員幹部訓練班總共教導了高達九千三百三十名軍事幹部有關動員教育的知識，這是一個相當驚人的數字。

國防部也開始動起來，在部內組織了「動員設計委員會」。委員會的負責人是當時擔任副參謀總長的蕭毅肅將軍。動員設計委員會集合了國防部底下的陸、海、空各軍種司令部人員，每週就動員問題進行商議與討論，據說山下等白團相關人員也會出席會議。

金門防衛戰

一九五八年九月六日，「駐中華民國特命全權大使堀內謙介」，向內閣總理大臣（當時由外務大臣岸信介臨時代理）發出了一封官方電報。

電報的標題名為〈有關馬祖島之防衛狀況等事項〉。告訴我有這份官方電報存在的，是專研中國與台灣近現代史的學者——法政大學助教授福田圓。

一九五八年八月二十三日，中國從對岸的福建省向台灣支配下的金門島發動猛烈砲擊。關於這場戰役，中國稱之為「金門砲戰」，台灣則稱為「八二三砲戰」。台灣方面包括高級軍官在內陣亡人數超過五百人，而美國也表現出不惜強行介入的姿態，凡此種種皆使得緊張情勢不斷升高，因此這次砲戰又被稱為「第二次台灣海峽危機」。

這時，白團團長富田接受蔣介石的委託，對台灣海峽情勢進行分析。

這份電報指出：「富田在接受有關台灣海峽情勢的諮詢之際，蔣總統表示，他對金門的防禦並不感到擔心，但相反地對於馬祖則是相當憂慮，因此他直接向富田提出請求，希望富田團長能前往馬祖視察。」

整件事情的經過大概便是如此。

馬祖列島是由許多島嶼組成，和金門一樣是中台對立的最前線；它位在台灣島西北方兩百多公里遠的海域上，和中國大陸之間的距離最近處約十公里。當時在馬祖共有一萬兩千名居民，而配置在此實施防衛的官兵數目則比居民更多，達到兩萬人的規模。

根據電報所述，對於馬祖的形勢，富田做了這樣的分析：

以現在的情況而言，共軍若是打算攻擊馬祖的話，他們所留下的支援火力，可說相當不足。

（和金門相比）馬祖對岸中共陣地的砲台數目，遠遠要少得多。

馬祖正面的共軍約兩個軍（六個師），分散在廣大的地域中；另一方面，當地的海軍兵力也相當不足，同時也沒有登陸用船隻集結的跡象。

綜合以上幾點，富田指出了如下的結論：

雖然我也曾思考過，這次中共對金門的砲擊，是否乃是為了登陸馬祖而展開的佯動作戰，但是，即使中共現在要對馬祖展開攻擊，也還需要相當多的準備時間，因此我並不認為馬祖的形勢目前是處於緊張狀態之中。

根據自己的觀察，富田做出了「馬祖受到攻擊的風險相當低」的判斷。

在這金門島深陷危機的時刻，不只富田本人，白團的教官們也都活躍在戰場第一線。岩坪在生前曾經如此回顧：「當時，教官們前往金門島，針對火力配置的死角進行了徹底修正，從而使得防衛完美無缺。」

在白團活動的這段期間，日本與在台灣的中華民國仍然維持著外交關係，同時也設置有大使館；在富田視察馬祖的這封官方電報中所隱約浮現的，或許正是白團與日本大使館之間相互建構、彼此聯繫的管道。

在白團剛起步的時候，它是違反日本政府方針的地下組織，但至少我們可以證實，在金門砲戰的這個時候，白團與日本大使館之間的交流已經毫無障礙，甚至可說到了公開化的程度。

根據擔任富田專屬副官的村中德一所述，富田經常造訪大使館的參事官宅邸，和對方一同享受他嗜好的橋牌遊戲，大使館也會每個月贈送日本酒到白團的宿舍；在這些旅居台灣的日本人之間，似乎產生了頗為親密的交流。

儘管我們目前還無法清楚得知白團在日本對台外交中究竟扮演了怎樣的角色，但至少從他們和大使館人員間的密切關係來看，身處台灣體制中樞的白團會向日本提供一定的情報訊息，這點是十分確定的。

第六章 戶梶金次郎所見的白團

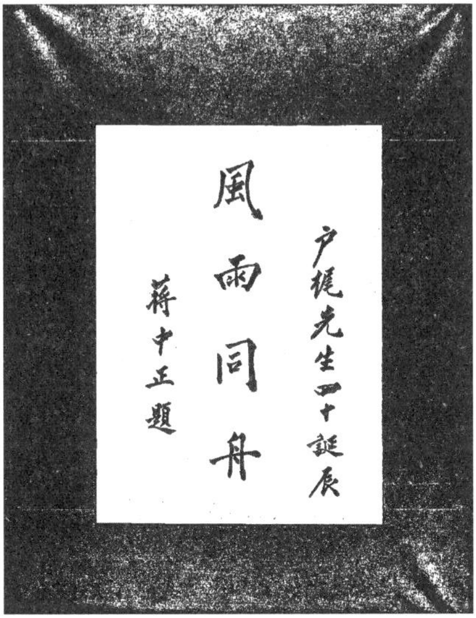

戶梶金次郎追悼集的封面是早年蔣介石致贈的「風雨同舟」賀詞。（作者拍攝）

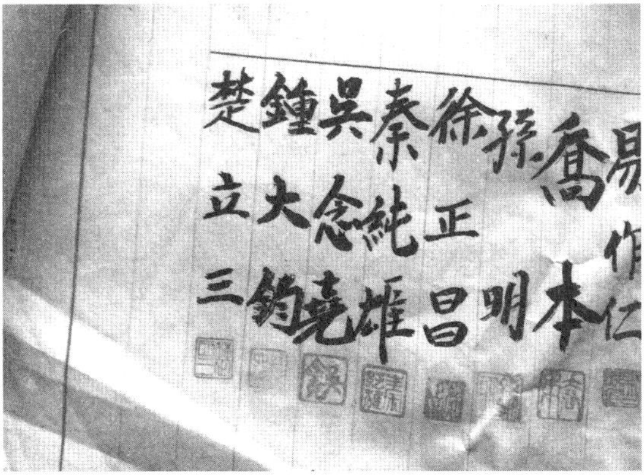

戶梶金次郎在白團契約書上的簽名。（作者拍攝）

軍人的肺腑之聲

《風雨同舟》

二〇一二年冬天的某個週末，當我在東京的國會圖書館裡發現白團成員戶梶金次郎（鍾大鈞）的追悼集《風雨同舟》時，面對那頗具分量、以鮮紅色封面裝幀的豪華外觀，我不禁感到有點困惑。

通常，家屬為故人製作的追悼集，裝幀的形式幾乎都是和自費出版品的風格差不多；比起裝幀之類的外表點綴，他們更加重視如何將追悼的內容呈現出來。然而，這本《風雨同舟》卻明顯地大異其趣。

封面上的燙金標題字似乎在強烈地表達著，這本書並不只是一本由遺族出版，常見的單純追悼集。

然後，當我翻開書本時，不禁微微感到雀躍了起來，因為在這本追悼集中，收錄了相當多白團成員寫給戶梶的追悼文。不只如此，在他們的文章當中，也包含許多我至今不曾得知，有關白團活動的點點滴滴。

一篇篇閱讀完白團的其他舊友寫給戶梶的追悼文之後，接下來出現的，便是戶梶回顧自己人生的篇章。這篇回憶錄大概是由遺族彙整而成的，它的形式是以日記體裁寫下，內容可說是極端詳盡。

只是，身為戰術、通訊專家，將生命中長達十四年時光奉獻給白團的戶梶，在這篇回憶錄中，對於白團的事情卻幾乎隻字未提。因此，毫無疑問地，這本《風雨同舟》中所收錄的內容，是刻意闕漏白團的部分。

Kane桑

戶梶出生於高知縣中央的日高村江尻地區，是戶梶金造與春衛的次男。

他在土佐的中學畢業後，便進入陸士預科就學。一九二一年（大正十年）成為陸士四十七期學生。在這之後，他以預備擔任通信部隊指揮官的身分，在千葉陸軍步兵學校接受通信課程訓練。

戶梶從陸大畢業時，因成績優秀而獲賜軍刀，結束陸大的深造之後，戶梶在太平洋戰爭末期的一九四三年被派任為陸軍第十八師團的參謀，投入緬甸戰場之中。當胡康河谷戰役[1]結束之後，他又被派任為支那派遣軍與東京參謀本部之間的聯絡人，往返奔波於上海、南京和北京之間。

在這之後，戶梶被派遣到台灣，準備防禦美軍入侵。當美軍選擇登陸沖繩之後，他又轉派到

1 譯註：一九四三年發生在緬甸北部胡康河谷，由日本第十八師團與中國駐印軍展開的一場戰役。在這場戰役中，中國名將孫立人所率領的新三十八師屢次擊敗日軍；著名史學研究者黃仁宇亦以隨軍參謀的身分參與了這場戰役，並撰寫他的第一本著作《緬北之戰》（聯經出版公司，二〇〇六）。

九州南部的鹿兒島，最後在那裡以少佐階級迎接終戰到來。戰爭結束後，頗有商業頭腦也善於經營人脈的戶梶，負責幫退役士兵找工作，也和一些要好的舊軍官同事們開始做起了生意，餐廳、食品雜貨、衣服、書籍……幾乎什麼都賣。然而，就在他的事業一帆風順、蒸蒸日上之際，一九四九年（昭和二十四年），他作為事業基礎的店面，卻因為都市更新的緣故遭到拆除；失去了賴以維生事業的他，只好暫時寄住在山口縣妻子的老家。

由於失意而顯得有點落魄的戶梶，在一九五〇年（昭和二十五年）接獲白團方面前往台灣的邀請。戶梶當場便下定決心接受這份邀請，並且在隔年六月潛渡到台灣。

戶梶在台灣主要是負責司令官、師長層級的高階軍官教育，並且擔任團長富田直亮的重要助手；同時，他也是愛好圍棋與麻將等娛樂的富田在閒暇之餘經常對弈的好夥伴。身為土生土長的土佐人，「土佐風」的豪爽性格，在他身上體現得淋漓盡致；除此之外，他還是擁有海量的酒豪。因為他的中文姓氏是「鍾」，所以白團內部的夥伴都以「Kane桑」來稱呼他。

當糸賀回顧起有關戶梶的事情時，他是這樣說的：「戶梶在教育指導方面的能力，可說是卓越非凡。他是個非常熱血的男子漢，甚至可以說是性烈如火，因此學生（台灣軍官）之間經常對他這種個性議論紛紛；不過，他之所以如此，完全是出自一片赤誠的熱心。」

果然存在著更加詳盡的日記！

正因如此，若是能夠更加詳盡了解戶梶這個人在台灣的生活，或許就能更進一步貼近白團的真實面貌。抱持著這樣的期待，我撥打了追悼集《風雨同舟》卷末記載的聯絡電話，並且成功地和戶梶的女兒新田豐子通上了話。在電話中，我向豐子說明了自己大致的取材方向，並且希望她能惠予考慮一下接受採訪。接下來，我就這樣一邊緊張等候，一邊期待著對方的回音；直到幾天後，我和豐子再度取得聯繫時，她給了我肯定的答覆，同意接受採訪，我這才終於鬆了一口氣。

豐子晚年住在埼玉縣白岡市，我去到她家中進行訪談。據豐子說，戶梶在一九九〇年過世的時候，留下了一筆一千萬圓的「養老金」，於是她對親戚們提議說，希望能夠把這筆錢用來出版一本父親的追悼集，親戚們也都表示贊同之意。大家認為「既然要做的話，那就做好一點」，於是做了相當精美的裝幀，還用了很不錯的紙材，一共印刷一千五百冊，而在這本追悼集當中，也包含著足以解開白團失落一環的關鍵之鑰。事實上，在這本追悼集籌備出版的過程中，據說原本打算放入更多、更詳盡、有關戶梶在台灣種種經歷的記載，但就在出版前夕，因為白團前成員們的反對，所以將這些內容刪除掉了。

以都甲誠一先生（任俊明）為中心的前白團成員，認為不該給台灣徒增更多的困擾，因此最後這些內容就沒有放進追悼集裡。我們原本想說，既然大家都已經回到日本，而且時間都過了那麼久，那刊載出來應該也不會有什麼大問題才對，可是……

「那，妳們原本打算根據哪方面的資料，來編纂戶梶先生的台灣經驗呢？」我這樣詢問豐子。

豐子回答我說：「事實上，父親生前有留下一份相當明晰的記錄。從戰前開始，一直到過世為止，他每年都會寫下一冊日記；即使在白團任職的時候，他也一樣持續不懈地在寫日記。」

戶梶的這部日記，目前並不在豐子手邊，而是借給了認識的某位大學教授。這位教授也在思索能否將這部日記活用到相關研究上，所以才將它先借了過來，不過，他還沒有開始著手進行研究。我拜託豐子，請她幫我聯繫那位教授，可是遲遲聯繫不上，因此我也只能坐立難安地等待著。幸好，最後我們終於取得了聯繫，並且達成協議，可以將戶梶的日記暫時借給我使用。就這樣，這份日記在二〇一三年五月，送到了我的手邊。

原本，我這本書預計在二〇一三年的春

戶梶金次郎在白團時期的日記。（作者拍攝）

天就要完稿，但是為了解讀新發現的戶梶日記，於是我又花了好幾個月，進行相關的追加作業。

戶梶這本日記的詳細程度遠遠超乎我的想像，因此解讀起來也相當辛苦。儘管迄今為止，我已經從糸賀公一和瀧山和等白團在世成員的證詞中獲得了一部分內容，但對於成員親筆書寫的日記與文章等文獻資料，我卻是苦苦尋覓、遍尋不著。而對於白團的活動內容以及日常生活，我們也只能從成員在偕行社的〈「白團」物語〉，以及中村祐悅《白團》中所提供的片斷證詞窺見一斑。因此，在這層意義上，戶梶的日記毫無疑問是極其貴重的史料。

最初，我本來打算將戶梶的日記交錯穿插於本書各個部分，可是後來我又覺得，身為個人所留下的記錄，它理應要以一種獨立的形式保留下來才對。白團其他成員的生活，或許跟戶梶並不相同；而戶梶的所見所聞，也未必就與其他團員一致。正因日記是一種極度個人的寫作文本，所以在這本書裡，我認為也應當以「戶梶身為一介軍人在台灣的體驗記錄」這樣的方式來呈現才對。因此，本章的寫作形式，乃是透過戶梶眼中所見之事來介紹白團。

如果說，《蔣介石日記》和公事文件記錄中所描繪的是白團的「表面」的話，那麼戶梶的日記，描繪出的便是白團的「內裡」，希望大家都能理解這一點。

一九五一年（昭和二十六年／民國四十年）

昭和二十六年六月二十九日，出發。

一九五一年六月，以這樣一句毫無修飾的文字為起點，開始了戶梶的台灣日記。這一年，日本舉辦了第一屆紅白歌唱大賽，戰後的日本籠罩在一片重新再出發的氛圍中。日本的經濟因為「韓戰特需」而沸騰高漲，而麥克阿瑟因為和杜魯門總統對立，在這一年的四月被解除了GHQ最高司令官職務。

前往台灣的旅程是由神戶出發，經過所謂的「白團輸送路線」抵達台灣，負責運送這些人的台籍貨輪船長，也都事先了解過相關狀況。只是，戶梶這時不知為何，在神戶等待了幾天之後才上船。

七月三日　神戶─出航。一七〇〇，海上平穩。二一〇〇，進入太平洋，右前方可見室戶燈塔。

七月六日　眼前不見任何陸地。海上平穩。

七月七日　六時入港，九時在老宋、李先生迎接下登陸。乘吉普車至台北。向白先生（筆者註：富田直亮）打招呼。前往北投，向前輩們打招呼。

觀察這些比自己更早抵達台灣的白團成員，戶梶的第一印象是這樣的：「他們看起來都像是從家庭環境的不安中解放出來一般，顯得相當輕鬆自在。」戶梶自己的感覺，毫無疑問也是如此吧！畢竟，戰爭結束後，這些舊陸軍參謀基本上都沒辦法找到一份正正經經的工作，面對家庭生計的柴米油鹽問題，不管是誰都過得相當艱辛。

戶梶抵達台灣後，立刻被任命為圓山軍官訓練團的教官。就任第一天，他的印象是這樣的：

七月九日　第七期學生開學典禮。和諸葛（佐藤忠彥）、楚（立山一男）先生一同穿著西裝前往圓山。我們不出席典禮。和教育長會面。中國人的體貼之處，實在值得我們學習。圓山印象：作為軍人練武場的環境可說是滿分。寫信給幸子（來台之後頭一封）。

七月十三日，戶梶前往觀摩司令部的演習，歸來之後不禁感歎道：

要將這群教官集結在此地，是件多麼困難的事啊；或許，這就是帝國陸海軍最後的遺產吧！

第二天，也就是七月十四日，戶梶第一次和蔣介石見面，蔣介石的次子蔣緯國也隨侍在側。戶梶對此似乎並沒有特別的感慨，只是寫下了這樣一段話：「和老先生（筆者註：蔣介石）頭一次見面。雖然是辛苦革命四十年的人，但看起來還是很年輕。」比起和蔣介石見面，戶梶這時候的心力主要是放在白團的運作上面。他到達台灣不過十天，便發現了白團內部存在相當多問題，並提出了以下幾點：

根據迄今我所得到的情報，我必須做出以下的判斷：由於1.團員的任性驕縱；2.白先生的統御力不足；3.隱而不顯的歷史情感因素等原因，以製造騷亂為樂的軍人惡習，將在此地迅速地蔓延開來。關於這點，有必要採取震撼療法才行。另一方面，團長手上並沒有協助統御的有效利器——賞罰權，這也是件相當令人頭大的事情。要設法駕馭這五十幾個被雇用來的驕兵悍將，說實話，我反而覺得該被同情的，或許是白先生也說不定……

戶梶這段記述確實讓我感到耳目一新。畢竟迄今為止所有關於白團的論述，論及這些舊日本軍人時，都只是描寫他們「在富田直亮團長的統率下，以一絲不苟的敬業態度，執行著教育台灣軍人與研擬作戰計畫的任務」而已。

然而，軍人也是人，一般社會中會出現的種種問題與對立，也同樣會發生在他們身上。因此，這些脫離了軍隊的指揮系統，不論經歷、出身、年齡、專業都是五花八門的前軍人，究竟是怎樣保持上面所說的那種「一絲不苟的整體感」？這實在不禁讓我有點疑問。

一九五二年（昭和二十七年／民國四十一年）

這種內部對立後來似乎逐漸擴大，最後演變成一部分團員中途退團返國的嚴重狀況。一九五二年一月十六日，戶梶在日記上這樣寫著：

針對中國方面希望再加派團員前來一事，四谷先生（筆者註：即居住在四谷的岡村寧次）想徵詢白先生的意見，而針對此事，我的看法是：若是中國方面的請託，那我們沒有任何異議，只是在派遣人員時請務必注意，不要再像往年一樣派出引起紛爭的人員了。

只要是由人所構成的組織，像這樣的「內爭」就是理所當然會發生的事；因此，透過這樣一段插曲，反而能夠讓我們更清楚地理解，原來白團也是由一群有血有肉的平凡人所共同集結而成的群體。

在戶梶的日記中，屢屢提及有關「參謀旅行」的諸多事宜。參謀旅行是德國獨特的陸軍參謀訓練方式，在這種訓練旅行中，統裁官會帶著參謀學生實際前往山野，根據當地的地形向他們提出質問，好比說：「如果敵軍的騎兵大隊從那條小徑殺出來，你們該怎麼做？」然後一邊修正學生的答案，一邊繼續往前行。日本陸軍也吸取了德國的方法，而身受這種教育薰陶的日本軍人，此時又將同樣的方法引進台灣。

戶梶在一九五二年二月七日的日記裡這樣寫著：

為商議第三期高級班參謀旅行之事，前往造訪白先生。陸大畢業時那種混亂不堪的旅行方式，必須加以變更才行。

五個班的統裁官，分別是由范健（本鄉健）、何（市川治平）、鄧（中尾拾象）、鄭（伊井義正）、諸（佐藤忠彥）五人擔任。由於統裁官的能力令人有點不安，所以務必要派遣輔佐人員加以配合才行。

戶梶似乎為了安排這次參謀旅行，「整個人埋首在參謀旅行的準備工作當中。（四月十日）」；像是「與彭（福田五郎）、紀（大津俊雄）、陳（河野太郎）三位一同前往進行參謀旅行的地方偵察。這是第二次勘察，配合狀況相當好。（五月二十一日）」之類的記載，不斷地出現在日記裡。

也就在這時候，迫於美軍的壓力，要求縮小白團規模的聲浪逐漸浮現；規模最大曾經達到七十人以上的白團，此刻也不得不面臨縮編的命運。五月二十二日，戶梶在日記上寫下了這樣一筆：「午後幹事會。發表縮編案，六月終了後，規制將僅限於三十五人。」

戶梶也在留下的三十五人之列，至於歸國的人員，則由蔣介石親自設宴餞行。

在七月二日的日記中，戶梶寫著：「總統在草山召開送別宴。對即將歸國的同志們懇切地表達慰勉之意。」戶梶所說的「草山」，指的是蔣介石在台北北部的陽明山上，為了招待國賓之類重要客人而設置、人稱「行館」的迎賓設施。這所草山行館，就算在遍布台灣全島的十餘處「蔣公行館」當中，也是最受蔣介石喜愛的一所。

順道一提，草山行館在蔣介石死後仍然保留在原地，但在幾年前卻因為火災而燒毀。不過，在這之後，草山行館作為觀光景點，以重現當時建築的方式來重建，館內也設置了餐廳，以及和蔣介石相關事物的陳列室。

就在同一時間，戶梶的日記裡也頻頻出現有關於「光計畫」的記述。「光計畫」也就是反攻大陸作戰，是蔣介石對擁有大陸作戰豐富經驗的白團，除了教育之外另一項深切期待的部分。根據美國蔣介石研究專家陶涵（Jay Taylor）在《蔣介石與現代中國的奮鬥》一書中所述，蔣介石於這一年的七月，向美方提出反攻大陸計畫，卻遭美方評為「不切實際的空談」。或許正因如此，所以蔣介石才會殷切期待白團提出一份高度精密的反攻計畫吧。

> 午前。光計畫研究會，以范健氏為中心進行研究，然而我想問題有必要著重在「如何才能勝過共產黨」，不應隨意被其他事情模糊焦點方為正軌。（十月二十二日）

> 午前。昨日，與白（富田）、帥（山本親雄）、范（本鄉健）、秦（中島）等先生，就有關將來的方針進行商討。我們一致認為，基本上應站在革命戰爭、獨力作戰的立場，以武力戰為中心進行研究。（十月二十五日）

> 光計畫，大部分已經完成。傍晚，白先生提及小船之事，甚為欣喜。（十一月一日）

緊接著，在十一月五日的午後，白團在第一宿舍中，針對光計畫展開密集的檢討會。在檢討會中，戶梶等人針對這份千錘百鍊的作戰計畫提出了形形色色的意見。特別是在使用小船進行登陸作戰這件事上，似乎產生了「各式各樣的批判聲音」。「這種戰法打破了以往的既定觀念，因此非得研究出一套全新的訓練方法以及戰法才行；光是這點，就會造成這個計畫推進上的無形障礙……」戶梶在日記裡，這樣私下叨念著。

這天，戶梶決定用麻將和圍棋來好好激勵一下士氣，他的戰果如下：「麻將大敗」、「棋，對白，二戰二勝。對潘，三戰二勝」。在這之後，光計畫又歷經了多次的檢討會，並不斷增刪修正，在十二月中旬終於擬訂完畢，提交到彭孟緝教育長手上。

似乎是內部對於小船問題的爭議尚未完全解決之故：

> 本日在對教育長進行說明時，我就屠氏[2]所提出的小船登陸作戰困難之處加以陳述。然而教育長卻說：「反攻大陸本來就是人盡皆知的困難任務。」覺得我在席間的發言是賣弄小聰明，還嗤之以鼻……

戶梶在這天的日記裡，再次私下發起了牢騷。

另一方面，十一月舉行的美國總統大選中，共和黨推出的艾森豪獲得勝利，這對原本在共和黨當中就有深厚人脈的蔣介石來說，無疑是一個喜訊。不只如此，這一年日本與台灣也正式簽訂了《中日和約》，因此也可稱得上是環繞國民黨政權的國際形勢，明顯開始好轉的一個時期。

一九五三年（昭和二十八年／民國四十二年）

戶梶打從新年開始，就一直為牙痛而苦惱。「昨晚牙齒還是有點痛，不過大致上似乎已經快要痊癒了。」（一月九日）由於牙痛正在逐漸好轉，所以他也多少鬆了一口氣。

這時候，日記裡浮現出來的議題，乃是所謂的「盟約問題」。如前所述，白團與台灣之間締結的契約書被稱為「盟約」，因此所謂「盟約問題」，簡單說就是白團成員為了爭取契約條件改善而展開的鬥爭。

據戶梶在日記中所述，當時成員們主要爭取的目標，是提高薪資，以及增加休假時間。

就另一方面來說，在面臨無可避免的減員狀況下，白團成員本身的不安似乎也變得強烈了起來。

戶梶在八月五日的日記裡，記錄了當天召開的白團全體會議中，針對年底人員調整問題進行報告的情況。負責報告本案的是副團長帥本源（山本親雄），不過，因為此事已經是無法改變的既定路線，所以在會議中似乎並沒有針對這項報告進行什麼特別的議論。只是，戶梶還是寫下了自己的感受：「對於未來五個月，團內的氣氛會凝重到什麼地步，我實在不敢樂觀，畢竟志願退團的人，從八月中就要開始提出申請了。」

2　譯註：前海軍校官土肥一夫（屠航遠），二戰末期曾經跟隨大西瀧治郎將軍，籌畫載人炸彈「櫻花」特攻隊作戰。

接著，在九月十六日的全體會議上，白團方面再度針對人員調整問題，提出了以下的方針：「調整名單正在東京檢討中，在九月底之前一定會盡可能給大家一個交代」、「明年以後會盡可能調漲薪資」、「對於受到調整的人員，我們也會在契約範圍內，盡全力爭取最優厚的待遇」。

除了上述問題之外，戶梶也很關注世界情勢的演變。在三月十二日的日記裡，他以「深讀朝日新聞」為題，反覆寫下了自己遺憾的心境：「國府軍並無單獨反攻大陸的能力，這已成為一般的公論」、「我不得不承認，這些報導的論點確實是有其憑據在」。

而在這一年，韓戰逐漸邁向終結之際，戶梶以自問自答的方式，試著針對自己的假設提出答案。在二月十七日的日記裡，他詳細寫下了關於這方面的分析（字母Q與A為編者所加）：

Q：台灣的蔣介石軍隊，在沒有美國全面性的援助下，能否獨力反攻中國本土？

A：不可能。

Q：若是國軍在美國援助之下登陸中國本土，民眾會起而踴躍歡迎嗎？

A：可能性相當的大。

Q：若是美軍登陸中國大陸，（筆者註：共軍）會奮戰到底呢，還是會陸續倒戈？

A：不能說沒有奮戰到底的可能。

Q：現在在台灣的蔣介石政權，是個負責任的政權嗎？在他們被逐出中國大陸後，過去那些讓人搖頭歎息的弱點，都已經有所改正了嗎？

A：他們確實已經變成了一個值得信賴的政府。要是他們過去在施政上，也能做到像現在在台灣這種程度的話，那麼或許他們就不會丟掉中國大陸了。

Q：假使蘇聯和中國聯合起來，和美國為首的陣營展開世界大戰的話，屆時，我們是否該以蔣介石部隊一員的身分，作為被派往中國大陸的友軍，和他們一同並肩作戰呢？

A：那是當然。

Q：當世界大戰迫在眉睫，美軍即將進攻中國本土之際，美國會找回蔣政權，並承認他們為中國的正統政權嗎？

A：Yes。但是，支持某個政權，和支持某個領導人是兩回事。

Q：一個根本的問題：這世界上有任何一個國家，能夠擊破擁有三億人口的中國嗎？

A：不能說絕對沒有。

閱讀這些假設性的問題，我們可以發現當時的日本人——或者說白團的思維，以及對於國際情勢的認識，明顯地相當有意思。他們不只對於未來將要和蔣介石在大陸並肩作戰這件事情深信不疑，同時也對美國並沒有完全信賴蔣介石，以及蔣介石在撤退到台灣之後，逐漸恢復了穩固的權力基礎等形勢，全都掌握得一清二楚，實在讓人感到相當驚訝；或許我們該說「真不愧是參謀」嗎……？

光計畫在歷經反覆修正後，在這一年的六月十一日，終於到了要向蔣介石當面說明的時候。「〇九三〇至一一三〇，於第一講堂，就光計畫向總統進行說明。」當時出席的除了蔣介石以外，正副參謀總長也一同出席。不過雙方似乎已經私下取得了默契，因此蔣介石當場並沒有提出什麼特別的質疑。

「去年九月開始的研究，直至今日總算大功告成，心中除了一塊大石落下之外，再無其他感慨可言。」戶梶在日記裡，為整件事做了這樣的總結。當天晚上，白團舉行了由富田團長主辦的慰勞麻將大會，這件事當然也被寫進了日記。

台灣方面經常會定期致贈白團成員一些食品，在戶梶的日記裡，也屢屢提及致贈食品的事情，好比說「送來十罐鳳梨罐頭，當作暑假期間對孩子的慰勞」（七月八日）之類的。

這年十二月，隨著《中美共同防禦條約》的締結，美國對台灣的保護正式邁入制度化階段；然而，在此同時，美國對蔣介石反攻大陸計畫的封鎖和防堵，也隨之開始啟動，令蔣介石陷入了矛盾的兩難之中。

不只是理想與信念

一九五四年（昭和二十九年／民國四十三年）

一九五四年二月一日傍晚，與日本淵源甚深的湯恩伯將軍召開了一場宴會。會中除了宴請白團所有成員之外，台灣方面的幹部也有不少人出席。這場宴會似乎讓戶梶感到很開心，當天他在日記裡留下這樣一段記錄：「由於與會的都是對於白團成立有大恩的人，因此大家都顯得和樂融融。」只是，這時候湯恩伯已經失去蔣介石的信賴，處於幾乎完全失勢的狀態，到了這年六月，他就因為重病在日本結束了一生。

一九五五年（昭和三十年／民國四十四年）

一九五五年的戶梶日記中，提到了關於大陳列島撤退作戰的事情。大陳島，是台灣與中國之間最後一次發生實質戰鬥的地點。國民黨撤退到台灣之後，在中國大陸附近仍然保有一些島嶼的控制權，其中除金門、馬祖外，也包括大陳列島。由於大陳列島並非位於《中美共同防禦條約》的防禦範圍內，因此，儘管蔣介石很希望以這座島作為反攻大陸的跳板，但從各方面來判斷，要守住這個地方其實相當困難，於是國民政府在一九五五年二月，放棄了大陳島，這就是所謂的「第一次台海危機」。

當時，大陳列島將近兩萬八千名居民以船隻運送撤退到台灣，隨後移居到台灣各地，形成一個又一個社區。舉例來說，在台北市郊的景美地區，就有大陳島移民社區，因此也是品嘗大陳料理的著名場所。筆者曾經造訪該社區，當地的雜貨店裡，到處都賣著台灣人通常不太吃的一種「大陳年糕」。所謂大陳年糕，是類似日本麻糬的食物，浙江當地人很喜歡將它切片，和蔬菜一起拌炒。在一家名叫「大陳島小吃」的餐廳裡，我好好品嘗了一頓跟台菜大異其趣的美味料理。

關於大陳島的情勢，戶梶在一月十七日的日記裡，寫下了這些話：

> 得到有關大陳方面戰況的報告。我不禁懷疑，白團的意見真的有確實轉達給總統嗎？
>
> 真相。原來無法上達天聽這種事，並不只是日本的專利。

儘管大陳撤退在二月中旬就已經告一段落，但是對台灣而言，面對韓戰結束後中國將更多注意力轉移到台灣方面的趨勢，反攻大陸的計畫陷入了更加困難的處境當中。不只如此，關於中國正在準備進攻金門、馬祖的情報，也傳到了台灣這邊。

戶梶在這段時期的日記中，不斷寫下悲觀的看法：

> 最近一週間，三軍的士氣陷入嚴重的低潮當中。如前所述，之所以會如此，是因為美軍顧

問團禁止在大陸領海內作戰的緣故。不只如此，他們對於大陸對金門、馬祖逐漸加強的作戰準備，採取視而不見的態度，也是問題之一。這樣看起來，美國應該是已經下定決心，要放棄在金馬兩島的作戰，轉而以防衛台灣為主了。

在返回大陸的迫切期望上，（國民政府）還能夠給予從大陸撤退過來的老兵和少年兵任何希望嗎？中共想必會抓緊這一點，大舉發動宣傳攻勢。

包括金錢問題在內，白團成員生活上的種種問題，也隨著居住台灣的時間日益長久而一一浮現。根據戶梶六月十七日的日記所述，白團成員和台灣方面的「李參謀長」進行會談，雙方就待遇改善方面，達成了以下協議：

一、每月的月薪提高三百圓。
二、關於宿舍，希望能按照教官們的要求來安排。
三、對於在宿舍與妻子之外的女性（半永久性地）同居一事，希望基於中國政府的面子，以及對東京四谷先生和日本家人的考量上，能夠予以迴避。

簡單地說，台灣方面可以提高薪資，但也希望白團能夠針對風紀上諸多令人困擾的問題——

譬如說身為敗戰國的前日本軍人，卻在台灣包養女性之類的——多所節制，至少不要做得太過明目張膽。

白團也會收到一些東京方面寄來的定期發行刊物。十二月十七日，閱讀《週刊讀賣》的戶梶，發現自己過去的長官，同時也是鄰居，甚至還曾幫忙自己說媒的藤原岩市，加入了自衛隊。藤原岩市是日軍進攻東南亞的時候，在操作輿論等各方面立下眾多功績的情報機關「F機關」的領導者。

看見藤原復歸，戶梶不禁這樣寫著：「得知許多熟人都加入了自衛隊，自己心中不免感到一抹孤寂。」這就是對於軍隊的依戀與不捨吧！如此率直地吐露心情，確實很有戶梶的風格。

一九五六年（昭和三十一年／民國四十五年）

戶梶準備迎接來到台灣的第六個新年。他為自己列舉出的年度目標，是研究「歐洲大戰概史」、「韓國戰史」，以及學習中文會話能力。

三月十二日，戶梶擔任為蔣介石上課的講師，題目是「有關滑鐵盧戰役」。戶梶在日記上寫著：「今天的上課還算馬馬虎虎過得去，只是，要怎麼描述沒落時的拿破崙，實在是有點微妙的難題。」他所指的當然是，要如何避免逃難到台灣，不能不說是「沒落」的蔣介石，聽到這段時可能產生的反應。

進入在台灣活動的第六年，不管是誰難免都會開始想東想西。在這段期間，白團的活動幾乎已經成了例行公事，雖然往好處說算是「上了軌道」，但是和當初的目的——反攻大陸，也是明顯地愈來愈遠了。另一方面，蔣介石的國民黨為了鞏固以大陸出身的「外省人」為骨幹的國軍士氣，仍然無法輕易放下「反攻大陸」這面旗幟。正因如此，蔣介石的孤立態勢愈發明顯，而這股危機感似乎也在白團內部跟著蔓延開來。

四月的某一天，戶梶在日記上寫下了一篇名為「關於台灣勤務之所見」的長文，表達自己心中的見解。他在文章裡說：「儘管不論在薪資或是在工作量上，我們的待遇幾乎都是最好的」，可是「對現在職業的不安感」，以及「焦慮難安的氛圍」，卻仍然存在整個團隊當中。為何會這樣？戶梶針對這方面的原因，做出了以下分析：

> 由於世界的輿論普遍都認為，蔣介石是個「麻煩製造者」，因此我們不免常常會產生疑慮，心想自己是不是「世界和平的敵人」？
>
> 隨著時間經過，日本國內也漸趨安定，過去的朋友們，或多或少都站穩了自己的腳步，進入自衛隊的人，他們的地位也逐漸攀升。那麼，反過來捫心自問，自己又是如何呢？乘坐的這艘船（筆者註：指台灣政府）究竟何時會沉沒，誰也說不準。
>
> 在這邊再工作十年的話，能夠存下多少錢呢？七十萬×十年＝七百萬圓，若是不考慮日圓幣值的變化，或許一生都不用為吃穿發愁了。只是，對於十年之後的未來，我又該從何預料

起呢？毛澤東還會再忍耐十年嗎？蔣介石還會再活十年嗎？比起上面這些，我自己所擁有的陳舊軍事知識，再過十年還能派得上用場嗎？我不禁這樣反覆思索著。說真的，我不就是明明已經到了縱使被炒魷魚也不奇怪的階段，卻還仰仗著過往累積下來的資歷，勉勉強強地賴在原位上吃俸祿而已嗎？

戶梶在字裡行間不斷寫下諸如此類形形色色的感觸。過去在日本關於白團的著作中，也不乏當事人基於本身經驗所提供的資料；只是，那些都是「可以對外發表」的內容，換言之就是經過「過濾」的資訊，至於活生生、有血有肉的部分，則幾乎都被省略了。

在這些過濾過的內容當中，不只是對於蔣介石的疑慮與批判，只憑藉「報答蔣介石的恩義」這句金科玉律，就全都煙消雲散，就連身為人理所當然會煩惱的金錢問題，在「志願前往台灣協助」的美談之前，也都變得好像從來不曾存在一般。

就在一片煩惱之中，戶梶用這樣的方式，為眼前的情況做出了結論：

自己現在或許可以說是在累積身為軍事教育者的實力，同時也是在為自己將來返回日本、擔任軍事評論家打下基礎吧。要是這些路走不通的話，那就去做農夫，或者經營租賃業，總之一定會有別條路可走，不是嗎？既然如此，那又何必再為這些無聊的懷疑大傷腦筋呢。

讀到這裡，我不禁覺得，這才是一個有血有肉的人說出的話語。人，不可能只為理想與理念而活；然而，從以前到現在關於白團的記述中，對於跟理想、理念可說是位於兩個世界的人生觀與生活觀，在我看來卻是全然付之闕如。正因如此，戶梶的話語對我而言，可說是填滿這失落一環的珍貴事物。

時序進入五月之後，戶梶的生活忽然陷入一片兵荒馬亂之中。這時候，蔣介石傳來指示，要針對反攻大陸的作戰計畫「光計畫」，作最後的定案。

在五月二十一日的日記裡，戶梶這樣寫著：

> 明天就要開始著手進行光計畫的修正案了。明年六月就要聚集兵力展開反攻，以此為前提搞出來的反攻計畫，到最後究竟會變成怎麼一副模樣？這實在是個難以回答的問題。和光計畫立案當時相比，現況可說是愈發艱困了。

接下來的一段時間裡，根據戶梶的記錄，白團連日都在針對光計畫進行反覆審議。時序進入七月之後，白團內部也開始檢討在廣東沿岸的汕頭登陸的可行性。關於這方面的結論，戶梶在七月二十五日的日記裡寫著：

> 早上九點開始作戰研究。正如昨天所做的判斷，大家共同得出一個結論，那就是眼下暫時

不宜在這方面進行作戰。又，由雷先生（山口盛義）所寫、作為附錄的〈關於空軍消耗戰的對策〉，在我看來若要作為向總統提出的報告，還顯得太過粗糙，因此我請他再重新整理一遍。

反攻大陸計畫的難以制定，從這篇日記中可見一斑。

關於這項汕頭登陸計畫，糸賀在生前的訪談中曾經這樣說過：「問題在於台灣海峽太過寬廣，使得補給變得相當困難。為此，我們打算以澎湖列島為『跳板』，透過『台灣本島—澎湖—汕頭』這樣的路線往返輸送戰力。」蔣介石賴以阻擋共產黨的台灣海峽，如今卻變成了反攻大陸難以跨越的阻礙。

將近年末之際，簡直就像工會運動一樣，白團每年都會和台灣方面針對調薪問題進行集體談判。十一月二十八日，白團長、帥副團長、戶梶等人，和擔任白團的教育機關「實踐學社」副教育長的張柏亭會談；這次會談的話題焦點，主要集中於成員在台灣本地的薪俸額度上。

當白團提出將成員的薪俸由現行的七十美金，調升到一百美金的要求時，根據戶梶的說法：「張柏亭的臉上當場露出了極端困難的神色。」

不過就在一星期後，台灣方面便決定，將成員的薪水調為一百美金；在這一天的日記裡，戶梶相當滿意地寫著：「『想得艱難，做得容易』，這句俗話還真有道理哪！」

這一年的年底，戶梶的家人初次造訪台灣。這時戶梶的心境全都寫在日記中：

妻子來台，昨晚輾轉難眠。前往松山迎接。（一九五六年十二月二十六日）

遊覽台北市街、看電影、宴會、觀賞冰上歌舞秀。（一九五六年十二月二十七日）

一家人聚在一起吃飯，對我來說已經是很久以前的事情了。我在台灣已經生活了五年，現在邁入第六年。從什麼時候開始，我就不曾跟家人一起吃飯了呢？讓我想想，大概是從兩、三年前開始就這樣了吧？（一九五六年十二月二十九日）

睽違七年的一家團聚共賀新年。七點起床，喝元旦的賀年春酒。（一九五七年一月一日）

白團成員作為活生生的人，在台灣生活的同時也思念著家人，也會想著自己的將來，這些事情都透過戶梶的日記，清晰地傳達出來。

就在同一時間，儘管軍事上的情勢依然艱困，但台灣的民生已經持續邁向安定。國民政府在經濟政策上抑制了通貨膨脹，透過土地改革也讓農業重新煥發活力；曾經是一大問題的公務員腐敗風氣，在經過嚴厲取締後也立竿見影，有了極大改善。這是台灣從日治時代轉移到中華民國的過渡期告一段落的時刻。

一九五七年（昭和三十二年／民國四十六年）

一月十日，蔣介石和白團成員進行餐敘。出席的人員除了蔣介石以外，還包括了他的兒子蔣緯國，以及海軍和空軍司令。在這場餐敘中，蔣介石發表了以下的談話：

一、將提升（白團）教官在國軍當中的地位。
二、本年度的成功教育，將作為未來的基準。
三、自下一年度起，外籍（白團）教官將不只教授軍事技術，關於身為武人的品性問題，也都要仰賴教官們進行指導。

據戶梶的記載，對於這三點講話，白團的成員都暗自臆測說，蔣介石之所以對他們提出如此嚴格的要求，其實是針對他們爭取調薪的這件事情，隱隱表達批判之意。從當時的情況來看，若是要在台灣從事教育等各方面的業務，那麼白團的成員至少需要三十人才足夠；可是，正如戶梶所預想的，一旦他們被視為已經達成了某種階段性的任務，那麼再下來就一定會傳出縮減人員的風聲，而這樣的風聲也確實傳到了戶梶的耳中。

在一月二十八日的日記裡，戶梶這麼寫著：

吳先生前來，和包先生談及「明年度確實要朝向人員縮減的方向去做」，不曉得團長白先生是否已經知道這件事了？

歸國和留下的人員變得涇渭分明，內部的氣氛也變得極端凝重，這在過去已經有實例可以證明了。

二月六日，蔣介石再度召集白團人員餐敘。「蔣介石穿著一身黑色的長袍馬褂，但是感覺起來似乎比以前蒼老了一些」，這是戶梶的感覺。

也就在餐敘的席間，糸賀將國軍在作戰準備方面的不足之處告訴了蔣介石，但蔣介石只是表示：「若是實行反攻大陸計畫的話，不管在政治、社會、國民心理等各方面，我都有自信一定能夠勝過共匪。」當天，戶梶在日記上這樣寫著：「雖然我不清楚這種自信的根據究竟從何而來，但不管怎麼說，有自信總是相當重要的。」

身為參謀的戶梶，也要帶著台灣軍官，進行「戰地地形偵察」的實地教學。二月二十六日，「早上下著小雨，不過台灣的二月本來好天氣就不多。」他在台灣北部的板橋、鶯歌、桃園、新竹等地四處奔波。「雖然這種綿綿細雨不會對展開地圖產生什麼妨礙，只是這冷得要命的天候，讓我實在受不了。」他在日記上這樣抱怨著。

十一月二日，白團舉辦了「創立八週年紀念麻將大會」。比賽的方式按照「中式規則」，戶梶獲得了滿貫賞與二等賞，獎品是台灣方面贈送的一支派克鋼筆。

一九五八年（昭和三十三年／民國四十七年）

既然白團是一群正常人的集合體，那麼在團員之間就免不了會產生對立與摩擦。成員中的要角范健（本鄉健）發表了這樣的言論：「我不想再參與白團的任何工作，也要斷絕和成員之間的一切往來，全體會議我也不會出席了！」聽聞此事的戶梶，在日記上寫著：「我想，大概是因為（本鄉）八年來與富田團長之間的鬱積與孤獨感，讓他變得頗為神經質，所以狀況才會變得如此一發不可收拾吧！本鄉在學習上很熱忱，對戰史方面的鑽研也相當認真，但並不是每個人都能像他這樣的。我想應該是自己一人努力苦讀產生的自負心，讓他做出這種發言的吧！」

這一年，又發生了另一件動搖白團的「事件」。孫明，也就是村中德一，駕車撞上了一輛為了修理輪胎漏氣而停在路肩的車子，結果導致一名男性軍人死亡；更糟糕的是，村中當時還是酒醉駕駛。就在事故發生幾天後的四月二十九日，白團召開緊急總會，做出由白團支付賠償金並負起相關照料之責，教官暫時停止單獨駕車等決議。

在五月一日再度召開的緊急總會中，白團再次做出了以下處置：對村中處以禁閉處分；在白團內部籌募賠償慰問金，目標是達到金額八萬圓；透過其他管道，以白團名義向受害者的雙親致歉，並致贈撫恤金。

這一連串敏捷的行動，讓人深切感覺到他們身為軍人的團結力。以組織名義進行的謝罪與賠償，跟針對個人的處罰之間，劃分得相當明確清晰。儘管多少帶點保護組織的意味，但是白團的存在對這次車禍事件的妥善處理，毫無疑問有著不可抹殺的貢獻。

村中在五月二十七日遭到軍法會議傳喚，並接受了檢察官的偵訊；可是，關於此事後來的處置，戶梶在日記中就沒有再提及了。看起來，村中似乎完全沒有受到羈押之類的刑事處分，或許這是受到白團的特權地位影響所致。

這年夏天，就在戶梶踏上一年一度的歸國旅行之際，中國發動了對金門島的猛烈砲擊。這次金門砲擊（八二三砲戰）又被稱為「第二次台海危機」，自八月二十三日至十月五日，中國從大陸方面對金門島猶如暴雨般不斷傾瀉砲彈。中國的砲擊造成了五百人死亡，而另一方面，在以封鎖金門海域為目標的一連串海戰中，台灣方面則是給予中國相當大的打擊。

在八月二十五日的日記裡，戶梶寫道：「中共對金門的砲擊，依然持續中。」第二天，也就是八月二十六日，他又寫著：「報紙的半版，幾乎都被金門砲擊的新聞給占滿了。」不過，從戶梶對這次砲戰所做的分析，比方說「中共並無侵攻台灣的意圖」、「他們的目標是截斷對金門的輸送」、「毫無疑問，這是中國為了提升自身在國際間的政治地位，而實施的一場攻擊」等，可以清楚看出，他的的確確看穿了這次攻擊的本質。

十二月二十七日，訓練班舉行結業典禮，蔣介石在典禮上做了一番訓示。據戶梶所述，蔣介石的訓示包括以下幾點：「培養軍事常識」、「致力精神鍛鍊」、「石牌（實踐學社）是學習精神修養與統帥學的所在」、「戰史可以提供我們成功失敗的殷鑑」。

另一方面，雖然金門的戰鬥在十月就已告一段落，但蔣介石在與白團餐敘的席間，仍然不斷表示「正是因為有石牌出身的學生們勇敢戰鬥，金門戰役才能夠取得勝利」、「（戰地指揮官們）

除了師長之外，全員都是石牌出身」，毫不吝惜地讚美白團的功績。

一九五九年（昭和三十四年／民國四十八年）

在金門，雖然已經沒有像去年那樣密集的砲擊，不過中國方面還是持續著所謂「單打雙不打」（奇數日砲擊）、斷斷續續的怪異攻擊方式，而台灣方面似乎也把它當成是習以為常的事情承受下來；或許也只有持續交戰三十年的國共兩方，才會產生這種奇妙的默契。

就在這年年初，戶梶飛抵金門視察。二月一日到三日他都在金門島，四日則是前往小金門造訪，整趟行程為期約一週。

在二月一日的日記裡，結束金門視察的戶梶，寫下了一長串的感想：

一、匪軍（人民解放軍）登陸時，一般情況下的考量為何？海空軍必須考量的前提又是什麼？

二、是否已經事先準備好反擊展開陣地？

三、陣地的部署位置會不會太過偏高？

四、反擊方向是否有所侷限——我指的是就側面攻擊的形式而言？

除此之外，因為這天是二月一日，也就是奇數日，所以也是共軍砲擊的日子。

到二十時四十分為止，一直有著斷斷續續的砲聲。廣播表示，這是金門遭共軍砲擊，以及國軍對廈門展開的反砲擊；而廣播結束之後，砲擊似乎也漸漸趨於平息。看樣子，對方似乎也很遵守承諾，在偶數日都不開砲。

我現在覺得，能來金門真是太好了；對於自己迄今為止居然都沒來過這裡，我不由得感到很奇怪。

戶梶第二天的視察行程，是透過望遠鏡眺望對岸的廈門。戶梶在日記上這樣寫著：「感慨很深。我想，當那些來自大陸的人們翹首遠望時，感慨一定更深吧！」

可以確實感受到那種中國大陸彷彿伸手可及、卻又觸摸不到的感覺，這樣的地方就是金門了。

二月四日，戶梶前往小金門島視察。在那裡迎接他的，是後來擔任參謀總長，並在李登輝總統時代出任行政院長的陸軍第九師師長郝柏村將軍。聽取郝柏村關於防衛作戰的報告後，戶梶留下了這樣的感想：「郝師長的思考方向相當明確，而且值得信賴。擔任孤島的獨立司令官，他可說是最適合不過了。」

二月五日，台灣與日本兩方面的人員，一同舉行了兵棋演習。關於這張模擬人民解放軍攻擊的地圖，戶梶在日記上也有記載。根據日記所述，日本方面提出了這樣的建言：「應當強化中央的防守，將登陸作戰限制在東西兩正面。」「應當如何指揮第二、第三波的反擊？」

二月二十一日，土居昭夫與服部卓四郎造訪台灣。坐擁舊陸軍的參謀人脈，與戰後日本情報機關關係密切的這兩人，和白團之間也有聯繫。雖然這點在前面的章節已有詳細提及，不過這兩人訪問台灣、並對台灣軍人演講的事情，也被記錄在這本日記裡。根據戶梶的記錄，兩人和白團成員進行了懇談，並且提出了以下的觀點：

- 金門是切斷「兩個中國運動」的關鍵楔子，因此成功防衛金門的意義，絕對不僅僅是用「勝利」兩個字能形容的。（土居）
- 戰術核兵器（核彈）的使用，在現在的西歐已經是一般常識。（服部）
- 不只是需要反共口號，具體的對中共政策也是必要的。（土居）
- 日本自衛隊裡面的門外漢太多，感覺起來似乎派不上用場。（服部）

這一天，蔣介石在總統官邸召見土居和服部，並和他們共進晚餐。同席的戶梶對於當天的情景，在日記上這樣描寫：「土居氏就維護天皇制和讓日人平安返國等事項，向（蔣介石）致上隆重的謝詞。」「土居氏相當熱切地，連連敬稱『大總統閣下』、『大總統閣下』。」當時的蔣介石，想必是龍心大悅地傾聽著土居的讚詞。

這時在中國，由於大躍進政策的失敗，造成大量人民餓死，而毛澤東的權威也呈現出明顯動搖的跡象。不只如此，原本應當是中國兄弟之邦的蘇聯，此時與中國之間的對立也開始清晰浮上枱面。蔣介石認為這是反攻大陸的大好時機，於是要求針對反攻計畫的實施認真檢討。在白團與國軍協力之下，最後一共完成了幾十種計畫，但是美國對此仍然感到相當不悅。一九五九年十月，蔣介石與美國國務卿杜勒斯發表共同聲明，宣誓美國將保障金門的安全，然而，這份宣言所代表的另一層意義，其實就是宣告以武力反攻大陸這條路，實質上已經遭到捨棄。

解散的預感

一九六〇年（昭和三十五年／民國四十九年）

戶梶是屬於那種在金錢方面相當精打細算的類型。他在日記裡面經常會寫下收支方面的計算，同時也會把薪資條貼在日記上。

根據這一年三月的〈鍾大鈞教官・俸給計算書〉，台灣方面每月以台幣支付給戶梶的薪金，其金額大致如下：

俸給	二百八十五
加給	二百

特支費	八百五十
香煙費	三百四十四
酒費	六十一
日用品費	三十
副食費	六百五十一
研究費	一千五百
襯衣費	八十三
代行庶務費	七十

「俸給」是基本薪資，「加給」是職務津貼，「特支費」指的是特別費用，「香煙費」指的是買菸錢，而「酒費」自然就是酒錢；這些林林總總的項目，看起來相當有意思。

這樣計算起來，戶梶這個月的薪水達到了台幣四千元。一九六〇年代的台灣跟日本一樣，幣值是綁定美金的，當時的一美元可以兌換四十塊新台幣。四千塊台幣換算成日圓，大約就相當於三萬六千圓；當時大學新鮮人的薪資，平均約為一萬五千圓。除此之外，白團成員在日本的家人還可以得到相當豐厚的安家費，因此他們在生活用度方面，感覺起來應該是相當充裕。

雖然在成員當中似乎也有揮金如土的人，不過戶梶卻是個儉約家，他勤勤儉儉努力存錢的這一面，也可以從日記中窺見一斑。

這一年前半，戶梶等人都埋首於擬定反攻大陸作戰的重要文件〈反攻作戰指導要領〉。三月七日，這份指導要領的日文版發到了白團成員手上。

在討論過程中，海軍出身的屠航遠（土肥一夫），堅持一定要做海軍戰力分析。關於這點，戶梶有著以下的感想：

任何一個反攻的計畫，只要牽涉到海軍就會變得不可能成立，這是再明顯不過的；而就白團團長以下教官的認知，既然這份作戰計畫根本毫無意義，那他們自然也不想再多費心思重做一次，這點大家也都心知肚明。不過，我們還是得對屠氏的努力研究，以及平時的勤勉用功表示敬意才是。

在這個時候，雖然反攻大陸的可能性已經相當渺茫，不過做出一些空洞的反攻計畫呈報給蔣介石，似乎已經變成了一種普遍的風潮。

一九六一年（昭和三十六年／民國五十年）

戶梶這一年所設定的目標，是「讓自己的中文能力更加精進」。

一月二十四日，戶梶頭一次用中文書寫日記。雖然嚴格說起來，他所使用的還不能算是很純粹的中文，不過，大概是因為當時的日本人在漢學方面的教養比我們更加深厚之故，因此要掌握住以純漢字寫作文章的要領，似乎也沒想像中困難；用中文寫作，自然也是同樣的道理。他的中文日記寫作一直持續到三月十二日，爾後又回復到日文寫作，不過仍然斷斷續續地有使用中文撰寫日記。

「白團整理問題」。在五月二十二日以此為題的日記中，戶梶用中文這樣寫著：

> 四谷先生（筆者註：岡村寧次）將要前來台灣，大概是要與中國方面商議些什麼吧？最近，通譯官的態度變得愈來愈傲慢，也有人說「明年，石牌（實踐學社）應該會有重大變化吧！」綜合以上的狀況，我幾乎可以斷定，明年白團將會產生重大的變化。

岡村寧次與心腹小笠原清聯袂造訪白團，是在這年的六月十八日。「十一時與四谷先生懇談。先生明明已經年屆七十八歲，但外表卻像是六十許人；他的氣色相當好，精神抖擻。」只是，在這次會面中，雙方並沒有特別討論到白團的存續問題。

岡村寧次於六月二十一日在草山行館與蔣介石會面。關於會面的內容，小笠原清在六月二十四日，向白團成員做了報告：

> 在總統與四谷先生的會談中，四谷先生向總統提出了四項要求。對於這些要求，總統並沒有特別答覆，只是表示：「一切都交由彭校長處理，希望您能和他進行商談。」

根據日記所述，緊接著這次報告之後，彭孟緝與岡村寧次在當天以及次日，進行了持續兩天的會談。對此，戶梶在日記上寫著：「白團的前途，或許就在這場會談中決定了。」

不過，會談的第二天，岡村向全體成員報告的是：「除了東京留守部隊人員減半、台灣方面一位團員返國之外，其他沒有任何變更。」聽到這句話，戶梶才總算放下了心中的一塊大石。順道一提，岡村也曾趁著這次訪台之際，飛抵金門最前線視察。

年底歸國的唯一一位成員，之後證實是「屠航遠」，也就是土肥一夫。七月二日，戶梶對這件事情，發出了以下的感歎：

（屠先生）原本是位優秀的人才，可是他對中方的要求未免太過苛刻，同時也欠缺該有的禮貌；先前他和張副主任情緒性的對立，恐怕是他卸任歸國的主要原因。

八月上旬，戶梶第二次前往金門視察。經過數日的前線訪查，戶梶做出了這樣的評價：和兩年前第一次視察相比，金門的防備「在兵力上有所減少，但裝備則有所改善。比起兩年前，在很多方面都有了進步」。

或許是因為旅途勞累的緣故吧，戶梶回來之後就因為罹患盲腸炎而入院，在八月十日接受了手術。他在日記上這樣寫著：「麻醉很有效果，一點都不痛。」他大概住院了十天左右。

一九六二年（昭和三十七年／民國五十一年）

這一年，在戶梶的日記裡面，關於麻將、高爾夫和圍棋的記述，顯得相當搶眼。當然，他還是記載了身為白團教官的活動，可是其他三分之二的篇幅，幾乎都被這些娛樂活動給填滿了。戶梶幾乎每天都和團長白鴻亮（富田直亮）下圍棋，然後把戰績記錄在日記上。在工作時間來看，比起一般全天工作的教官，他們更像是那種做半天、休半天，兼差打工的人員。

白團在工作上的「鬆弛」與欠缺緊張感，隨著時間一年一年過去，似乎變得益形顯著。這時候，兩岸訴諸武力解決的可能性漸行漸遠，雙方關係也趨於固定化；另一方面，白團的教育也上了軌道，日常作業幾乎成了例行公事。或許正因如此，所以戶梶才會找不出什麼工作上值得大書特書的新鮮事，足以讓他寫在日記上。

只是，在這一年年底的「司令部演習」展開之際，戶梶卻對白團內部的前海軍人員破口大罵。白團內部占多數的陸軍出身者與少數派的海軍出身者，在情感上一向公認是相互對立的。儘管陸海軍因為氣質差異等因素而導致關係惡劣，幾乎是世界共通的情況，然而，白團的成員明明都已經卸下了軍人的身分，卻還是難以和睦共處。公認律己和律人都甚嚴的戶梶，在日記裡也經常對周遭同僚做出毫不留情的批判。

在十二月四日的日記裡，戶梶針對白團的副團長、海軍出身的帥本源（山本親雄），做出了這樣的分析：

帥先生由於沒能獲得海軍教官的適當協助，因此不只演習的裁定整整多拖了一天，還在各方面引起紛爭。海軍教官之所以沒能提供該有的協助，其理由包括他們的準備不夠充足、帥先生已經喪失了權威，以及中國教官與研究員不服從等等。

這年年底的十二月二十七日，白團舉行了年終聯歡晚會；在這場晚會後，戶梶用極盡挖苦的語氣，記下了自己對於原本就相處不睦的本鄉健的不滿，以及當天晚上本鄉健大鬧宴會的舉動：

原本宴會的氣氛還算是相對平穩，然而過了一段時間之後，本鄉氏突然變得像隻刺蝟一樣，不管對誰都相當無禮地大肆批評。他甚至還用力揪住我的頭髮，對我謾罵個沒完，而且罵的內容還非常低級。當他要繼續去糾纏富田團長的時候，富田團長當場勃然大怒。一時之間女侍全都逃之夭夭，眼見兩個人就要對幹起來，結果我們花了九牛二虎之力，才勉強把這場紛爭平息下來。

在這一年的日記末尾，戶梶用這樣的筆觸，寫下了對過去一年的回顧：

五大新聞：達哉誕生、豐子開店、洋子就讀中學、幸子二段（筆者註：吟詩）、打倒白鴻亮的目標達成（筆者註：圍棋）。

白團當中，雷氏退職，屠氏退職。[3]

個人進步的主要領域是在圍棋，至於語言以及其他方面的努力則仍有所不足。長孫誕生了、豐子開了店、洋子進了學校，孩子們都順順利利地成長了呢。中共仍舊處於世界孤兒的立場，但是在某種程度上，我感覺我方的地位，也正在遭受各國重新檢視之中。總統日益衰老，讓人感到孤寂不已。

一九六三年（昭和三十八年／民國五十二年）

新年伊始，戶梶便動身前往馬祖視察。馬祖是和金門並列，同為台灣實質支配領域中最接近中國大陸沿岸的島嶼群；它是由南竿島、北竿島等諸多島嶼所構成，當地駐軍的數目比居民還要多，軍事要塞化的程度也比金門來得更高。

戶梶在這年的一月九日動身前往馬祖。由於天候非常惡劣，因此飛機一路搖晃得相當厲害，戶梶在日記上寫著：「暈機暈到吐了。」視察從十日正式開始。身為作戰參謀，地形分析是不可或缺的勘察重點；在提到高登島時，戶梶一面這樣寫著：「高登島雖然僅占（馬祖列島全部）面積的十分之七[4]，但是海岸線相當的險峻，登陸可能的地點如下所示……」一面在日記上描繪出島的地圖，然後再畫下代表登陸方向的箭頭。接著他又繼續寫到：「（守軍）用以對抗登陸的配備相當充裕，只是對於如何因應曲射武器的射擊，就明顯研究得不夠徹底了。」

這天晚上，戶梶接受了當地「政治部主任」的款待：

> 桌上的菜餚都是取自馬祖當地，每一道菜都相當美味；特別是一開始端出來的螃蟹，更是美味至極。我們也一同觀賞了電影，但是空氣實在太冷。馬祖一共有兩萬官兵駐守，居民約為一萬兩千人。

第二天，也就是一月十一日，戶梶前往馬祖最南端，人稱「白犬」的島嶼視察。當他和駐守當地的劉指揮官交換意見的時候，劉指揮官提到：「民國三十九年我在土城受訓的時候，曾經聽過富田直亮團長的武士道課程。」不只如此，負責指揮當地砲兵的張指揮官，也用相當念舊的語氣說：「我也有在白團受訓的經驗。」看見學生們在最前線勤奮努力的模樣，身為白團一員的戶梶，喜悅之情明顯躍然紙上。

關於這趟馬祖視察之行，戶梶在同一天的日記上寫下了這樣的結論：「雖然向總統報告的任務是由富田團長擔綱，不過我這邊實際看來，除了對曲射火器的應對之外，沒有什麼可以指出的缺失了。」

---

3 譯註：兩人皆屬前海軍成員。

4 編按：此處照錄戶樞日記原文，實際應為約百分之七。

從這年起，戶梶開始擔任由白團主持，稱為「高級班」的幹部級軍官培訓課程教官，每期授課時間為三個月；關於授課內容等相關規畫，富田團長完全託付給戶梶去安排。在第一期班畢業的七月十九日，蔣介石舉辦了一場宴會。

根據日記所述，蔣介石相當熱心地向這些包括中將、上將在內的畢業生，詢問他們在這三個月內學習的感想，這讓戶梶不禁大為驚訝，感覺蔣介石「簡直就像把將官們當成自己的孩子一般噓寒問暖」。

戶梶相當愛喝酒，幾乎到了每天不喝酒就會全身發癢的程度；在他的日記裡，也常常寫著有關飲酒的事。他不只愛喝酒，酒量也可以稱得上是海量；只是，他也經常因為喝酒而招致慘痛的事故。

十月二十九日，戶梶到原本就相處不甚和睦的本鄉健家裡作客；晚上六點剛過，兩人就開始一杯接一杯地喝了起來。

> 我們聊得很愉快，先乾了兩瓶紹興酒、一瓶威士忌，接著又拿出日本酒繼續喝。

晚上八點，原本要接戶梶的車來了，可是因為本鄉的心情太好，所以又拉著戶梶繼續喝下去。從這時候開始，氣氛漸漸地變得不對勁起來；到了晚上十點左右，戶梶和本鄉便為了些許細故而爆發爭執。

我對本鄉施暴，結果引來了警察。看樣子，我們似乎格鬥了相當長的一段時間。對方明明是一片好意，結果我卻因為貪杯而喪失了理性，真是不知道該如何表達我心中的歉意才好。

本鄉的年紀已經相當大了，而且又有病在身；儘管本鄉毫無疑問一定也有對戶梶說了些什麼難聽的話，但第二天，深刻反省過的戶梶還是寫了封信向本鄉坦然致歉，而本鄉也當下便接受了他的道歉。

只是，既然事情已經鬧到警方那裡，那就沒有這麼輕易能夠善了；為此，富田團長只好親自出馬，向台灣方面道歉。

針對這次的騷亂，台灣方面向白團傳達了以下意見：

一、在日中（筆者註：日台）關係處於不睦的此刻，石牌（筆者註：實踐學社）方面理應注意，莫再做出導致形象惡化的舉動。

二、身為擔負高級軍官教育重責大任的人員，希望能夠潔身自重。

三、關於此次事件，以不繼續擴大為原則。

第一點所提到的「日中關係不睦」，毫無疑問指的是正好在這個月初，也就是十月七日在日本發生的「周鴻慶事件」。這起事件的起因，是一名中國訪日代表團的成員周鴻慶趁訪問之際逃離了代表團，並且有意投奔台灣；此事引發了日中台之間的外交問題，由於日本方面並不認可周鴻慶投奔台灣的意願，因此台灣方面對日本政府爆發強烈的不滿，甚至還對白團成員下達禁止外出命令，時間長達好幾天之久。從這層意義上來看，戶梶發生鬥毆事件的時機，可說是再糟糕不過了。

於是，富田對戶梶下達指示，要他向東京的岡村寧次提出辭職請求。只是，在此同時，富田又對戶梶說：「就我本人而言，應該會做出不同的裁決吧。」以此暗示戶梶，萬一真的無法轉圜，他也會出面慰留。或許是因為戶梶不只是富田的棋友，更是最值得信賴的部下，所以他才做出這麼溫和的處置吧！

十一月五日，戶梶寫了一封以「靜候四谷閣下（筆者註：岡村寧次）處置」為題的信給岡村，在信中他這樣說著：「其他　切雜亂的事情，請容我在此省略，然而，我仍然必須在此，為自己在醉酒失態下對年長同僚施予暴力、造成對方負傷，並因此使得全團顏面受損一事，致上最深的歉意。我願意承擔所有責任，並在此謹候尊命，一切但憑四谷閣下處置。」

對戶梶的這封請辭信，岡村在十一月十八日做出了答覆。

岡村退回了戶梶的辭職信，並且指示他說：「在自我約束的前提下，繼續執行你的勤務。」根據戶梶的日記所述，這封回信的內容是這樣的：「東京來信。信中說：你遠離祖國已經長達十年之久，每天都置身於忙碌不堪的勤務當中，在這種情況下，偶爾豪飲是可以諒解的，只是喝醉酒之後胡作非為，這樣就不好了。你應該把喝酒當成一種閒暇時間的餘興才對，希望這次事件後，你能記取教訓、嚴格自律。同時，你也要對本鄉氏以及其他人保持應有的禮數，不要在心中暗自懷恨。」

「真是封了不起的回信。對於如此寬大的處置，我實在感激不盡。」戶梶在日記上這樣記載著。最後，照著岡村的指示，戶梶將那些照顧自己的人，以及因為自己而添了不少麻煩的人全都邀請過來，一同開了一場宴會，整起事件也就到此煙消雲散了。在這之後，據說戶梶便相當小心控制自己的酒量，不讓自己濫飲過度。

這一年年底的十二月八日，戶梶回憶起「二十二年前太平洋戰爭開戰的那一天」，他在日記上是這樣寫的：

當我在澀谷地鐵月台上，聽小林友一說：「終究還是走到這一步了哪……」我才頭一次得知已經開戰的事實。那天中午十二點，我在陸大餐廳裡透過收音機聽到開戰的詔敕，以及東條總理的演說，那時候的澎湃心情，以及全身激顫不已的感受，直到現在都還記憶猶新。

就在這個時候，改變白團以及戶梶命運的重大變化，也開始浮出水面。關於白團存廢的問題，正式成為檯面上的討論議題，而白團也在兩年後的一九六四年底，走上了事實上等於解散的結局。

根據戶梶的日記記載，十二月五日，蔣介石的次子蔣緯國前來拜會富田直亮團長。據他所言，關於今後白團存續等諸多問題：「父親表示，希望能和白先生（富田）當面商談一下。」

富田於十二月七日在台北市的士林官邸和蔣介石見面。蔣介石在會面中表示，由於幹部教育已經達到一定的目的，再加上時局的考量（亦即反攻大陸的目標已無法達成），因此轉換教育的形式是有必要的；而他也向富田表示，當時仍有為數將近二十人的白團，按照計畫將會削減到現有人數的一半以下。另一方面，蔣介石也對富田說：「要統率白團是件相當困難的事，因此我希望你能趁著這次削減的機會，好好把和自己同心協力的人員保留下來。」蔣介石所說的「統率白團很困難」，據富田解釋，就是指「我自己並沒有賞罰的權限，而和國軍簽訂的契約，也是個人而非團體契約」。

白團內部人際關係之複雜，在戶梶的日記中也反覆有所記載。戶梶和富田相當親近，算是富田團長心腹中的心腹，可是富田和資深幹部本鄉健之間的心結，幾乎已經到了互不交談的地步，而團內也分裂成富田派、本鄉派以及中立派；不管是吃飯或是宴會，乃至於和台灣方面的交流，各派閥之間全都是涇渭分明。

富田希望能夠將戶梶挽留下來，不過戶梶對此卻顯得有點冷淡。據他在日記中所述，這時候的他，其實正在靜候一個適當的歸國機會：

白團的工作還能持續到什麼時候，這是一個大問題。我把蔣介石總統的退職當成是最後的時限，暗自觀察。可是，因為這是禁忌的話題，所以我從來沒對任何人提起過。只是，在掌握主導權的情況下，選擇適當的退場時間，這應該也是指揮官該盡的責任才對。

十二月二十八日，在聯合戰術班的畢業典禮過後，白團和參與訓練的軍官們一起吃火鍋；這時，現身席間的蔣介石忽然說出了這樣一番話，讓在座的戶梶等白團成員全都大吃一驚：

隨著國軍教育組織的完備，石牌（實踐學社）的教育和這套體系之間，產生了種種的矛盾與摩擦。因此，聯合戰術班將在第十二期告一段落；自明年起，石牌將改制為高級軍官的研究機關。外籍教官在國家艱難的時代，對我國的教育做出了極大的貢獻……

簡單說，蔣介石的意思就是，白團在台灣的任務已經結束了。

一九六四年（昭和三十九年／民國五十三年）

一月十一日，蔣介石正式向富田直亮表示，要在這年年底之前完全解除白團的契約。據戶梶日記所述，接獲蔣介石的通知後，富田立刻召開緊急會議，向全體成員說明了以下的內容：

到今年年底為止，中國政府要完全解除和外籍教官之間的契約。若是在本地的公務已經終了者，可以陸續返國；獎金等相關事宜，可以和富田團長協議。如果本人還有意願繼續為中國政府效力的話，中國方面表示，依照需要協助的情況，可以重訂五到六個月的契約。

「真的年底就要解散嗎？」「最後有誰會留下來？」在富田團長發表之後，白團內部便充滿了這種互相猜忌、疑神疑鬼的氛圍。至於戶梶自己，因為以前曾經犯下過施暴案件，所以他對於留下並沒有期待，只是抱持著淡然的心境處之。

「坦白說，今後再繼續留在中國（筆者註：台灣），對我的一生不會再有加分了。現在回想起來，我這一生最重要的壯年期，全都埋沒在這塊土地上了。就算再留下來，一、兩年之後也還是要面臨解散的命運；那，既然如此，還不如現在就歸去吧！」戶梶在九月四日的日記上，如此表達著自己的心境。

十一月七日，戶梶從富田團長那裡直接收到了非正式的歸國通知。留下來的成員，包括富田在內只剩五人，是當時白團成員人數的四分之一。戶梶並沒有包含在這五人名單之內。根據戶梶在日記中所述，富田告訴他，當時與富田關係一向不睦的本鄉曾經批評說：「你不把戶梶留下是個錯誤。」不過富田卻說：「如果大家事事都要反對團長的意見，那我身為團長的面子往哪擺？更何況一年之後，我自己也要跟著返國，如今他只不過是先回去而已，不是嗎？」最後，戶梶寫下了這樣一段話：「如此一來，一切就都塵埃落定了。只是，面對境遇如此的變化，我一想到回國之後的種種事情，就不由得感到心頭一陣沉重。」雖說對此早已有了覺悟，不過要離開持續了十年以上的生活，果然還是會讓人感到躊躇不前。

十一月十九日，舉行了兵棋演習的最終實戰推演。戶梶擔任裁判，對「藍」、「綠」兩軍的形勢做出判定。就在戶梶滿懷感慨地心想著「這大概是我在石牌最後一次的公開發言了吧」的時候，藍軍指揮官曹傑對於戶梶的判定表示有異議，結果被戶梶用怒氣滿滿的聲音吼了回去：「我剛才不是已經說過判定的理由了嗎！」

事後，戶梶在日記上這樣寫著：「到最後都還是在怒吼，我自己都不由得苦笑呢！」

戶梶等人歸國的時間定下來了，是年底的十二月七日，從那時候開始，他們便連日不斷流連於各式各樣的送別會當中；只是，由蔣介石主持的送別宴，時間卻遲遲沒有定下來，因此他們的歸國也跟著暫時延宕下來。直到十二月十三日，蔣介石終於在士林官邸，舉辦了白團成員的送別宴：

> 總統的態度，明顯流露出深深的惋惜與不捨。論起展現出的人格魅力，除了蔣總統以外，還有人能達到這樣的地步嗎？……隨後，在總統的提議下，我們一起拍攝了紀念照。如此一位波瀾萬丈的偉人，卻連光復大陸一角的希望都無法實現，便要歸於塵土，實在是千載恨事。只是，對於台灣人民而言，這其實或許是一種幸福也說不定。

戶梶在日記上這樣寫著。

十二月十六日，戶梶早上七點便起床，沒有梳理頭髮便出了門。九點十五分，他揮別了長期居住的北投溫泉宿舍，先到台北市內買完東西之後，便在松山機場搭乘十點四十分起飛的班機，朝羽田機場飛去。當他出發的時候，有許多台灣同僚都來送行。所謂旅途的終點，大概就是這樣一回事。當戶梶到達羽田機場的時候，他寫下了這樣一句話：「回來的速度太快了，一點真實感都沒有。」於是，就在這句說瀟灑也未免瀟灑過了頭的話語中，戶梶為他在台灣這些年所書寫的日記，畫下了一個句點。

第七章

祕密的軍事資料

國防大學內保存白團資料的書庫。（熊谷俊之拍攝）

東洋第一的軍事圖書館

前往國防大學

這裡是台灣北部的地方都市——桃園。天空中烏雲密布，陰鬱的感覺彷彿要讓人喘不過氣。在灰色雲層的縫隙間，不時可以看見朝著天空飛去的噴射機消失在雲端的景象。

從台北市驅車前往，車程大約一小時左右的桃園，是台灣的大門——「桃園國際機場」的所在地。大概十年前左右，這座機場還因為蔣介石的緣故，被稱為「中正國際機場」。「中正」是蔣介石的名，「介石」則是他的字；在日本一般都以「介石」稱呼他，但在台灣的官方文件上，則都是使用「中正」。

在台灣，對蔣介石有好感或是對他抱持一定尊敬的人，通常都會使用「蔣中正」或者「蔣公」之類的稱呼，而對蔣介石反感的人，則會傾向以「蔣介石」稱呼他。至於在中國大陸，稱呼「蔣中正」的人則是非常之少，基本上都是使用「蔣介石」。

一九九〇年代，搭乘從日本飛往台灣的飛機時，機內廣播都會傳出英語的「Chiang Kai-Shek International Airport」；「Chiang Kai-Shek」，也就是「蔣介石」三個字的英語發音。

按照標準中國話的拼音，「蔣介石」應該拼成「Jiang Jei-shi」才對。事實上「Chiang Kai-Shek」是粵語發音；據說，由於當時從事革命運動的人以孫文為首，有很多都是廣東人，因此在用英語向海外介紹的時候，才會使用「Chiang Kai-Shek」這種發音法。

從桃園機場出發的計程車行駛沒多久，便抵達了離桃園市中心有一段距離的國防大學大門口。

國防大學是台灣軍事教育的最高機構，也是陸海空軍菁英進修深造的教育場所。

門口警衛再三檢查了我的護照和名片。我下車後，警衛便指示我先在門邊的會客室暫候；過了大概三十分鐘，一位身穿軍服的女軍官出現在我面前。

「實在很抱歉，因為過去沒有媒體要求採訪那裡，所以準備上花了一點時間……」

擔任嚮導的女軍官急忙對我點頭致意。我跟在她的身後，穿過國防大學巨大的正門；沒過多久，在她的帶領下，我來到了國防大學附設圖書館。我們走進地下室，在一間沒有任何

國防大學校園。（作者拍攝）

銘牌標記的房間前停下了腳步。

因為這裡全都是日文資料，所以究竟要怎樣活用它，就連我們自己也不太清楚。也正因如此，裡面的資料，想來也是處於未經整理的狀態吧。雖然時間相當有限，不過還請您盡量自由閱覽；兩小時後，我會來這裡接您。

女軍官用標準軍人作風的俐落語氣傳達完相關事項後，便立刻離去了。她沒有在一旁監視，真是謝天謝地。

走進房間之後，出現在我眼前的是整整三排的書架，以及滑軌式的書庫。這些似乎沒有人碰觸過、長眠於此的資料，似乎是分成書籍和文件兩種形式保存下來。

極度值得誇耀的功績

在這間安靜的資料室裡，我想起了白團的幕後推手——在日本擔任「事務局長」一職的小笠原清的文章。

小笠原清在一九七一年的《文藝春秋》八月號上，就白團的真實情況，發表了一篇名為〈協助蔣介石的日本軍官團〉的手記。那時候，白團剛解散兩年多而已；這是關於白團這個團體的直接當事者首度公開發表的文章。

在這篇手記中，小笠原這樣寫著：

富士俱樂部自昭和二十八年起，一共存續了十年之久。在這十年間，我們總共運送了七千多冊軍事圖書，以及五千多份資料前往台灣，創造了東洋第一的軍事圖書館，我在私底下也為此感到滿足不已。

小笠原是侍奉白團的創設者岡村寧次，以「岡村大將的勤務兵」自居的男人。正因如此，他在《文藝春秋》上面寫的這篇白團實錄，也僅止於對基本事實淡淡的陳述，至於觸及機密的部分，則都巧妙地迴避了。

只是，唯獨在讀到介紹「富士俱樂部」這一節時，我對裡面的內容產生了相當的興趣。畢竟，一向以嚴格堅守幕後立場自詡的小笠原，在這裡居然會寫出「東洋第一」、「滿足不已」這樣極度誇耀的用語，這本身就是件讓人極感興趣的事。

富士俱樂部作為白團的後方支援組織，於一九五二年在飯田橋正式掛牌營運。俱樂部成員每週召開一次研究會，一部分成員則是以正職人員身分負責蒐集相關資料。這些資料的油印本都會送到台灣，按照小笠原的說法：「簡單說，就是按照台灣當地的需求，針對相關課題進行暗中研究。」只是，我雖然在飯田橋到處找尋富士俱樂部的事務所舊址，卻已經無跡可尋了。

撤退到台灣之際，國民黨幾乎可說是從中國狼狽出逃，不管是軍事教育還是軍事作戰所需的相關資料，全都付之闕如；就算白團在推行軍人教育時，資料不足也是最大的問題。正因如此，包括國民黨政權和白團，全都對日本發出了這樣的SOS訊號：「不管怎樣都好，請送一些在軍人教育方面派得上用場的資料過來。」因應這樣的要求而成立的，正是「富士俱樂部」。

根據小笠原的說法，「富士俱樂部」活動的結果，「一共將高達七千冊書籍、五千份文件的龐大資料送抵白團手上，堪稱是東洋第一的軍事圖書館」。不過說真的，小笠原自豪的「東洋第一」究竟有何根據，我實在不明白。儘管在亞洲的其他地方或許真的沒有類似這樣專門收藏軍事資料的資料館或圖書館，但我們也無從確認富士俱樂部的收藏是否真的就是「東洋第一」？所以，或許我們可以把這句話當成是一種誇張的表現手法，但至少就小笠原本人而言，在自己主導下的這項計畫，毫無疑問地已經在台灣留下了明顯可見的成果。

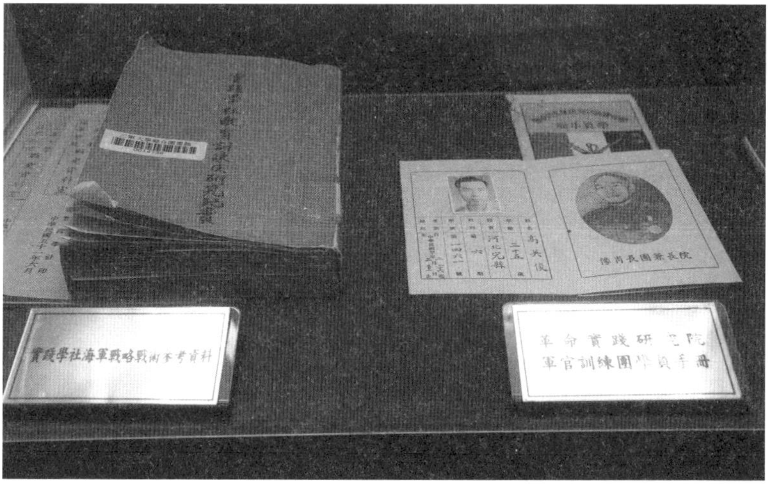

國防大學公開展示的白團相關資料。（熊谷俊之拍攝）

來自日本的龐大軍事資料

在我前往國防大學訪問的半年前，我曾經造訪台灣的「國史館」。

儘管國史館本部是位於遠離台北市區的新店山區，不過在屹立於台北市中心的舊台灣總督府——也就是現在「中華民國」總統府的正後方，還有一間已經數位化的電腦檔案室。

從二〇一〇年開始，我便一直在這裡閱覽眾所矚目的新公開資料——《蔣中正總統文物》（大溪檔案）。二〇一一年冬天，我再次造訪國史館，連日埋首於探尋有關富士俱樂部的文書檔案中。

我在認為可能與白團有關的數百件文獻當中，逐一調查其中的內容，最後，終於讓我找到了一份名為〈資料整備及調查研究實施概況〉的文件。

這份檔案的相關資訊上寫著「昭和二十八年（一九五三年），岡村寧次向蔣中正總統提出」。當我看到這行字時，忍不住在心裡大喊：「賓果，就是這個了！」

當我打開檔案的封皮時，開頭出現的是一份表格。

這是一九五三年十月到翌年九月，作為整體綱要的計畫表。因此，這份資料有很大的可能性，是呈現出日本方面為了配合白團的運作，將資料送往台灣這個行動的重要史料。

資料整備及調查研究實施概況表

期別	月分	資料相關	調研相關
前期	十		情勢判斷
	十一		戰爭樣態、新兵器
	十二	中共相關	世界戰略（美蘇）、國力判斷
	一	朝鮮相關	戰略兵要地理（遠東地區）
	二	蘇聯相關	遠東基本戰略（總體戰）
	三	美國相關	遠東基本戰略（武力戰）
	四	兵學相關	遠東基本戰略（冷戰）
後期	五	船舶兵器相關	防衛作戰基本大綱
	六	戰史相關	防衛作戰基本要目
	七	軍事圖書	反攻作戰基本大綱
	八	作戰資料	反攻作戰基本要目
	九		建設大綱

表格中央的「資料相關」，指的是已經刊行的書籍與文書；「調研相關」則是「富士俱樂部」

獨自進行調查研究後做成的資料。就書籍類與調研資料分開這點看來，跟國防大學內的資料庫顯然也是一致的。從這裡我們可以清楚得知，富士俱樂部的活動內容，除了書籍和戰前資料的蒐集，同時也包含了自行調查與製作的研究資料在內。

繼續閱讀這份文件，映入眼中的是一行又一行整齊排列著、高達數千冊的書名和資料名稱。這些都是富士俱樂部當作資料送往台灣的圖書目錄，同時毫無疑問地，也是小笠原所自豪的「東洋第一軍事圖書館」的詳細收藏清單。

在這份清單當中，「希望資料處置現況一覽表」（至昭和二十八年五月二十五日為止）裡面的「已送出」（已運送完畢）項目裡，列舉的書名有以下這些：

●已送出（已運送完畢）

「命運的山下兵團」
「原爆的廣島及長崎」
「英國空軍戰史（四卷）」
「中國各作戰之兵團及指揮官姓名」
「參謀」
「緬甸戰記」
「西洋史（全，附圖）」

「東洋史」
「支那革命外史」
「企畫院參考資料」
「昭和四年施行　資源調查法相關資料」
「西伯利亞鐵路輸送狀況」
「港灣相關資料」
「上海的謀略」
「謀略相關資料」
「新聞縮印本（朝日、經濟）」
「日本無罪論」
「給日本人的遺書」
「中國式的思考」
「紐倫堡大審判決記事」
「步兵操典」
「劍術教範」
「相互扶助論」

●已送出相當數量（部分送出）

「第二次大戰資料」
「亞歷山大大帝戰史及附圖」
「腓特烈大帝」
「總動員資料」
「第二次大戰英美德法國家總動員資料」
「支那沿岸兵要地誌」
「揚子江方面地誌」
「蘇聯及蘇聯遠東地區地圖」
「西伯利亞、中亞方面資料」
「憲兵資料」
「特務職」
「兵圖相關」
「細菌戰資料」
「陸軍航空部隊空中勤務者採用基準 海軍同（特別是身體檢查規格及身體檢查要領）」

●未送出（含搜索中）

「福建省兵要地誌」
「比例五十萬分之一 以下之朝鮮地圖」
「歐洲一般地圖」
「中野學校教材」
「幕僚必攜」
「對蘇戰鬥法」
「對蘇作戰要綱」
「坑道陣地之編成設備」
「山地師之編成裝備」
「保安隊典範令」
「美國典範令」
「交通教範」
「保安隊自動車編成部隊運用研究資料」
「大阪國際新聞」
「東亞通信」
「神戶架橋文化」

「*Popular Science*（科技新時代）」[1]

●第一次請求支援資料中（大致已滿足需求者）

「陸軍補充令」
「召集延期實施要領」
「兵役法詳解」
「特務戰參考資料」
「動員兵力統計」
「物資動員統計」
「生產力擴充計畫」
「軍需動員計畫」
「防空戰史」
「英德空戰資料」
「胡康河谷作戰史」
「諾門罕戰役資料」

1 譯註：美國老牌科普雜誌，創立於一八七二年。

「第二次大戰資料」
「野戰憲兵隊之編成裝備及其活動史」
「日本保安機構之具體內容」
「陸軍補充令」
「兵役法詳解」
「特務戰參考資料」
「統帥參考書」
「科學的搜索資料」
「動員兵力統計」
「陸軍補充令」
「關於電波的雜誌」
「關於氣象的雜誌」
「大陸問題」
「曙」[2]
「防衛與經濟」
「工業年鑑」
「中共治下之總合國力」

「中共民心動向」
「中共治下之三民主義解釋及具體之施策」
「中共政治及思想方面之弱點」
「中共地上軍之戰力配置、指揮官及編成裝備」
「中南支（中南半島）兵要地誌」

●送出資料一覽（沙盤推演相關）（至昭和二十八年六月一日為止）

1. 二式高射裝置（陸上用）之圖面及機構說明書
2. 十厘米砲彈製造相關資料
3. 點的機（瞄準練習機）之構造
4. 五十三厘米（魚雷）連裝發射管之計畫資料
5. 航跡自畫器二型之使用說明書
6. 驅逐艦用電波裝置雷達、定位儀、LORAN（無線電導航）各種收發信機、聲納、音響測探機
7. 使用練習彈進行轟炸訓練之相關資料
8. 漁船（一五〇噸等級）用電波（音響）裝備相關資料

2　譯註：日本保安隊戰後第一代國造護衛驅逐艦（DE），一九五五年下水。

9. 紅外線瞄準裝置
10. 舊日本海軍偵察機之成果及將來發展
11. 蛟龍（甲標的）設計資料、驅動裝置（及入手之可能性）、齒輪羅盤、潛望鏡、發射管（筒）及發射裝置構造等相關資料
12. 驅逐艦主砲用模擬射擊演習機及設計資料
13. 驅逐艦用五十三厘米四連裝魚雷發射管（六年式魚雷用）
14. 丹陽[3]雷達裝置相關資料
15. 無線電探空儀（radiosonde）相關資料
16. 刺蝟砲[4]相關資料

基本上，「已送出」的內容，多是以公開刊行的書籍為主，主要是將在日本比較暢銷的軍事書籍運往台灣。不過在這當中，其實也夾雜著官方資料與軍事機密資料。

緊接著「已送出」項目之後，記載的則是「已送出相當數量（部分送出）」這一項目。關於這份書目當中曾屢次提及的「兵要地誌」[5]，我在後面會加以詳述，不過此處可以說明的是，它是軍事上絕對不可或缺的事物，因此毫無疑問是屬於軍事機密資料。其他列在「部分送出」項目中的，還有包括「憲兵資料」、「細菌戰資料」、「總動員資料」等明顯機密度甚高的資料。

再往下看到「未送出（含搜索中）」這一項，除了「兵要地誌」以外，也包括了「中野學校教材」、「幕僚必攜」等明顯屬於日軍內部流通文件的書籍。

接下來，在「第一次請求支援資料中（大致已滿足需求者）」這欄中，表列了大約十冊相關文件；這些文件相當明顯，都是屬於軍事資料之列。

再下來的欄位是「送出資料一覽（沙盤推演相關）（二八・六・一）」，這部分目錄所列出的，幾乎全部是機密資料；當我看到這批清單時，不禁大為驚訝。

另外還有一份表單，名為「調研資料一覽表」，編纂日期是「昭和二十七年十月」。（請參照附錄資料）

這份「調研」資料既不屬於一般書籍，也非戰前留下的軍事資料，而是由「富士俱樂部」一手獨力編纂而成的資料。所謂「調研」，大概就是「富士俱樂部」的別名吧！

從這份龐大的資料清單中，我們可以清楚看出，「富士俱樂部」並不只是蒐集資料，而是不愧「調研」之名，擁有極端優秀「調查與研究」能力的一個組織。

3　譯註：即前日本海軍驅逐艦，有不沉艦之稱的「雪風」。

4　譯註：二戰期間裝置於船隻上，用於反潛的一種多管火砲。

5　譯註：指從軍事需要出發，對目標區的軍事、政治、經濟、地形、交通、氣象、水文等現實和歷史情況進行調查而編製的資料。

調研資料的內容不只限於軍事，還旁及國際情勢以及思想、哲學的領域；光是從建構出這份清單這一點，就足以看出當時的「富士俱樂部」麾下必定是英才濟濟。

調研第〇〇號

竭盡方法的探尋

儘管我根據小笠原的手記獲知了所謂「東洋第一軍事圖書館」的存在，並且透過台灣「國史館」內保存的資料，判明了它的細部內容，可是，當我更進一步為了調查這些資料如今是否仍存在於台灣，而和台灣國防部反覆進行接觸時，相關人士的回應，幾乎千篇一律都是「因為實在是太久以前的事了，所以我們並不清楚」。

最後，給了我重要提示的人，是曾經擔任台灣大報《中國時報》記者，著有《覆面部隊——日本白團在台祕史》一書，目前離開記者職位，在大學執教鞭的林照真小姐。

當我打電話到林小姐執教的大學向她詢問時，林小姐這樣對我說：

> 以前，曹士澂將軍曾經告訴我「三軍大學持有相當多白團的資料」，可是，當我表達希望前往採訪的意願時，對方卻以「軍事機密」為由加以拒絕了。

三軍指的是陸海空軍，現在它的名稱已經改為「國防大學」。

儘管國防大學是國防部的下轄單位，但當我向公關部門提出採訪申請時，對方只回答說「我們會調查一下」，然後就無聲無息了。為了擔心催促過度，反而徒增對方的警戒心，於是我前去拜託一位對國防部有影響力，過去我曾經「幫過一點小忙」的台灣資深政治家，請他惠予協助。

結果，我確定了白團相關的資料確實保存在國防大學內。後來，透過那位政治家的斡旋，又歷經了好幾個月，我才終於得到國防大學的許可，得以在「兩小時之內」接觸白團資料。這就是本章初始，我前往國防大學訪問的來龍去脈。

富士俱樂部的別名

富士俱樂部的真正面貌，終於呈現在我的眼前了——和我這樣的心境成對照的，是一片闃靜無聲的資料室，以及那些彷彿在書架上沉眠不語，由小笠原等人竭盡心血編纂而成，源源不絕送往台灣的資料。

正如前面所述，這些資料大致上是分成兩類加以保存，其中一類是書籍，另一類則是文件資料。

書籍是保管在三列往房間深處不斷延伸的書架上，其中日本發行的一般書籍占了大多數。這些書籍的刊行時間主要是戰前到戰後初期，主題包括了軍事資料、戰史、海外情報、中國情勢、俄國情勢等等，相當引人注目。其中也有《朝日新聞》和《讀賣新聞》的縮印版。

在這當中，和戰爭有關的書籍自然是壓倒性地多。我的目光停駐在參謀本部編纂的《明治卅七八年日露戰史》上；深邃的茶黑色封面，就這樣並列在書架上。

被派遣到台灣的白團人員，以國軍新銳與中堅幹部培訓人才為對象，每天擔負著軍事教育的重責大任。我想，這裡的資料應該有很多都經由他們之手翻譯成中文，並且活用在教育之上了。

另一方面，隔著走道與擺滿書籍的書架遙遙相對的另一端，則是幾排移動式書架，上面擺滿大量白色卷宗。這些卷宗的封面沒有註明任何字樣，我試著抽出其中一份檔案，翻開封皮，一行連續編號頓時出現在我眼前：

調研第〇〇號

白團書庫內收藏的日文軍事書籍。（作者拍攝）

如前所述，「調研」正是「富士俱樂部」的別名。這些編號從一九五〇年代前期的第一號開始，最終結束於一九六〇年代的兩千幾百號。由於檔案處於雜亂未經整理的狀態，因此編號並沒有按照順序一路排列下去，比方說有時候前面是第一〇〇號文件，再下來卻是第一五〇〇號之類的。看樣子，它們應該是有很長一段時間沒有整理了。

除了架上這些以外，究竟還有多少沒有編號也沒有擺放在這裡的檔案存在著？對於這點，我完全無法想像。我所能確定的只是，若是把一到兩千號全都擺進這座書架的話，那麼上面的檔案總數絕對不僅於此；恐怕，在這座書庫裡所收藏的，不過是全部資料的三分之一而已。

兵要地誌

我一一打開裝著資料的白色卷宗，令人深感興趣的資料便陸續出現在眼前。在這當中，戰前參謀本部蓋上「祕」字圓印的機密文件也不在少數。

〈東粵地方（廣東省汕頭）兵要地誌／參謀本部〉（調研第一四一號A／昭和二十八年三月二十七日），是一份大約五十來頁的油印文件，上面蓋著紅色的「祕級」大印。

兵要地誌，亦即關於「軍事地理」的種種資料；這些兵要地誌是戰前以陸軍參謀本部為中心，為了預先了解可能用兵的各地情勢而編纂的資料。在這當中，除了用日文與當地語文發表的公開資料以外，還加入了派遣到最前線的情報員所傳回來的情報，可以稱得上是「軍隊的用兵指南」，因此自然也是極其重要的機密資料。

除了東粵地方外，調研資料中也有〈贛湘地方（江西省、湖南省）兵要地誌概說／參謀本部〉（調研第一八三號／昭和二十八年五月八日）的兵要地誌。

這些應該都是由戰前陸軍參謀本部編纂，然後被「富士俱樂部」透過某種管道弄到手，再送來台灣的資料吧。它們除了供作白團教育之用外，毫無疑問也被期盼著能在將來反攻大陸之際，作為蔣介石與國民黨軍的貴重作戰資料而發揮作用。

緊接著，我的目光又移向另一批檔案。在這批檔案中，包括了〈本土防衛作戰概史〉（調研第一三七號A／昭和二十八年三月二十七日）（祕級）、〈以空降部隊奇襲敵機場〉（調研第一二七號A／昭和二十八年三月十三日）等軍事資料。

和兵要地誌不同，這批資料無疑是透過「富士俱樂部」之手，將戰前的記錄以及相關人士的記憶還原，並彙整而成的產物。

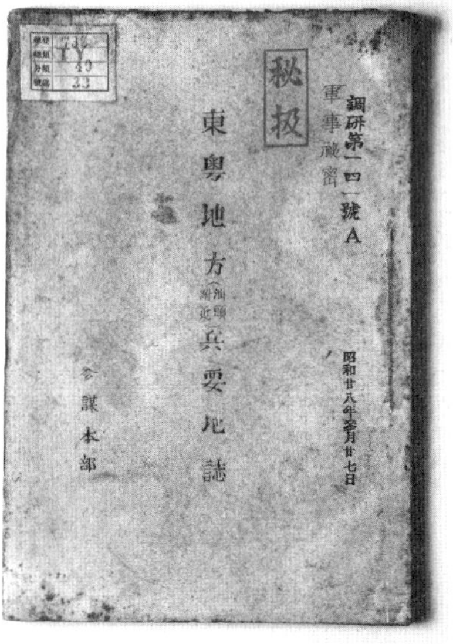

富士俱樂部交給台灣的兵要地誌。（熊谷俊之拍攝）

特殊船舶

在這當中，〈舊陸軍特殊船舶記錄／昭和二十三年二月八日記／內山鐵男〉（調研第二二七號A／昭和二十八年六月二十六日）這份資料，顯得尤其詳盡。內山鐵男是一位戰前的陸軍技術專家，同時也是活躍於船舶開發領域的人物。

舉例來說，在這份資料中論及「雷擊艇及砲擊艇」（聯絡艇己一型及己二型）的部分，就收錄了關於舊日本陸軍開發的高速戰鬥艇「カロ艇」[6]的詳細情報，甚至還附有實物的精密描繪圖樣。

從這份極其詳細的資料，我們可以輕易推斷出，台灣方面必定有想過要以此為

6　譯註：一種用來保護潛艇碼頭、反潛、反敵方魚雷艇的多用途快艇。

舊陸軍特殊船舶記錄（部分）

■魚雷艇及砲艇（聯絡艇己一型及己二型）

1. 略
2. 技術諸元及構造

全　長	7.00m　最大長度2.20m　吃水深度1.092m
排水量	（滿載）2,900噸
動　力	汽車用G.E.（汽油發動機）3座　3軸
速　度	27~30節
構　造	耐水性合板製成之木造船
V型船底	半滑水型快艇　詳細構造請參閱其他設計圖

艦載魚雷，採用三研＊製造之火箭魚雷或海軍之簡易魚雷
火箭砲口徑7.5，四連裝，共安裝兩門，安裝位置大致如下圖所示。
火箭砲的發射採用電力點火，從操縱室內進行發射。

＊譯者按：經查日本並沒有稱為「三研」的機構，故此處應指台灣中科院第三研究所。

基礎，去開發自己的高速快艇。事實上，台灣確實曾經在戰後用小型船舶不斷襲擾大陸沿海；既然如此，在這方面他們是否運用了「富士俱樂部」所提供的資料？關於這點，我們實在無法輕易排除這種可能性。

順道一提，我曾去過日本國會圖書館調查有關內山鐵男的資料。當時，我針對內山在戰前曾製造過的戰鬥艇進行相關書籍檢索，結果發現我所索取的書目當中，唯獨有關內山的部分全都遺失了！內山在戰鬥艇製造方面的知識是當時世界一流的，因此我也不能排除或許是與富士俱樂部有關的某人，從國會圖書館裡偷偷將這些資料帶走了也說不定。

構築台灣的防空體制

接下來，其他令我大感興趣的資料又陸陸續續出現在眼前。

在〈昭和二十年五月本土防空組織之概要〉這份手寫文件當中，列著一張巨大的組織圖。大本營下轄陸軍部及海軍部，陸軍部底下又分為第一總軍、第二總軍、航空總軍三個部分，海軍部則分為各鎮守府、各警備府司令部、聯合艦隊三個部分；接下來，第一總軍的底下是第十一方面軍（東北）、第十二方面軍（關東）……透過這樣的方式，當時日本全境防空體系的運作形勢，在這張圖上全都一目了然。

後半部分的備考欄裡，則是記載著這些資料：

（一）昭和二十年五月之防空兵力為飛機約九百七十架（陸軍四百六十架／海軍五百一十架），高射砲約兩千九百五十門（含海軍九百三十五門）。

（二）當時防空之重點依次如下：

（イ）帝都，特別是皇居之防衛。

（ロ）交通幹線上之要點。

（ハ）重要生產設施。

（ニ）重要機場。

（ホ）主要軍需儲存地。

毫無疑問，將這些資料送到台灣的目的相當明確，那就是為了研究當台灣遭到中國入侵時，應當布置怎樣的防空網，所以要以此為輔助資料，以供檢討參照之用。

服部機關之影

連上了！

接下來，在這些堆積如山的資料中，我發現了某個日本人的演講記錄。

資料的標題是〈國防史論〉，編號是「調研第三二二號A」；日期是「昭和二十八年七月四日（土）」，講師的名字是「服部卓四郎」。

看到服部的演講記錄時，我忍不住在心底大喊一聲：「連上了！」服部卓四郎，可以說是在整個戰後史中，具體呈現舊軍人「黑暗面」的代表性人物。

他生於一九〇一年（明治三十四年），作為陸軍菁英，他和辻政信[7]一起主導了擴大對中戰線的戰略。後來他擔任陸軍參謀本部作戰課長，在被稱為太平洋戰爭轉捩點的瓜島戰役中也擔任指導工作，最後卻因為失敗究責被貶為步兵連隊長，下放到中國東北的撫順，最後在那裡迎接終戰到來。

戰後，服部搖身一變成為親近占領軍的人物。他成功贏得了GHQ參謀第二部（G2）威洛比等人的信賴，從而開始推動日本戰後再武裝的路線。根據最近美國中央情報局公開的祕密文件顯示，據聞他和暗殺吉田茂首相的陰謀之間也有所牽連。

當時，日本的陸軍改名為「復員省」，受GHQ的影響力所掌控。

根據保阪正康《昭和陸軍的研究》（朝日新聞社）一書所述，終戰不到一年，也就是一九四六年開始，復員省似乎就已經開始有前大本營的參謀不時出沒其中。

這時候，曾經擔任大本營參謀、軍司令官，或是在陸軍省以及參謀本部擔任要職者，為了逃避GHQ的追捕，紛紛隱姓埋名，躲回故鄉過著沉潛的日子；至於佐官以上的軍人，則全部從公職當中被掃除一空。暗中將這些參謀和復員省聯繫起來，目標直指將來復活陸軍的人物，據傳言就是服部卓四郎。

服部表面上的職位是復員省的戰史編纂室長，但此一部門並不位在復員省的建物當中，而是位於日比谷的一間郵輪公司大樓裡；不只如此，這間郵輪公司大樓，還正好就和作為GHQ總司令部的第一生命大樓比鄰而居。據保阪所述：

> 這間編纂室的預算，乃是直接由GHQ內部的G2負責人威洛比少將支出。換言之，編纂室雖然表面上看來是屬於復員省下轄的單位，但實際卻是受到G2培養的舊軍組織。

服部原本就算成為公職追放的對象也不足為奇，但很有可能是因為他和威洛比之間建立了某種形式的聯繫，所以最後竟然得以免於被排除的命運；而從另一個角度來看，威洛比

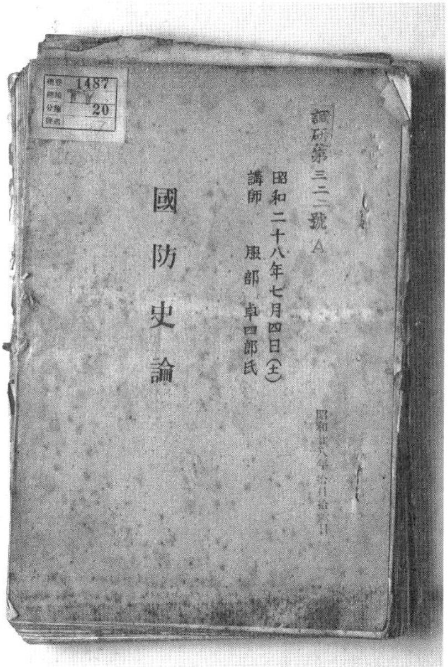

服部卓四郎授課所用的調研資料。（熊谷俊之拍攝）

7 譯註：辻政信活躍於中國、滿洲、東南亞等地的地下陰謀活動之中，被昭和史家半藤一利稱為「絕對之惡的存在」。

此舉似乎也有利用服部等舊日本軍參謀的意思在。

威洛比受到GHQ最高司令官麥克阿瑟的指示，奉令編纂太平洋戰史。於是他任命服部擔任此戰史編纂的職務，並給予服部等編纂室的人員運用GHQ所扣押的大批舊日軍資料的權限。

我所關注的重點，正是這些資料是否曾被流用到白團方面？

堀場一雄

服部的團隊被稱為「服部機關」；他們和舊日本軍軍官之間頻頻接觸，從這些人那裡聽取相關的戰史資料。服部機關的成員大都出身陸士，包括稻葉正夫、堀場一雄、井本熊男、今岡豐、藤原岩市、原四郎、橋本正勝、西浦進、杉田一次等人，而這些人後來都成了研議日本再武裝的小團體成員。

另一方面，據小笠原清〈協助蔣介石的日本軍官團〉一文所述，在富士俱樂部的協力者當中，「陸軍有服部卓四郎、堀場一雄、西浦進、今岡豐等大佐，榊原正次、都甲誠一等中佐，新田次郎少佐；海軍方面則有高田利種少將、大前敏一、小野田捨次郎，長井純隆等大佐。」這些人每週參加一次研究會，其中一部分人任職於俱樂部中，擔任蒐集資料的任務。

光是在這兩份名單中，就有以服部卓四郎為首，加上西浦進、堀場一雄、今岡豐在內的四人，是橫跨在富士俱樂部與服部機關兩邊的。

服部、西浦、井本都是前首相東條英機的祕書官；同時，服部、堀場、西浦也都是陸士三十四期畢業生，在同期中有「三羽烏」的美稱。換言之，這些成員間的共通點也相當多。

堀場是在七七事變中力主不擴大事端，甚至不惜與軍隊指導部衝突而聞名的骨骾之士。

在描述堀場一生的傳記《某作戰參謀的悲劇》中，也可以發現有關白團、富士俱樂部與服部機關之間聯繫的記述。

根據這本傳記所述，白團成立之後，「曾經再三邀請堀場前來台灣，但是堀場卻以健康為由拒絕了，僅在研究調查方面給予協助。」

終戰之後，國民黨政權的林薰南中將也曾經和堀場接觸，請求他的協助。林薰南也是有日本留學經驗的知日派軍人，在陸大時和堀場是同期。

面對林薰南邀請他協助陷於國共內戰中的國民黨，堀場則是以「我無法介入他國的內戰」為由而拒絕了。林薰南自一九四五年起擔任中華民國駐日代表團顧問，不久之後退役，最後在日本過世。

接著，同書又這樣提及關於白團的事情：

昭和二十七年的秋天，海軍以及川古志郎、陸軍以岡村寧次兩位前大將為中心，匯集了陸海雙方的前任著名參謀，組成了專門研究國際情勢與國防問題的富士俱樂部（東京資料班）。就像先前一樣，陸軍方面的三羽烏也一起參加了這項活動。

堀場雖然沒有進入白團，但在白團的後方支援上有著頗為重要的影響力。

西浦進

另一方面，「三羽烏」的另一人——西浦進，則是出身於東京的軍人世家。西浦的父親是陸士第七期畢業生，至於他自己則是在完成陸士學業後，又在陸大以第一名的成績畢業。離開陸大後，他被分配到陸軍軍事課；不久之後，軍務局局長永田鐵山由於軍隊內部的路線之爭而遭到暗殺，而同一時期的滿洲事變（九一八事變）也引發了劇烈的衝突。在這之後，西浦依舊一帆風順地繼續累積資歷，不過他在中日戰爭末期的一九四五年一月，卻以支那派遣軍參謀的身分被派往中國，並在南京迎接了終戰。我們可以說，作為戰史研究家的西浦，他的人生從這時候才算正式開始。

西浦在一九四六年撤回日本，受命擔任第一復員局史實調查部成員。後來防衛廳成立時，他也繼續走在戰史研究的道路上，擔任防衛廳戰史室第一任室長。

西浦和富士俱樂部的關係，在西浦死後由友人集結而成的《西浦進回顧錄》中，有著更加詳盡的記載。

根據本書所述，隨著復員局縮編，由服部主導成立的史實調查部也跟著解散了，於是西浦和服部、堀場一起成立了民間機構「史實研究所」。關於「史實研究所」的具體活動，目前並無形跡可尋，很可能是在三人與「富士俱樂部」合流發展之後，便自動取消了。

在《西浦進回顧錄》中，陸士四十五期的橋本正勝做了這樣的回想：

（西浦）和服部機關分道揚鑣，加入了以岡村大將為中心、針對國民政府問題設立的軍事研究會。

此處所指的「以岡村大將為中心的軍事研究會」，毫無疑問就是富士俱樂部。

始終默默保持著端正的坐姿

不只如此，陸士三十七期的今岡豐，同樣在《西浦進回顧錄》中，對於富士俱樂部有著相當詳盡的記述：

戰後讓我印象最深刻的一段時光，就是身處富士俱樂部的那個時候。富士俱樂部是在昭和二十七年的秋天，為了針對國際情勢與國防問題、戰爭論、戰略論、戰史等方面進行廣泛研究，而由及川、岡村兩位海陸軍大將為中心，海軍的高田少將、小野田、大前、長井等大佐，以及陸軍的西浦、服部、堀場等幾位大佐為主要成員所共同成立的。在那裡，我受到了人稱「三羽烏」的三位三十四期前輩所指導……在富士俱樂部持續的這大約十年間，先是堀場先生病故，接著是服部先生突然猝逝，而西浦在他們兩位過世的時候，都沒能來得及見上最後一面。三羽烏只剩最後一羽，彷彿孤影孑然般被獨自留在世間，然而過沒多久，西浦先生便像是要連先行離世的盟友們的責任也一肩扛下般重振起精神，把所有的心力與靈魂，全部投注在《大東亞戰史》的編纂之中。

身為白團成員的都甲誠一，也是《西浦進回顧錄》執筆者當中的一員。都甲在這篇文章中，如此描述自己與西浦初次見面的情況：「我記得那是昭和二十七年的秋天，那時候我正好從台灣返國，由於身為『富士俱樂部』發起成員的這一層緣分，使得我得以和西浦先生頭一次碰面。」在他印象中的西浦進，是位「始終默默保持著端正的坐姿，思緒井然清晰，不用任何筆記便能流暢闡述自己想法的人」。

另一方面，白團指導者岡村寧次的夫人，在偕行社刊行的〈「白團」物語〉中，對於西浦與岡村，以及他們和富士俱樂部之間的關聯，有著如下的回想：

由於岡村所熱愛的中華民國在大陸敗北撤退到台灣，因此為期解放大陸，許多有志之士便渡海前往中國（台灣），對中華民國政府進行援助。岡村是這項工作的中樞，經常和中國（台灣）要人進行會談，而西浦先生則是時常和他一起出席，幫忙他照料這方面的工作。

在這之後，在海軍的及川大將協力下，他們集合了陸海軍的菁英，創立了富士俱樂部，進行有關戰史以及日本防衛等方面的研究；特別是得到西浦、服部、堀場這三位有名的「三羽烏」跨刀相助，實在是件讓人值得引以為傲的事。

在《西浦進回顧錄》當中，對白團與富士俱樂部間的關係闡述得最為清楚者，是當初以白團海軍領袖身分前來台灣，中文姓名「帥本源」的海軍少將山本親雄。

戰爭期間，山本任職於參謀本部海軍軍令部，因為一些林林總總的聯絡與調整事項，經常必須和西浦碰面，結果兩人便因此結成了知交。

山本是這樣說的：

戰後，在故岡村寧次前大將的努力奔走之下，從舊陸海軍的軍人當中，編成了國府蔣介石總統的軍事顧問團並前往台灣。雖然我也是在途中才加入，不過負責提供顧問團所需參考資料的，是設立在東京的一處機關。當時西浦先生是該機關負責陸軍方面事務的主任，在這段戰後的時間中，我在這一方面，也多所承蒙西浦先生的關照。

走筆至此，我們幾乎可以明確斷定，富士俱樂部與以服部機關為中心的前陸軍參謀團體之間，確實有著極其密切的關聯。

相互連結

服部機關的戰史編纂任務在一九五五年左右大致告一段落，而GHQ則是在《舊金山和約》正式簽署後宣告解散（一九五二）。

另一方面，富士俱樂部的活動則是自一九五三年開始，大致持續了十年；換言之，我們可以相當自然地認定，服部機關的一部分機能與情報，事實上是被富士俱樂部吸收繼承了。

在收藏於國防大學的資料中，編號「調研第五一二號A」的文件，其標題為〈支那方面作戰記錄／第六方面軍之作戰（其之二）〉，編纂者則為「復員局資料整理部」。

復員局正如前述，是舊陸軍的後繼組織，同時也是服部在戰後所屬的機關。因此，這類資料乃是透過服部的協力，輾轉來到白團手中，這樣的可能性相當高。

服部和自衛隊的成立也有相當關聯；一直

富士俱樂部製作的調研資料。（熊谷俊之拍攝）

以來，他都被視為是戰後日本防衛策略的幕後設計師之一。

在前面提到的白團演講錄中，服部從「藉由日本的再武裝，形成日、台、韓、菲反共同盟軍的可能性」這一視野出發，做了相關陳述。

毫無疑問，岡村和服部是以共同戰線的形式，為了支援蔣介石，透過富士俱樂部將資料不斷送往台灣。服部機關與富士俱樂部若不是表裡一體，至少也是構築了相當緊密的協力關係。

在早稻田大學教授有馬哲夫根據美國政府收藏的ＣＩＡ檔案所寫成的《ＣＩＡ與戰後日本》（平凡社新書）一書中指出，服部機關等暗地裡活躍於戰後初期日本的情報機關，其存在的理由大都不脫以下幾點：

一、以組成集團的方式，從東京大審以及敵對人員（包括舊日本軍占領地的敵對人士）手中守護自身性命。

二、不是為了謀生，而是以相互連結的集團形式經營事業。

三、為了占領結束後的再武裝而預作準備。

在這當中，白團與服部機關的結合，一和二的要素或許占了絕大成分。透過相互連結，亦即人脈和資料的結合，他們共同向台灣提供軍事情報，從而換取對方給予的報酬。富士俱樂部的活動之所以能夠持續十年以上，毫無疑問，在它的背後，必定有蔣介石以及台灣政府的資金支持；

若非如此，這麼多有識之士耗盡心力進行分析與論文的寫作，這樣的行為顯然就相當不可解了。而另一方面，我們也可以推斷，這樣的舉動，很有可能是為了重建前軍人在戰後的生活基礎而推行的一項大計畫當中的一部分。

只是，事情並不僅止於此。透過富士俱樂部將資料送往台灣這件事，理應存在著某種目的意識，那就是希望這些資料，在將來日本再武裝，以及陸軍重新集結時，能夠派上用場。就服部等人對世界的理解而言，他們認為共產與反共陣營間的第三次世界大戰必將再起，因此支援身為反共的前哨堡壘——和中國共產黨不斷作戰的蔣介石，在道理上來說自是相當充分。

就這樣，這些被送往台灣的龐大資料群，不只是被當成為了從中共統一台灣的軍事威脅中保護蔣介石政權的工具而加以充分運用，同時也被活用於反攻大陸的作戰準備等諸多方面上。

這些貴重的資料，如今仍然沉眠在國防大學一間沒有名字的地下室當中。若是能夠從歷史研究的視點，對這些資料進行再整理，並彙整資料內容進行詳盡分析，那麼關於「東洋第一軍事圖書館」的成立，以及白團的後方支援團隊——富士俱樂部的實際狀況，想必一定能夠更加明朗。我衷心期盼這一天的到來。

第八章

「白團」究竟是怎樣的一段歷史？

富田直亮遺骨。（作者拍攝）

白團的存在應當被攤在陽光下嗎？

日本鄉友聯盟會長

在白團的活動畫下句點之後，那些曾經屬於白團的人們，又是過著怎樣的人生呢？迄今為止，有關白團的書籍，縱使對於他們在台灣時代的種種有著詳盡的記載，但對於他們回到日本之後的情況，則幾乎從未觸及過。然而，身處戰後日本的我，卻相當渴望知道，對於擁有白團這般特殊經歷的人們後來究竟是過著怎樣的生活。

白團，是有如舊日本軍私生子般的存在。這些軍人們，將自己本應隨著一九四五年敗戰而燃盡的尊嚴、夢想與知識，嘗試著移植到名為台灣的新天地；從這層意義上來看，對白團而言，一九四五年，並不是戰爭的終局。

我想，一定能夠找到某位參加過白團的舊軍人，將自己真正的戰後人生，也就是從在台灣的任務告終那時候起的種種娓娓道來。於是，我試著從這方面著手，去探尋這抹「戰後」的身影。

當我在閱讀白團相關文件時，其中隱匿其名，僅以「四谷先生」屢屢稱之的人物，正是舊陸軍大將——支那派遣軍最後的總司令官岡村寧次。身為白團創建者，同時也是精神支柱的岡村寧次，就像是要親眼看著白團走到最後一般，在一九六五年白團活動大幅縮小，事實上等於任務告終的隔年（一九六六），也跟著撒手而去。

戰後，岡村一貫過著避人耳目的低調生活。因為很清楚若是自家的住址被共產黨獲知，必定會引來示威抗議人群在家門前搖旗吶喊，所以岡村在四谷的老家並沒有掛上門牌，而他也從不曾接受任何媒體專訪。

然而，他的低調並不等於無所事事、碌碌而為；事實上，岡村用其他的形式，扛起了自己身為敗軍之將的責任，並且不斷為著盡這份責任而奔走。

戰後的岡村，致力於將全國各地舊日本軍人結合為一的工作之中。從一九五四年起，他就擔任「全國遺族等援護會」（後來的全國戰爭犧牲者援護會）顧問，從一九五七年起，並擔任全國性質的戰友會組織——「日本鄉友聯盟」的會長。

日本鄉友聯盟是以舊軍人為中心組成的親睦團體，同時也是以揭櫫反共宗旨為特徵的團體。一九五五年，它以「櫻星會」的名稱組成，並於次年（一九五六年），改名為日本鄉友聯盟。它主要是以要求增加軍人退休俸的壓力團體形式而活動著，會員達到大約三十萬人之數。

岡村因為堅信舊軍人團結互助乃是必要之事，所以走遍全國，不斷致力於將星散各地的舊軍人關係網絡統合為一的工作。

某位以匿名為前提接受採訪的岡村家人，對於這點是這樣回憶的：

> 在我的記憶當中，那個時候，他幾乎都不曾回家。只要聽說哪個地方的前軍人在舉辦葬儀，他就一定會飛奔過去；若是有人邀他擔任來賓或是演講，只要身體狀況許可，他也一定

會應邀前往。在協助前軍人就職方面，他也是盡心竭力。當時包括岸（信介）、佐藤（榮作）、吉田（茂）等政治家，經常會打電話到家裡來，大概是希望爭取舊軍人的選票吧！他也常和那些人談及工作方面的話題，只是他對那些人，卻從來不曾露出彷彿友人般的親暱表情。

若說身為隱隱保有相當影響力的前軍人統合者，是岡村顯露在外的一面，那麼，將白團送往蔣介石身邊，便是岡村隱藏在背後的一面。

就算岡村自己，也完全不想讓家人察覺到自己在台灣做的這些事情。前面的那位家人也說：「雖然小笠原清先生會來四谷的家裡造訪，但是他們究竟在做什麼，我們這些家人完全不了解。」

因蔣介石的意旨而得以免於戰犯處分，持續對社會做出貢獻，還培育了白團這個團體，最後一直活到八十二歲壽終正寢，對於這樣的岡村，報導文學作家佐藤和正在著作《將軍・提督：妻子們的太平洋戰爭》中評論說：「沒有比岡村更幸運的男人了。」對此我也深有同感。只是，岡村在家庭生活方面，就不是那麼幸運了；大戰之前，他的次男武正就已經不幸過世，第二年，他的第一任妻子理枝也跟著撒手人世。然後在一九六二年，他任職於經濟企畫廳的長男忠正，也先他一步而去。

共存共亡

在白團的八十三位成員當中，最後只有一位選擇繼續留在台灣，那個人就是團長富田直亮。

一九六八年白團解散時，富田原本也打算回到日本；據說，當時鄉里的友人已經計畫要推舉他出馬競選國會議員，而富田本人也希望人生最後的舞台是在故鄉做出一番事業，因此也相當認真積極地考慮出馬。

然而，蔣介石卻懇求富田說：「希望你能夠留在台灣。」任誰都心知肚明，蔣介石的生命已經接近終點；當時台灣先是聯合國席次岌岌可危，接著又陷入可能與美國、日本斷交的困境中，國際環境日益惡化；面對這樣的蔣介石的請託，富田實在沒有辦法狠下心拒絕他，自顧自地返回日本。

雖然富田在這之後嚴格說來並沒有參與什麼具體的謀畫，不過蔣介石只要一有機會，還是會請富田前來，聽取他的意見。一九七二年蔣介石遭逢交通事故臥床不起後，頻頻進出富田在台北市內自宅的人，便換成了蔣介石的次子蔣緯國。

和白團的解散幾乎如出一轍，日本和台灣的關係在一九六八年起，陷入了一段黑暗時期。中華民國視中華人民共和國為叛亂團體，拒絕與之在國際社會共存，也就是所謂的「漢賊不兩立」。漢，指的是中華民國；而賊，指的當然便是中華人民共和國。一九七一年十月，聯合國決議讓中華人民共和國入會；當時，蔣介石拒絕了美國和日本所提出「中華民國應當留在聯合國內[1]」的勸說，退出了聯合國。

1 譯註：即所謂雙重代表權。

翌年二月，美國總統尼克森訪問中國，實現了和毛澤東之間的美中高峰會談。另一方面，受到五月間沖繩歸還事件的影響，佐藤榮作內閣下台；七月，由田中角榮取代佐藤坐上首相寶座，同時外務大臣一職也由大平正芳接任。

尼克森訪中的衝擊，在日本掀起了一股「趕搭北京巴士」的熱潮；於是，就在台灣方面還來不及做出因應調整的情況下，田中和大平前往中國訪問，並和中華人民共和國閃電般建立了外交關係，而中華民國也因此和日本斷交。

面對這種狀況，台灣掀起了一股對未來充滿悲觀的論調，蔣介石也從而深陷於苦境當中。就在這時，雖然白團已經解散，除了富田直亮以外的人員也已全部返回日本，但在富田的召喚下，一九七二年的十一月十六日，一封由前成員共同署名的決意書，送到了蔣介石的面前。

這封決意書的題名為「共存共亡」，意指「共享榮耀，也共同面對滅亡」。這個詞原本一般都寫作「共存共榮」，但此處卻特意寫成「共亡」；之所以如此，大概是為了激勵困境中的蔣介石。

署名所使用的全都是白團成員的中文姓名，領銜的自然是「白鴻亮」，其次是帥本源（山本親雄），再來是范健（本鄉健）……依序下去，最後是以蔡浩（美濃部浩次）結束。總計有五十八人，其餘成員則已亡故或失去聯繫。

對這個時期的蔣介石來說，要說他不被這份決意書深深打動，那是絕不可能的。

蔣介石的身體急遽惡化，在一九七五年終於畫下了生涯的句點。在這之後，富田再次開始考慮回國的時機，於是他向蔣介石的後繼者，也是蔣介石的長子蔣經國，表達了自己想要歸國的意思。富田心想，自己的請求應該會毫無疑問地被接受才對，可是蔣經國卻對富田表示：

父親的遺命要我繼續接受白將軍您的指導；因此無論如何還請您務必留下，好嗎？

雖然自己始終無法捨棄歸國的念頭，但在報答蔣介石的恩義這層意義上，既然對方提出了這種類似於「託孤」的遺言，那麼自己又怎能背叛對方的期待呢？富田如此思索著。最後，他終於點頭答應留在台灣，前提是給他足夠充分的時間，讓他也能經常在日本的家鄉駐足。

後來，富田被台灣的國防部授予「上將」（大將）軍銜，這是第一次有外籍人士獲得如此殊榮。對於在日本的資歷僅止於少將的富田來說，這應該是最彌足珍貴的贈禮。

富田就這樣在往返台灣與日本之間，度過了他的晚年生涯；在蔣介石死後四年的一九七九年（昭和五十四年），他在東京以八十一歲的高齡辭世。就在去世前兩個月，富田在台灣國防部的高層面前做了一場演講，他在演講中說：「當中共準備對台灣掀起戰端的時候，反過來說也正是反攻大陸的良機；攻防是一體兩面的，最重要的是消耗敵人的戰力。」

「這是我所能為大家做的最後一點貢獻。」富田在留下這最後一句話後，便離開了台灣。他的遺骨有一半被安置在台灣新北市的「海明禪寺」，直到現在依然在那裡。

我在二〇一三年的春天拜訪了那座寺院，也見到了安放著富田遺骨的骨灰罈。骨灰罈上面刻著「白鴻亮（富田直亮）靈骨」字樣。我試著詢問寺方，為何富田的遺骨會安置在此，但寺內並沒有人知曉當時的狀況，也沒人知道詳細的來龍去脈；不過，後來富田的兒子重亮告訴我說，將一半遺骨安置在台灣，是富田自己所留下的遺願。

「岡村寧次同志會」與都甲誠一

回到日本之後的白團成員，後來組成了名為「岡村寧次同志會」的親睦會。岡村還在世之際，會長是由岡村本人擔任，而岡村過世之後，便由都甲誠一（任俊明）接任會長。

都甲出身於九州大分縣，曾經以陸軍軍官身分參與過中國戰場的戰鬥；終戰的時候，他正以中佐身分在本土的陸軍省內任職。他的個性是出了名的一絲不苟，不過從反面來說，就是頑固不聽人言；也正因如此，他和其他成員之間總是屢屢產生摩擦。

關於都甲誠一為何會加入白團，直到現在仍然是個謎。另一方面，他待在台灣的時間也只有一九五〇至一九五二這三年間，相對而言並不長。不過，由於都甲主要是擔任人事、總務方面的工作，因此從他回國後在富士俱樂部參與白團的後方支援活動開始，他就一直擔負著統合白團OB（老隊友）的任務。

一九九〇年代前期，在岡村寧次同志會內，對於是否應該公開有關白團活動內容的詳細記錄一事，產生了激烈的論爭。

相對於主張記錄公開化的一群成員，都甲則是堅決站在反對一方，兩派之間的激烈對立，導致岡村寧次同志會陷入分裂為二的危機當中。

主張應當公開的成員，包括直到最後都還留在台灣的大橋策郎、岩坪博秀、糸賀公一等人。在我想來，他們應該是期望讓長期支撐著白團的自己所做的這一切，終究能夠流傳後世。

可是，都甲卻這樣主張：

我們身上背負著太多必須帶進棺材的機密了；若是我們就這樣輕易地把這些事情公諸於世，萬一造成台灣的國防遭受打擊，那一定會成為無法挽回的憾事。

在白團當中與陸軍派有所隔閡的海軍派，也都站在都甲一邊，對於公開情報抱持著消極的態度。

儘管如此，在大橋等人強烈主張公開的聲音下，岡村寧次同志會還是非得做出最後的裁決不可。就在這時候，都甲特地寫了一封信，向蔣介石的次子，既是軍人，同時也是白團活動負責人的蔣緯國詢問，是否應該公開白團的活動？

當我在保管著白團一部分資料的靖國神社資料室裡調查相關資料時，偶然發現了當時岡村寧次同志會的會議記錄。這份被保留下來的檔案，日期是一九九〇年九月十二日，在這當中也記載了蔣緯國對於都甲來信的回應。在信中，蔣緯國是這麼寫的：

當時白團前來協助我國軍事教育一事乃是機密，因此一旦加以公開，有可能會引發國際間某些人要求究責的聲音；若是如此，那麼對於各位前教官，恐怕將會帶來種種意想不到的困擾。因此，我的提議是：請各位先以日本語寫下記錄，然後由我們這邊翻譯，並將之保管在某個祕密的場所，等待時機成熟之後再公開，不知諸位意下如何？

或許是蔣緯國的反對意見產生了效果吧，最後在一九九一年三月的會議上，岡村寧次同志會對是否公開在台活動一事，做出了否決的決議。

根據都甲的筆記，當時的岡村寧次同志會是這樣決議的：

我等岡村寧次同志會之會員，及會員之遺族家族等，對於在中華民國之祕密活動，自當時乃至今日，莫不在言行上採取極其慎重之態度；特別是有關雜誌、報導、演講等公開形式之發表，不只違反我等訪華時崇高之使命目的，同時亦是背棄蔣介石總統閣下及岡村將軍對我輩之深厚信賴。故，為恐引發不測之災，此事尤當格外戒慎恐懼，切不可行。

「公開派」的想法

只是，那些堅決希望將白團的活動流傳到後世的「公開派」，他們的期盼還是漸漸獲得實現。一九九二年，由舊陸軍．陸上自衛隊ＯＢ所組成的親睦團體「偕行社」[2]，在該社的會報

《偕行》十月號上，開始了一篇以〈「白團」物語〉為題的連載。

這篇連載的作者署名為「『白團』記錄保存會」，一共連載六回，其內容主要是以出席者對談的形式，對白團從成立背景至活動內容等各方面的情況進行記述。

當我看到該保存會的會長「加登川幸太郎」的名字時，不禁微微吃了一驚。加登川是位以戰史研究者聞名，同時也曾擔任過電視台幹部的另類人物；身為前軍人，他曾經就（中日戰爭的）歷史觀問題，發表過一些相當果斷明晰的言論。

特別是有關南京大屠殺，針對日軍殺害人數從三千到一萬三千人之間的數字問題，他發表了以下的看法：

> 一萬三千人自然不用說，但就算是只有三千人，也仍舊是令人難以忍受的龐大數字……身為舊日本軍相關人士，我必須在此對中國人民深深致歉；對於這場殘酷的殺戮，請容我在此再次致上最深的歉意。

加登川的這段文章，在社會上引起了廣泛的注目。

2　譯註：成立於一八七七年的陸軍軍官親睦組織，社名「偕行」來自於《詩經・秦風・無衣》：「修我甲兵，與子偕行。」

〈「白團」物語〉連載當時，加登川正在擔任《偕行》的總編輯。在專題的〈序言〉部分裡，對於白團相關人士親睦團體（意指岡村寧次同志會）主要負責人（指都甲）的態度，他感歎地這樣說著：

> 不知為了什麼，該團體對於偕行社的報導，一而再、再而三地表明反對的態度……正因如此，偕行社在採訪過程中遭遇了相當大的困難，而企畫也曾一度陷入觸礁的窘境之中。

不過，這項企畫最後還是在附帶以下兩項但書的情況下，獲得了有條件的同意：第一，本項企畫與岡村寧次同志會無關，而是部分有志成員所共同組成的「『白團』記錄保存會」自發性的行動；第二，對於反對者的姓名與行動，在報導中一律不予公開——加登川在〈序言〉裡，又做了這樣的說明。

大橋策郎

這群有志成員的核心人物之一，是一九六八年白團解散時，最後留下的成員之一——大橋策郎。

雖然大橋已經在一九九九年（平成十一年）過世，不過我和他的兒子，現居東京都世田谷區的大橋一德見了面。一德長年以來一直在五十鈴汽車任職，現在已經退休，過著悠遊自在的生活。根據一德的說法，大橋是個性相當一絲不苟的人，他所留下的大量資料，對於〈「白團」物語〉的完成產生了很大的作用。

父親非常喜歡看書，總是會從圖書館借一大堆書回家。雖然他並不很常提及自己在台灣的事情，但是他也會不時將自己的回憶——比方說張學良在台灣的情況，或是二二八事件等等，告訴身為孩子的我；只是那時我還很年輕，對於這些事情並不感興趣，因此從父親那邊聽來的事情也不是很多。

在白團當中，其實也包含了許多並非深受中文教育薰陶的「陸軍支那通」的成員在內；好比說大橋，他在軍隊裡面專攻的就是俄羅斯方面的知識。然而，性格相當認真的大橋到了台灣之後，就每天不斷苦練中文，到最後，他的中文造詣據說已經到了相當高的程度。

一德直到現在，仍然相當珍惜地保管著當年大橋寄

台灣當局頒贈感謝狀給大橋策郎與糸賀公一。（大橋一德提供）

來的家書，不過大橋在信裡面所提及的，都是一些像是接受台灣軍人的招待，結果在席間遭到對方的乾杯攻擊；接到日本家人送來的書，於是寫信表達感謝之情；又或者是敘述一下台灣的天候，諸如此類讓人不禁感到心頭一陣暖意的日常內容。

大橋家族中，有相當多人都是從事軍職。大橋的父親大橋顧四郎曾是陸軍中將，並且擔任過陸軍省的兵器局長；除此之外，在終戰時制壓住青年軍官的反叛企圖，之後自盡身亡的田中靜壹大將，也與大橋家之間有親戚關係。大橋的妹妹妙子嫁給了田中靜壹之子田中光祐——前陸上自衛隊東北方面總監。只是，前面所說的一德並沒有加入自衛隊，而是選擇了在五十鈴汽車任職。

據一德的說法，大橋也曾經接獲自衛

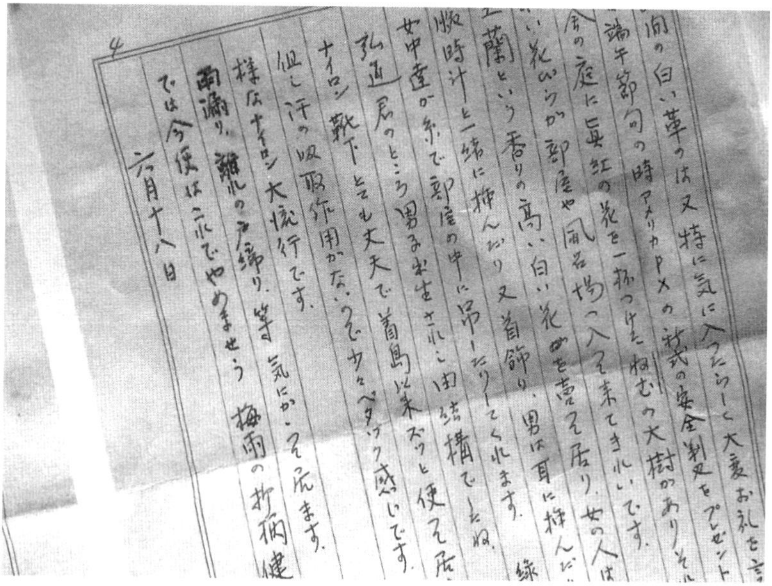
向の白い華のは又特に気に入ったらしく大変お礼を言
端午節句の時アメリカPXの新式の安全剃刀をプレゼント
舎の庭に真紅の花を一杯つけたねむの大樹がありそれ
い花びらが部屋や風呂場へ入って来てきれいです。女の人は
蘭という香りの高い、白い花を喜んで居り、男は耳に挿んだ
腕時計と一緒に挿んだり又首飾りにしたりしてくれます。緑
女中達が糸で部屋の中に吊したり
弘道君のところ男子出生されたとの由結構でしたね。
ナイロン靴下とても丈夫で首島以来ズッと使って居
但し汗の吸取作用がないのでカがベタつく感じです。
様なナイロン大流行です。
雨漏り、離れの戸締り等気にかかって居ます。
では今便はこれでやめませう　梅雨の折柄健
六月十八日

大橋策郎親筆家書。（大橋一德提供）

隊的邀請，但他還是選擇了留在台灣；當他回國的時候，已經是年近六十了。事實上可以說，他將自己的職業生涯全都奉獻給了台灣以及白團。回國之後，他一邊擔任日本撲克協會的顧問，也不時和交情甚好的白團老友岩坪以及糸賀聚首，然後一起小酌一番。大概是為了不讓自己學到的中文荒廢吧，大橋去參加了NHK文化中心舉辦的中國語講座，除此之外，還去學了中國料理，用另一種方式，繼續保持著他和中國（台灣）之間聯繫的那條紐帶。

楊鴻儒的悲劇

說不出口的禁忌

白團，改變了許多軍人的命運。

「（台灣）現任的星星（將軍）當中，多多少少都有受過白團教育的經歷。」

白團前成員糸賀公一，在生前的訪談中這樣說著。

事實上，和白團有關的軍人，日後飛黃騰達者輩有人出，而蔣介石本人也經常會任命前途看好的軍官，去擔任和白團有關的職務。

後來成為駐日大使的彭孟緝，就曾經擔任過圓山革命實踐研究院軍事訓練團以及實踐學社的教育長。蔣介石的次子蔣緯國，在一九六〇年代擔任白團的台灣方面窗口，也曾隨白團團長富田直亮前往日本參訪。後來歷任參謀總長、行政院長高位的郝柏村，在白團解散的一九六八年，蔣介石與白團舉行最後的餐敘時，也曾受蔣介石之命，擔任負責安排餐宴的「重任」。

只是，相當不可思議的是，這些「重量級軍人」對於自己受過白團訓練一事，幾乎全都緘口不語；相反地，感覺起來他們似乎都把談論這件事當成禁忌。

之所以如此，其理由不只是因為白團的存在乃是祕密，同時也是因為在台灣，對於究竟該如何看待「日本」這個國家的存在，其實在心理上也有著微妙的糾葛之故。

宛若面對著名為「日本」的踏繪一般[3]

在台灣，只要一提到關於「日本」的話題，似乎馬上就會像鏡子一樣，不由分說地照映出這個人的過去與現在。

日本在一八九五至一九四五年的半世紀間，曾經是台灣的統治者。

一九四五年，當日本在戰爭中敗北之際，台灣也不再是日本領土的一部分。脫離日本之手的台灣，成為戰勝國中華民國的一部分，而過去曾是「日本人」的台灣民眾，也隨之瞬間搖身一變，成了「中國人」。然而，作為新支配者，從中國大陸前來統治台灣的國民政府，他們對台灣的初期統治卻是相當失敗的。

儘管他們透過恐怖統治的威脅，以及對民眾酷烈的鎮壓，勉勉強強維持住了局面，但「台灣人」還是用「狗（日本人）去豬（中國人）來」這樣的話，來形容他們對於國民政府的憎惡。或許也正是出於這樣的反彈吧，被稱為「本省人」的本地台灣人，反而比一九四五年之前更加眷戀日本。

對於這些「台灣人」的親日情結，國民政府的「中國人（外省人）」則是感到相當不滿。畢竟再怎麼說，日本都是在戰爭中敗給他們的一方，但台灣人卻如此喜愛日本人，這點實在讓他們難以理解；於是，在將與日本相關、受日本影響的眾多事物抹去的同時，他們也壓抑了民間對於日語的使用。

（國民政府）對日本文化的排斥，在一九七五年蔣介石過世以後仍然持續著。雖然就現實層面來說，以蔣介石為首的國民政府幹部明顯很重視日本的存在意義，也非常重視和日本之間的外交，以及與日本政財界的交流，但和已經將「日本」這一存在內部化的日語世代比較起來，雙方的對日觀念仍然從根本上有著極大的差異。

於是，宛若面對著名為「日本」的踏繪一般，在這座台灣島上，環繞著「日本」這個概念，每個人都清楚表現出自己在政治和社會光譜上所處的位置；不只如此，伴隨著這樣的位置，每個人也都清楚體現出，自己對於「我是什麼人」這個認同問題，究竟抱持著什麼樣的立場。

那些被視為態度過於「親日」的人，經常會被貼上名為「日語世代」的標籤。在國民黨一黨

3　譯註：踏繪（踏み絵），指的是日本江戶禁教時期官府辨別天主教徒的方法，後來被引伸為「用以識別立場的手段」。

獨裁的時代，這種稱呼事實上包含著某種輕蔑的意識在其中。只是，嚴格說來，國民政府並沒有像大陸的中華人民共和國一樣，一味地鼓動反日情緒。至少在一九七二年日華斷交之前，日本和「中華民國」一直保持著外交關係，對於身陷國際孤立處境的台灣來說，日本是僅次於美國的重要盟友。因此，「知日」這件事，在台灣是受到允許的，但是用日語說話，就得要相當小心謹慎才行。白團也是在這種親日與知日、中國與台灣的夾縫間，透過微妙的平衡而誕生，並且一直維持下去。

「拜我在白團的學習所賜……」

就在這種複雜的糾葛當中，有一名因為在白團學習過而遭到無端逮捕，並且招致八年牢獄之災，走上悲劇人生的前台灣軍人。

這個人的名字叫作楊鴻儒。

我記得我和楊鴻儒初次見面，是在二〇〇七年的冬天。

當時，我以新聞社特派員的身分前往台北赴任。在赴任前，為了更加理解有關台灣的安全保障問題，我前往位在富士山麓的松村宅邸，和出身自衛隊，留下眾多軍事相關著作的已故優秀軍事評論家——松村劭先生見面。

那時候，松村先生敦促我說：

「你到台灣的話，一定要去見見楊鴻儒；他和我是指揮幕僚課程的同學。」

眼見我對「為什麼他在自衛隊的時候會和台灣人同窗」這件事還是一頭霧水的樣子，松村先生又告訴我說：

「楊鴻儒是第一位在自衛隊學習幕僚指揮課程的外國人。他不只日語說得很好，同時也的的確確是一位相當優秀的人才。」

只是，當我在台北和楊鴻儒取得聯繫後，他一見面開口告訴我的，卻是件令人驚訝的事實：

拜我在白團的學習所賜，我成功進了自衛隊，參與了幕僚課程的進修；可是，也正因如此，在日華斷交之後，我卻因身為日本通軍人的關係，為了「殺雞儆猴」而遭到了逮捕。

我不想就此埋沒一生

在開始敘述楊鴻儒遭逮捕的詳細經過之前，首先我想介紹一下楊鴻儒和白團之間的關係。

楊鴻儒在一九三〇年（昭和五年），生於台灣南部的台南大內庄。當時的台灣還是在日本統治時代，台南也還是名為「台南州」的行政區。楊鴻儒從小受日語教育長大，高中因為對機械與科學感興趣，所以選擇就讀台南工業學校；在他的同學裡面，一半是台灣人，另一半則是日本人。

一九四五年，也就是楊鴻儒十五歲的時候，日本人退出了台灣，台灣人頭上的國號，換成了一個叫作「中華民國」的新名字。高校畢業後，楊鴻儒通過了教員資格考試，在台南國民學校一間木頭地板的教室裡，開始教起了數學。

「可是，我並不想就此埋沒一生；於是我拚命學習北京話，最後終於進入了軍官學校。」

在從中國渡台的外省人占壓倒性多數的軍中，楊鴻儒是第一位台灣土生土長、被稱作「本省人」的預備軍官。

生來好強的楊鴻儒，因為嚮往光彩奪目的戰鬥機駕駛員，於是轉入了空軍。然而，當他進入駕駛員訓練課程時，卻被告知說：「由於我們發現你的體質在飛機俯衝時，會有目眩與昏厥的情況產生，所以很抱歉，你必須放棄成為駕駛員的想法。」於是，他在二十出頭的時候，又回到了陸軍。

經由「實踐學社」，前往自衛隊留學

當楊鴻儒在台中擔任迫擊砲部隊的副中隊長時，他在軍中報紙的告示欄上，注意到了「實踐學社」正在召募參加者的訊息。「實踐學社」當時被稱為地下大學；在軍中也流傳著一個「傳說」，那就是若要出人頭地，就一定要有在「實踐學社」就學的經歷才行。

經過甄選合格之後，楊鴻儒從一九六二至一九六三年這一年半的時間中，在實踐學社就讀。

楊鴻儒用流利的日語回顧當時的情況：

總而言之，當時我每天幾乎都埋首於學習之中。在那裡，我頭一次清楚領會到「戰爭原來是這樣一回事」，整個人簡直像是豁然開朗一樣。在課堂上，將軍和像我這樣的菜鳥沒有任何差別，大家都是平等地坐在一起。日本老師們對戰術的思維，和台灣的軍隊明顯不同；他們一般都會先預設好幾套戰術方針，然後再按實際情況進行調整與修正。在實踐學社裡，一場作戰往往需要檢討八種作戰方案，台灣的軍隊絕不可能進行如此大量的事先推演。也正因如此，在推演的過程中，我不禁深深覺得糸賀先生真是了不起；他不只在戰術的著眼點上相當卓越，在解說時也相當淺顯易懂，真不愧是位思路敏捷的人呢！

楊鴻儒口中的「糸賀先生」，不用講，指的當然就是糸賀公一。

「當時，我總是抱著大量的習題回到宿舍，一直努力用功到大半夜；雖然過著這種辛苦的日子，但這是我進入軍隊以來，頭一遭切實感受到自己的成長。」楊鴻儒如此描述著自己在實踐學社時代的日子。實踐學社不只課業與眾不同，在生活所需和待遇方面也特別優厚：

特別是伙食，可說好得非比尋常。當時台灣還是處在貧困時代，軍隊的伙食每餐能有兩道菜就很勉強了，可是，在實踐學社就學的軍官，卻可以享受食堂等級的用餐待遇。不只如此，學員還被允許每兩週返家探親一次。普通士兵在返家時，都必須搭夜班公車不斷轉車回家才行，可是實踐學社是用軍用直升機，將軍官一起送到離家很近的地方。

從白團「實踐學社」科學軍官班畢業的楊鴻儒，就這樣以極為罕見的台籍菁英軍人之姿，開始邁向出人頭地的道路。

他先是在獨立第四師三十團擔任作戰主任參謀，隨後便接獲副師長的徵詢，問他是否有意願參加陸上自衛隊幹部學校的指揮幕僚課程？應該是在實踐學社受教育的經驗，讓自己獲得了前往自衛隊留學這個更上一層樓的機會吧！楊鴻儒如此想著。於是，日語能力相當優異，親日感情也很強烈的楊鴻儒，二話不說便答應了副師長的邀請。

在東京都目黑的陸上自衛隊幹部學校裡，主要教導的是以培養高層指揮官為目標，有關戰術戰略方面的知識及判斷，可以說是將實踐學社的所學，更進一步升級為足以和現代戰爭接軌的內容。楊鴻儒在當時所結識的好友，就是前面所述，同樣修習指揮幕僚課程的松村先生。在日本留學的時候，他也不時會和曾在白團教導自己的教官見面，重溫舊誼。

急轉直下的命運

到一九六〇年代為止，楊鴻儒的人生始終一帆風順，可是彷彿跟白團的解散（一九六八年）走上同樣的道路般，進入一九七〇年代之後，他的命運也隨之急轉直下。

一九七一年十二月十六日深夜，楊鴻儒的某位同事忽然衝進他在國防部的宿舍裡，告訴他說：

「有緊急情報進來，上面命令你立刻前去處理。」

當時楊鴻儒的任務之一就是情報分析，因此不疑有他，馬上跟著同事一同驅車前往國防部。在那裡等著他的，是一名情報單位的「顏姓軍官」。楊鴻儒一到那裡，立刻被帶到某個隔離的房間之中，然後在他還完全搞不清楚狀況的時候，便開始進行偵訊。

這時候，楊鴻儒在工作之餘，會利用空閒時間幫忙將一些中文新聞翻譯成日語。他主要是幫一份為旅居台灣日本人辦的月刊翻譯台灣的經濟情報，但正因為該月刊社長寫的一篇社論，將楊鴻儒捲進了風暴當中。

那位社長有一天，將一篇社論拿給楊鴻儒過目，徵詢他的意見。在中華人民共和國加入聯合國已是無可避免的趨勢下，當時的台灣究竟應當如何是好？是等著聯合國除名好呢？還是自行退出好？又或者是採用某種手段，設法留在聯合國內呢？等待著台灣的，是一個極端無解的難局。

社長寫的社論內容，據說是這樣的：

> 中華民國應當變更國號為「台灣民國」或者「大中華民國」，並且設法留在聯合國內。若是不這樣做，台灣就無法在國際社會中生存下去。

現在看起來，這樣的意見並沒有什麼不妥，但在當時威權主義體制下的台灣，提出這種有違蔣介石主張的想法，卻是極度危險的。因此，楊鴻儒忠告社長說：

「你的想法我能夠理解，但是這樣的文章不適合公開發表；一旦發表的話，你會馬上被逮捕的。」

結果，社長最後並沒有發表這篇文章，但那是個鼓勵同事或鄰居密告的黑暗時代，因此，相當不幸地，這篇文章的存在被有關當局獲知了。同年十二月上旬，社長遭到逮捕，並供出了楊鴻儒曾看過這篇文章的事。

儘管楊鴻儒因為曾經勸告不要刊載這篇文章，所以矢口否認自己的罪嫌，但他「知情不報」，所以仍然被認定是涉嫌犯罪。翌年，軍事法庭以「預備叛亂罪」，判處楊鴻儒十年有期徒刑，楊鴻儒後來提出上訴也遭到駁回，全案就此定讞。當時律師安慰楊鴻儒說：「你的案子其實是政治問題。軍事審判是統帥權的一部分，因此我也莫可奈何；不過，服刑的時間應該不會太長吧！」

然而，事情並沒有到此告一段落。

間諜嫌疑犯

在這之後沒多久，拘禁中的楊鴻儒頭上，又被多冠上了一條「涉嫌將軍事機密交予日本」的新罪名。

罪狀中所指的「軍事機密」，是某份海軍在一九七〇年編纂的潛水艇相關資料。儘管楊鴻儒根本連見都沒見過這份資料，但軍事檢察官卻以「被告與日本武官有師徒關係，在日本自衛隊幹部學校就學，並與眾多日本軍人持續有所交流，因此從中藉機將資料交予日本」為罪狀，將他逕自起訴。這裡所謂「日本武官」，指的自是白團的教官們。

在這時期，日本和中華人民共和國建交，同時也和台灣斷交，國民政府本身因此掀起了一股強烈的反日情緒；在楊鴻儒想來，自己之所以遭到審判，應當是帶有強烈的「殺雞儆猴」意味。

雖然楊鴻儒在法庭上極力辯明自己的清白，但這是一場從一開始就已經宣告有罪的審判，不管說什麼都只是徒勞無功。當法官在宣判前，問楊鴻儒有何意見要陳述時，楊鴻儒大聲地喊著：

如果我是真的做了這些事的話，那麼就判我死刑吧，可是我什麼罪都沒有犯啊！若是你要判我有罪的話，應當去向歷史問罪才對啊！

判決結果是三年六個月有期徒刑，合併前案，共計十一年徒刑定讞。在這之後，因為蔣介石過世，全國特赦的關係，他的刑期被減為七年八個月。楊鴻儒被送往綠島監獄服刑；綠島，是孤懸於台灣東部台東海面上的一座絕海孤島，日本統治時代稱之為「火燒島」，在戰後的台灣，這裡是專門監禁政治犯的收容所。

楊鴻儒在服刑期滿之後回歸社會，此後，他一方面持續從事和出版相關的事業，另一方面也以台籍人士組成的俳句歌詠協會核心成員身分而活躍著，繼續為日台之間的交流做出貢獻。

我也曾經好幾次被邀請參加這個俳句協會的活動。當看到這些流利歌詠著俳句的台灣長輩們時，總不禁感到有股莫名的魄力蘊含在其中。

二〇一三年四月，我再一次在台灣見到了楊鴻儒。在他的帶領下，我們來到了當時實踐學社所在的台北市石牌。原本的實踐學社舊址，如今已變成了一所中學，完全看不出任何當時留下的殘影。當時，楊鴻儒用彷彿眺望遠方的眼神，喃喃說出的言語，至今仍在我心中強烈地迴響著：

我在日本統治下學習日語，又在實踐學社學習了日本的軍學，可以說我這一生，都受到日本深刻的影響。儘管我比其他人都更加努力學習，但這究竟是對，還是錯呢？明知人生不可能重來，但我總是會不自覺地這樣思索著……

楊鴻儒重返實踐學社遺址。（作者拍攝）

日中台與蔣介石，以及白團

一位一位打電話聯繫

直到二〇〇〇年為止，岡村寧次同志會都確實維持著一年一度的活動，但隨著會員相繼凋零，它的活動也漸漸休止了。

筆者透過管道取得了岡村寧次同志會的名簿，上面記有各成員的住所與電話號碼。我在二〇一一至二〇一二年間，不斷地一一打電話、寫信，試著和成員們取得聯繫。上面所寫的聯絡方式，有三分之二目前都已經處於「查無此人」之類音信全無的狀態；但是，儘管如此，我還是不斷走訪當事人的住所進行確認。

若是住在都心地帶的成員那還好辦，問題是成員的住所北起東北、南到九州四國，分散在全國各地，因此察訪工作也變得相當辛苦。雖然情況如此艱難，但不到親眼確認狀況、死心認命為止，我都會咬緊牙關，一路調查下去。就這樣，在八十三位成員當中，我最後和其中三十位成員及親屬取得了聯繫；然而，本書即將完稿之時，還能夠確認存活於世的，就只剩下兩位而已。

這兩位當中，其中一位就是我在本書開頭提到，曾參與諾門罕戰役的戰機駕駛員瀧山和，另一位則是中文姓名「朱健」的春山善良。雖然瀧山答應接受採訪，但是春山的家人卻表示：「他的癡呆症日益嚴重，已經到了無法說話的狀況。」因此婉拒了我的請求。

瀧山和回到日本的時候是四十歲。回國之後，他和朋友一起開辦了一間名為「東洋航空事業」的航空測量公司，社長是朋友的朋友堤清二。雖然瀧山擔任的是管理職務，但他說：「該說是身為飛行員的任性吧，總之我去考了一張證照，然後自己也飛上天去測量了。」瀧山與援助印尼的ODA（政府開發援助）之間也有關係。「當時日本駐印尼的大使八木先生，當我在白團的時候，他正好在台灣擔任大使館參事，我們兩個是很要好的麻將牌友，因此透過向他請託，我從他那邊也得到了一些工作。」瀧山如此回憶著。

除了採訪當事人之外，我也試著採訪成員的家屬，探詢他們印象中關於白團當時的種種記憶。雖然理所當然有遭到拒絕的情況，不過也有好幾位家屬做出了善意的回應。

「當別人問起的時候，我就說丈夫去大阪工作了」

在岡村寧次同志會的成員當中，有好幾位是出身於東北的仙台。當我試著和其中一位成員，中文姓名「吳念堯」的溝口清直取得聯繫時，我得知溝口本人雖然已在二〇〇〇年過世，但他的妻子靜子現在仍然居住在仙台。二〇一二年秋天，我前往仙台造訪靜子。

溝口晚年罹患了阿茲海默症，在靜子與女兒的看顧下，度過了生命中最後的十五年。現在，靜子與女兒兩人過著相依為命的生活。

靜子雖然已經年屆八十八歲高齡，但全身仍然散發著一種凜然的高雅氣質，舉手投足間，都可以清楚感覺到她的教養良好。靜子出身於軍人世家，父親曾經擔任海軍中將；她從小時候起，就是在廣島的吳港長大的。不過她說：「因為海軍常常必須離開家，所以我在選擇結婚對象時，還是比較希望對方能夠是陸軍。」

正巧靜子有位親戚是陸軍幹部，於是在這位親戚說媒下，靜子便與溝口結為連理。

「可是，他一去台灣就是好長一段時間，結果到頭來，我還是在等他回家呢！」

靜子有點無奈地苦笑說著。

兩人結婚的時候，溝口二十六歲，靜子二十歲。溝口雖然是仙台一中考入陸士的菁英軍官，可是那時候他的家境相當貧寒，甚至連結婚典禮用的和服長褲都買不起。

「終戰的時候，我丈夫人在上海，可是當我向司令官──我記得那位司令官應該是二十七期──詢問的時候，他對我說，我丈夫已經接受邀請，前往台灣了。」

溝口是在一九五〇年（昭和二十五年）年底動身前往台灣的。靜子後來才聽說他搭上了一艘從神戶出航的貨輪，祕密偷渡去台灣。當他到達台灣後，總是透過小笠原清寄來家書。這些家書都是以「母親大人、靜子」為開頭，告訴家人自己在台灣的生活種種。

在我們這一代的女性來說，只要知道丈夫從事的是正正當當、值得信賴的工作，那就沒什麼好擔心的。至於丈夫工作的內容究竟是什麼，我並沒有多所過問，只知道他是在幫助台灣的人們設法返回中國而已。

可是，隨著丈夫在台灣生活日久，靜子還是會很想知道，自己的丈夫究竟是過著怎樣的生活？當她提出請求，並且很爽快地得到了允許探親的回應後，靜子便帶著兩個孩子，三人一起搭飛機前去台灣。當她到台灣的時候，台灣方面不只大表歡迎，還派出了政府相關人員前來迎接。靜子一家人住在北投溫泉溝口的宿舍裡，還參觀了日月潭等著名的觀光勝地。

靜子居住的仙台二十人町一帶，原本是一片矮小平房群聚的老市街，現在透過都市更新已經變成了一片整齊美麗的住宅區。當時的鄰居常會問起：「妳老公去做什麼了？」靜子的回答一律都是：「只要有人問起，我就說丈夫去大阪工作了。」

因為溝口在陸大專攻的是登陸作戰，所以他在台灣負責講授的，也是從台灣登陸中國大陸的作戰方針。正因如此，比起其他成員，台灣國防部更希望他能夠長留在台灣。拜他在陸士學過的中文之賜，他和國防部人員之間能夠輕易溝通，也正因如此，他更被國防部視為重寶。

溝口是在一九六三年（昭和三十八年）回到日本。他在一間中學時的學長擔任社長的水泥公司找了份工作，工作了二十年左右之後退休。或許我們可以說，溝口是以一個平凡人的身分，度過了相當平淡的「戰後」餘生。

對於溝口的人品，靜子是這樣描述的：

總而言之，他就是個認真、勤勉、安靜的人；他總是在認真學習，工作就是他唯一的興趣。就算是得了阿茲海默症，他還是會為了保持儀容端正，努力把衣服的鈕扣扣好；一直到最後，他也沒有表現出凌亂不堪的模樣過。還有，雖然他並沒有說出口，但我感覺得出來，他相當以自己在台灣這十五年間的工作為傲。

「父親相當喜歡台灣的米粉，因此母親經常做給他吃」

同樣居住在仙台，和溝口也有聯繫的，還有前白團成員之一的紀軍和（大津俊雄）。雖然大津也已經物故，不過我還是在仙台市見到了他的妻子大津喜代子、女兒鎌田榮子，以及孫子行浩。

從喜代子夫人那裡，我得知居住在仙台的幾位白團成員的妻子們共同組成了一個「妻子會」；這幾位妻子每年會一起聚餐幾次，談天說地、閒話家常。

或許正是因為丈夫的「台灣出差」，不只被嚴格要求得對鄰居和友人保密，甚至連對親人都必須守口如瓶，所以這些共同保有祕密的妻子們，才會如此團結吧！

年屆九十六歲高齡，已經臥病在床的喜代子，在病榻上回想起當時的情況：

我啊，因為孩子年紀太小，所以沒有去台灣探視過丈夫呢。作為替代，我拍了許許多多的照片，然後將加洗的照片連同家書一起寄往台灣。雖然他有告訴我自己去了台灣，不過卻從不曾對親戚提起過這件事，因此就連老家那邊的人也完全不知情。每年年底親戚聚會的時候，我們只說他去東京出差了。

大津的女兒榮子，在從日本回來的父親所說的台灣經驗中，令她印象最深刻的是這件事：「父親說：『從洗臉的時候用毛巾擦臉的方式，就可以輕易分辨出某個人是台灣人還是日本人。』」「據父親的說法，日本人在擦臉時是把毛巾湊到臉上去擦拭，而台灣人正好相反，是把臉貼到毛巾上面。因為當時日本人在台灣任職是祕密，所以據說有一次，當憲兵看到父親這樣擦臉時，還曾經大感懷疑、上前盤問呢！」

的確，當我問起認識的台灣朋友時，他也說自己擦臉的時候是「把臉貼到毛巾上」呢！

大津出身於宮城縣的古川。他是通訊專家，對航空方面的知識也相當豐富。他是陸士四十七期畢業，在同期同學中是成績最好的；據說同學們經常很不甘心地說：「為什麼老是贏不了大津呢？」

大津參加白團的時間，是一九五一年（昭和二十六年）四月到第二年的七月，總計一年四個月，屬於參加時間比較短的成員。因此，當他回到日本的時候，還是春秋正盛的四十來歲年紀。

起初他在仙台某家一流企業就職，可是開始工作之後沒多久，就有外面的人批評說：「雇用前職業軍人好嗎？」在當時的日本，主張積極追究戰爭責任的自由主義勢力很強，因此前軍人仍舊是經常遭到歧視與鄙夷的一群。

大津在軍隊的最終軍階是少佐，按法律並不屬於公職追放的對象，因此對於究竟該如何處理這個問題，公司方面似乎也相當頭大；結果，明瞭這一點的大津，只是對公司說了聲：「我不想再替公司添麻煩了。」然後便相當爽快地辭去了職務。

在這之後，大津在地方上的某家印刷工廠找了份工作，一直做到七十歲才退休。他過世的時間是一九九五年（平成七年）的九月十五日。那天是敬老節，大津吃完祝賀的餐宴，整理了一下房間後，忽然說了聲：「我覺得有點不舒服……」接著整個人便倒了下去，然後當天就過世了。

我造訪大津家是在二〇一一年，那時東日本大震災才剛過去半年不到。採訪之後隔年，喜代子便以高壽離世了。

在取材過程中，榮子這樣對我說：

父親很喜歡蒐集古董，珍藏了許多形形色色的古董在家裡，可是因為震災的緣故，其中許多都損壞了。總而言之，父親是只要熱中於某件事就會全心投入其中的人。他很喜歡讀書，每天一定要讀點書才能入睡；他對家人相當溫柔，連一次脾氣都沒發過。他和母親之間的感情也相當好，兩人總是相處得和樂融融。因為父親相當喜歡台灣的米粉，所以母親經常做給他吃呢！

「終戰時我才三十歲」

最後，我想敘述一下在第六章裡透過日記向我們介紹白團活動的戶梶金次郎回國之後的生活狀況。

戶梶回到日本之後，便在妻子老家山口縣的鴻城高校當起了社會科教師。曾經有些他過去的軍人朋友想邀請戶梶去擔任汽車公司的分店長，但戶梶卻說：「迄今為止，我已經給妻子添了太多麻煩，因此這次無論如何，我都想聽從她的意見。」於是，他便選擇了執教鞭一途。

從教師位子上退下來之後，他自己開了家公文式補習班，直到人生的最後，都將有限的餘生奉獻在教育年輕學子之上。據說，他在學生和孩子的面前，偶爾也會提起自己的戰爭經驗。

儘管並不算頻繁往來，不過戶梶和同樣住在山口縣的白團成員萱沼洋（夏葆國）之間私交甚篤，兩家也會不時共同聚首。萱沼歸國後成為作家，出版過《零戰黑雲隊》（青樹社，一九六四）等大受歡迎的戰史著作。雖然在白團中，他算是相當「另類」的人物，不過戶梶卻出乎意料地跟他十分意氣相投。

據戶梶的回顧錄記載，晚年的戶梶曾經對著家人，如此回顧自己的一生：

我在出生的故鄉過了十五年，從陸士到終戰為止又過了十五年。終戰時我才三十歲，但我卻覺得我的一生似乎已經走到盡頭了。此後的十五年，我在台灣擔任蔣介石的顧問，回到日本之後，我在高校擔任了十五年的教師，然後又在公文式補習班任職了十五年。每當這相隔十五年的轉折到來之際，我都會覺得自己接下來恐怕將會碌碌無為、毫無建樹地度過餘生；但事實上，我卻經歷了形形色色不同的體驗，而且度過了相當充實快樂的一生。

坦白說，當我聽到這段話的時候，對於能夠度過如此多采多姿人生的戶梶，不禁油然而生一股羨慕的感覺。

對舊日本軍的軍人而言，終戰的同時，也就等於是為自己迄今為止所積累的專業經歷畫上一道休止符。那些已屆高齡的軍人倒還無所謂，但是對於像戶梶這樣未來還有很長一段路得走的青壯年軍人來說，在他們心裡，多少會對自己究竟該如何度過往後的人生，感到有些迷惘與苦惱。

在這種情況下，戶梶會接受派遣到台灣這種讓自己的專業經歷獲得重生的「二次就業」工作，也就不難想像了。另一方面，戶梶在回顧錄的遺稿當中，也這樣寫著：

> 當我在廣播中，聽見老先生（筆者註：蔣介石）訓誨國民「以德報怨」的演說時，我心中的震撼實在難以形容。當時的我不由自主坐直了身子，同時打從心底深切地領悟到：「原來我們日本不只輸了戰爭，在道義上也遠遠不及中國啊！」

身為白團的一員，戶梶在台灣度過的每一天，既是高舉著「報答蔣介石恩義」的理想大旗、每天致力於這份非比尋常的工作之中，同時也是以一個活在現實世界中的凡人之軀，持續度過這人生當中無可替代的一格珍貴縮影。

當戶梶在一九九〇年七月六日過世之後，他在台灣的友人，同時也是國民政府軍人的陸軍中將林秀鑾，為他獻上了一段以〈風雨同舟〉為題的文章。林秀鑾是和戶梶同一時期在日本陸士就學的「同窗」，同時也曾在白團受過戶梶的教導。

在東京陸軍士官學校同學中，
在台北軍官訓練團同事中，
在兩國交流合作關係中，
風雨同舟，
同舟共濟，
無限景慕，
無限懷念。

這可說是歷史的必然嗎？

蔣介石出生於一八八七年，在一九七五年辭世；這段期間，正是中國歷經無數現代化苦難的時期。

蔣介石出生的時候，日本正在步入現代化，而中國則是將要結束滿清的統治。因此，蔣介石可以說是在邁向強國的日本以及處於混亂的中國兩者的夾縫間，逐漸長大成人的。

從對清朝的失望、辛亥革命、革命的不成功、軍閥混戰、在自己國土上展開和日本之間生靈塗炭的慘烈戰爭、內戰與敗北，再到台灣防衛；縱觀蔣介石的一生，幾乎可說就是整個現代中國的縮影。從這層意義上來說，不管是孫文、毛澤東還是鄧小平，他們都不曾擁有像蔣介石這樣，將整個中國現代史全都包含在內的體驗與經歷。

從另一方面來說，日本伴隨著明治維新步上了富國強兵之道；先是在甲午戰爭中取得勝利、將台灣納入手中；接著又將勢力延伸到朝鮮半島、在滿洲建立了傀儡國，然後又和中國展開全面性戰爭。在這過程中，不管個人的好惡如何，在所有日本人當中，日本軍人無疑是中國最必須面對的人物。因此，回顧過往，蔣介石與日本軍人之間產生交集，並從而促成白團誕生，這樣的發展若說是「歷史的必然」，大概一點也不為過。

年輕時候的蔣介石先在日本學習軍事，然後才投身革命。不只是蔣介石，當時中國的年輕人，不論是誰都期盼著能前往日本學習。當蔣介石不斷深思該如何讓因列強蠶食而殘破不堪的祖國重新站起來的時候，他一方面必須要學習身為現代化模範的「日本」，另一方面卻又必須打倒身為列強之一的「日本」；因此，對於所謂的「日本」，在他心裡其實抱持著深刻的矛盾。

從這裡來看，若是要對蔣介石與日本的關係下結論，我們或許可以說，蔣介石之於日本，就是一種把日本當成學習模範加以接受，接著又加以克服，反覆產生矛盾對立的辯證過程。然而，這樣真的就能概括蔣介石的一生了嗎？

確實，對日本的「學習與克服」，是貫串蔣介石一生的反覆辯證歷程無誤，但是，這樣的辯證歷程並不只限於蔣介石。事實上，在中國邁向現代化的過程中，這是同時代的人們所共同擁有的經歷；只是，和毛澤東、周恩來或者其他中國領導人相比，日本在蔣介石所經歷的這段過程中，占了極其突出與重要的比例。

軍官學校對蔣介石的意義所在

在此，我們應當從另一個視點去思考：蔣介石經常用以啟蒙人民，並且希望創造出嶄新國民的方法，其實是立基於中國革命傳統的「代行主義」這一思想之上。所謂「代行主義」，依慶應義塾大學名譽教授山田辰雄的定義，即是由少數菁英集團代替人民設定改革目標，並形塑人民政治意識的主張。國民黨和共產黨雙方都從孫文手中承繼了這種代行主義的觀念，直到現在，它仍然是中國共產黨不願放棄獨裁的理論基礎。以此為出發點，為了培育出足以自我覺醒的菁英，蔣介石終其一生不斷致力於在自己的掌握下養成新一代軍人的教育工作。

一九二四年六月，在距離廣州四十公里遠的黃埔，中國第一所真正意義上的軍人教育專門機構——黃埔軍官學校正式成立，校長是孫文所任命的蔣介石。在筆者看來，從黃埔軍校中，其實可以明顯看出白團的原型。

歷經辛亥革命的挫折後，國民黨逐漸蛻變為「革命政黨」，同時也清楚體認到革命軍——亦即國民軍——的必要性；於是，在不到短短兩年間，他們便培育出了兩千三百名軍隊幹部。在中國當時那種由軍閥或有力者掌控，私兵、傭兵性質強烈的軍隊當中，黃埔軍校以不畏生死的革命軍精神為基礎，教育出大量截然不同的年輕軍人。

黃埔軍校的重要性，只要看看和該校有關的人，便可一目了然。

除了擔任校長的蔣介石之外，還有廖仲愷擔任國民黨駐校代表、李濟深任教練部主任、王柏齡任教授部主任、戴季陶任政治部主任、何應欽任總教官；在共產黨員方面，則有葉劍英擔任教授部副主任、周恩來任政治部副主任、毛澤東也曾擔任過入學面試官。在黃埔畢業生中，我們也可以看見國民黨的胡宗南、湯恩伯；共產黨的林彪、徐向前等鼎鼎大名的人物。

這些軍人在日後的國共內戰真實戰場上分屬雙方陣營激烈交鋒；因此，我們可以確切地說，黃埔軍校所扮演的，正是「現代中國軍人的搖籃」。

黃埔軍校的設立，直接促成了蔣介石在軍人事業上的成功。就在黃埔軍校設立的數年後，國民黨展開了北伐，這支實際上以黃埔軍校畢業生為核心組成的國民黨軍，引領著向來被視為艱巨任務的北伐一步步走上成功之路。

對蔣介石而言，黃埔軍校在他掌握黨內與軍隊大權的過程中，可說是具有劃時代的效果。更重要的是，蔣介石從此打從心底對於所謂「黃埔式」的教育系統（或說軍官學校），產生了無限的信賴。

關於黃埔軍校教育的特徵，請容我在此借用一下中國現代政治研究者野村浩一在其著作《蔣介石與毛澤東》（岩波書店）當中所做的細緻分析：「（所謂黃埔軍校的教育）其根本原理即是家長制的運作方式、以及極其嚴格的組織規律與軍紀要求。」在蔣介石到台灣後透過白團實施的軍事教育中，明顯可以看出兩者之間的關聯。

蔣介石認為，假使軍校是一個大家庭，那麼長官便是父母兄長，而身為校長的蔣介石自己所背負的，則是身為家族中一家之長的重責大任。據說蔣介石在黃埔的時候，每週一定會親自對學校全體成員訓話，訓示的內容從重要事務到日常生活瑣事，林林總總無所不包。即使到了白團主持的圓山軍官訓練團時代，蔣介石還是會在開學與畢業典禮上發表訓示，並且和「畢業生」共同用餐，就像在黃埔的時候一樣。從這裡不難看出，浙江省保守的家庭教育，以及在日本所受的軍事教育，對蔣介石的人生影響有多大。

一九三三年，蔣介石在江西的廬山成立了另一所軍官學校。相對以提供軍人初等、中等教育為目標的黃埔軍校，廬山軍官學校則是以指揮官層級為對象，其目的是要成功達成清剿共產黨的作戰。廬山軍官學校的授課期間是該年七月到九月，一期的學習時間為三個星期，參加者據說達到了七千五百人之多。

這所廬山軍官學校，與白團（實踐學社）開設的高級班在形式上頗有類似之處。

值得注意的是，在黃埔和廬山兩所軍官學校中，黃埔得到了蘇聯的協助；至於廬山，則是獲得了德國軍事顧問團的參贊。關於這點，除了清楚呈現在當時客觀的情勢上，中國現代化仍然無法擺脫外國的協助之外，就蔣介石本身而言，這種「想要達成某種目標，就會從海外借重外國智慧」的做法，也相當吻合他一貫的行動模式。「打破軍隊再教育的困難」→「導入外國人的智慧」，這一模式在撤退到台灣之後的中華民國土地上，以白團這一形式開花結果。這裡所說的「困難」，在黃埔指的是「打倒軍閥」，在廬山則是指「殲滅共產黨」；前者獲得了大成功，後者也獲得了一定程度的成果。至於以「反攻大陸」和「台灣防衛」為教育目標的白團，雖然他們無法實現反攻大陸的意圖，但在防衛台灣這個目標上，則明顯是成功的。

超越邏輯和理性，對於「中日攜手」的渴望

只是，單單從「外國人的能力」這個技術性觀點，或許並不足以解釋蔣介石何以對白團如此推心置腹。和同一時期駐紮在台灣的美國軍事顧問團相較起來，蔣介石和美軍之間，雖然在「軍事技術的提供」方面彼此合作，但是他並不曾像對白團這樣，把國軍幹部的「精神教育」委任給對方。

從這裡，我們可以看出蔣介石在感情與思想上，對中日攜手合作的特別重視。說得更精確一點，在「學習與克服」的辯證過程中，除了將日本視為現代化的範本加以「學習」之外，還理應更進一步，不以否定和報復的方式，而是以同心協力、攜手合作的「善意」行動來克服日本，這就是深受儒家倫理薰陶的蔣介石的思考原則。

反過來說，經常以日本為師的蔣介石，為了證明自己的正確，必定也會認為中日之間的攜手合作，乃是理所當然、必須達成之事。在蔣介石的言行舉止中，有不少地方都可以感覺得出一種超越邏輯和理性，對於中日攜手的渴望。

蔣介石在日本敗戰之際所發表，後來被稱為「以德報怨」的演說，其內容可說是極端的理想主義；和其他同盟國的領導者如邱吉爾、史達林和羅斯福等人相比，他對日本的這種和睦態度，也是相當突出的。因此，在這篇演說中，蔣介石已經超越單純的政治謀畫，而是將自身的思想徹底投射在其中。

敵乎？友乎？

蔣介石在大陸敗北之後，又在台灣複製了一個一模一樣的「中華民國」，並且成功地再次站穩了腳步；可是，在此同時，「中華民國」的「再起」也就意味著台灣已然加入了人稱「無殖民地帝國」的美國霸權體系中，成為該體系的反共最前線堡壘之一。蔣介石為求安全獲得保障，不惜放棄了反攻大陸的自由，但唯獨在白團存廢問題上，他卻硬是扛住了美國要求撤廢白團的壓力；之所以會如此，也只有從蔣介石所呈現的那份對於日本近乎理想主義式的執著去著眼，才有辦法理解。

要理解蔣介石的對日觀，並不是件簡單的事情，不過，我們或許可以從一九三四年發表在《外交評論》雜誌上，由蔣介石自己執筆的〈敵乎？友乎？——中日關係之檢討〉一文中，尋得一些蛛絲馬跡。

作為對無意停止侵略中國的日本之「最後的忠告」，蔣介石一開始原本為了考量「當時之政治關係」，借用了別人的名義發表這篇文章，不過日後他則是清楚表明，自己乃是這篇文章真正的作者[4]。

在這篇文章中，蔣介石做了以下的陳述：

首先我敢說，一般有理解的中國人，都知道日本人終究不能作我們的敵人，我們中國亦究竟須有與日本攜手之必要。這是就世界大勢和中日兩國的過去現在與將來（如果不是同歸於盡的話）徹底打算的結論。

在這篇文章中，蔣介石以令人驚異的清晰理路，分析了日本侵略中國的問題點。有如預言一般，所有日本對中戰爭失敗的原因，全都被包含在這篇〈敵乎？友乎？〉之中。走筆至此，我不禁感嘆：若是當時的日本人能夠確切接受這篇文章的話，那麼戰爭的結果或許就會截然不同了。

亞洲現代史所誕生出的「怪胎」

學習日本，並從學習之中超越日本；蔣介石所致力的這一課題，在他於二次大戰以及中日戰爭中壓制了日本之後，大致上已經算是達成了。可是，蔣介石的戰爭並沒有因此畫下句點。擊敗帝國主義後，他就必須直接面對共產主義這個新興的大敵；緊接著，他在這場戰爭中遭到慘痛的敗北，失去了中國大陸，並逃亡到台灣。就在面臨這個人生最大危機的時刻，蔣介石做出了選擇，決定再次向日本軍人學習。

充滿變化的現代，造就了蔣介石這樣的政治家；也因為這樣的時代，使得蔣介石必須借重日本軍人的力量，而白團也因此應運而生。

可是，從另外的角度來看，假使蔣介石在對共產黨的戰爭中獲勝，那麼這一切都不會發生；

4 譯註：蔣介石明白揭露此事，是一九五〇年九月，國民政府撤退到台灣之後的事。

如果韓戰沒有爆發，那麼台灣有可能老早就變成中華人民共和國的一部分，而白團的下場大概不出變成俘虜，或者被遣送回國。又或者說，假使蔣介石成功反攻大陸，那麼白團當中的一大部分人員，或許都將真正地以反共聯軍一員的身分，在中國大陸進行作戰。

蔣介石身為台灣領導者、活躍在第一線的時期，幾乎與白團的活動時間是一致的。就在一九六八年白團解散後的翌年，蔣介石遭逢嚴重的交通事故，導致身體狀況嚴重惡化。緊接著在一九七一年，台灣退出了聯合國，第二年的日華（日台）斷交，更使得台灣與日本的關係進入了一段冷卻期。說起來或許像巧合，在蔣介石與日本人相互親近的這段時間中，白團就宛若奇蹟般地誕生了；但是，當蔣介石失去健康之時，白團也隨之消逝。

如此看來，白團能夠在台灣活動長達二十年之久，其實是諸多偶然要素匯聚之下所產生的結果。這樣一想，若是我們將白團的存在，視為在錯綜複雜的現代亞洲孕育下猶如奇蹟般誕生下來的「怪胎」，或許一點也不為過。

白團的存在，毫無疑問在蔣介石重建軍隊、對抗中華人民共和國的過程中，發揮了很大的作用。關於這點，身為日本人的我，的的確確為他們感到自豪。他們從身為戰敗國的日本，來到戰勝國中華民國，為身處第一線的軍人們進行軍事教育；還不只如此，他們還是在沒有政府援助下，以非公開方式祕密進行著這樣的教育。為了這種史無前例的任務，他們居然持續奉獻了二十年之久，對於這點，我除了感佩之外，再無其他話可說了。

為了達成這項任務，蔣介石與台灣方面都付出了莫大的代價；同時，參與白團計畫的軍人們，他們所付出的巨大努力，也是不可磨滅的。為此，白團的功績在歷史上理應獲得更加公開與正面的評價才對。

一九九八年，當台灣大報《中國時報》的記者林照真出版《覆面部隊——日本白團在台祕史》一書之際，白團的生身之父曹士澂，為這本書撰寫了序文。曹士澂曾經公開署名發表的文章，據我所知這是第一篇，同時也是最後一篇。

在這篇序文當中，曹士澂如此闡述了白團的意義：

（白團的）性質與一般軍事顧問團大不相同，我國過去有的是因邦交或購買武器隨來服務的公開顧問團，而白團則是為了報恩自動祕密而來，並且是一個龐大的三軍聯合顧問團，因祕密而不公開，又無詳整記載，故團員們都是無名英雄。

當民國三十八年，我政府撤退來台，軍隊在外島尚未集中，當時人心惶惶、士氣低落，國際上孤立無援之際，本人發動利用外來助力保衛台灣、重建國軍、反攻大陸，這就是創始白團的主要目的。

白團在台工作了二十年（一九四九—一九六八），受訓人員達二萬人以上……（中略）其成果輝煌，使國軍現代化、增進其自信力、團結一致、保衛台灣、安定了人心、同時做了不少中日親善關係。

在白團解散之後不久的一九六八年十二月，台灣國防部編纂了一份名為〈日本軍事顧問（教官）在華工作紀要〉的文件。在這份可以稱得上是白團在台活動總整理的官方文件之中，它的結論部分是這樣記述的：

> 民國三十八年大陸淪陷、政府播遷台灣之初，隨著國內外情勢的惡化，許多人的心理與精神也瀕臨崩潰邊緣。在這當中……（中略），創設了「革命實踐學社」、「軍官訓練團」等種種革命教育訓練部隊，雇請日本軍事人員擔任教官，促使黨政軍中高級幹部學習革命戰術、理解革命思想、堅定復國決心、奮發革命精神，並積極推行各種政策，將台灣建設為反攻的基地。受各班訓練畢業的幹部，達到數萬人之多。
>
> 日籍軍事教官最初來華時，我國正處風雨飄搖之際，然彼等不顧危險，和我輩艱難與共，以無私之心秉持道義，呼應　領袖昔日之大恩大德……
>
> 我們特別必須感激的是，各日籍軍事教官於工作期間，不計報酬與利害關係，以誠懇的態度為我國的作戰立案做出貢獻、協助我國完成軍事教育，並使得國軍幹部的戰術思想得以統整為一。這些日籍軍事教官的功績，將永遠不會磨滅。

另一方面，已故的台籍學者戴國煇，在他所著的《台灣》（岩波新書，一九八八）一書中也指出：

> 蔣介石在（台灣）軍隊重建的事務上，真正相信的並非美國軍事顧問團，而是日本軍事顧問團，這是相當明顯的事實。

也有批判的聲音，這是必須嚴肅面對的事實

不過在此同時，我也必須提及那些在台灣，對於白團的存在抱持批判的聲音才行。

舉例來說，白團引進了動員制度，使得國民政府可以將台灣社會的一切資源利用在戰爭上，但這對台灣社會而言，可以說是造成了相當沉重的負擔。同時在另一層意義上，也等於是讓蔣介石以及國民黨政權，獲得了長期控制台灣社會的有效手段。對於此前從未有過「動員」這一概念的蔣介石以及國民黨而言，這無疑具有相當重要的意義。

另一方面，我們也不能否定，經由白團訓練出來的軍隊，有被利用來鎮壓台灣社會的可能性。對蔣介石抱持批判立場的評論家楊碧川，在所著有關白團的作品《蔣介石的影子兵團——白團物語》中，就曾做過這樣的批判：

> 迄今為止，中國國民黨一直在強行掠奪台灣的資源，但台灣的士兵卻非得守護這樣的「中華民國」不可。因此，白團對蔣介石的「報恩之旅」，其實反過來說，是和（國民黨）對台灣人的壓迫之路彼此相連的。所以，從歷史的角度來看，這群由日本人組成的影子兵團，他們在不知不覺間，成為了蔣介石父子壓制台灣人的工具⋯⋯（中略）或許他們真的是對蔣介

石懷抱著恩義，可是台灣人卻永遠忘不了這段屈辱的經歷。白團的歷史已經結束了，但當他們離開台灣的時候，卻也背負著台灣人的憾恨；不管這段事蹟在歷史中將會如何流傳下去，我都希望後世的人們能夠牢牢記住這一點。

台灣的歷史相當複雜，短短百年之間，就歷經了滿清、日本以及蔣介石的國民黨這三個「外來政權」的統治。在這當中，每個時代都有屬於自己的光與影，每個時代也都有站在權力者一邊，以及不屬於權力中心的人們；而時代改變時，這樣的立場往往也會隨之發生逆轉。

就以日本統治來說，隨著日本戰敗以及日本人撤離台灣，對日本人而言，台灣已經是過去式的存在，但台灣人卻必須迎接思考與行動模式完全相異、來自中國大陸的國民黨統治，其結果就是造成以一九四七年發生的二二八事件為代表、對於台灣人民的鎮壓悲劇，以及其後對人權與言論持續不斷的壓制，亦即所謂「白色恐怖」時代的到來。

白團與蔣介石之間的合作和交流，看在一般台灣市井小民眼裡，除了為他們帶來一段壓抑自由的黑暗時代以外，幾乎就再也沒有別的了，而白團之所以訪台的理由，對他們而言，或許根本就是完全不重要的問題，這點確實是我們必須嚴肅以對的事實。

「關於二二八事件的種種，我也略有所聞」

不過，據白團成員留下的證言顯示，對於從中國渡台的「外省人」，與台灣土生土長的「本省人」之間的矛盾對立，他們也並非一無所覺。

白團開始渡台的時間是在一九五〇年，那時候距離一九四七年的「二二八事件」不過幾年，台灣社會對當時的血腥歷史仍舊記憶猶新。於是從反外省人、反蔣介石的感情中，逐漸衍生出一種懷念日本時代的氛圍；對於白團成員來說，這也有鼓勵他們積極工作的效果。

在〈「白團」物語〉當時尚存成員的對談中，當岩坪博秀提起這一時期時，他說：「關於二二八事件的種種，我也略有所聞。」接著他又用相當坦率的語氣說著：

「日本時代真是美好」，從那些對我們的親切迎接中，我們可以相當強烈地感受到這一點。（中略）不管是走到哪裡，所見到的人們都相當熱情地接待我們，對於這一點，所有成員都有同樣的體會。

那真的是段感覺超美好的時光。每到星期假日的時候，宿舍對面的年輕女性就會三五成群前來造訪，和我們閒聊有關日本的種種。她們的到來，為整個宿舍增添了不少光彩。當時總有形形色色的人前來拜訪，他們或者閒聊有關日本時代的回憶，或者談及二二八事件，又或者聊聊日本的現狀，那真的很讓人懷念。

當然，要身為這個獨裁體制一部分的白團在這時候便清楚察覺到蔣介石以及國民黨對台灣人社會的壓抑，也就是後來李登輝所說的名言——「身為台灣人的悲哀」，並且有意識地做出自我批判，這或許也太過強人所難了。

「反共」背後的真實

白團的人們在談到和蔣介石攜手合作的意義時，經常會強調「反共」這一點。確實，日本軍人或許存在著所謂「反共」的思想；可是，中日戰爭正是使蔣介石敗給共產黨的原因之一，這也是不爭的歷史事實。

比方說，蔣介石因為西安事變的緣故，不得不被迫和共產黨尋求共識、建立合作關係；然而，若是當時日軍能夠節制自身的攻擊行動，那麼蔣介石就很有可能在掃蕩共產黨勢力的作戰中獲得成功，並徹底摧毀共產黨。當時，蔣介石揭櫫的戰略是「攘外必先安內」，亦即先解決共產黨（內部問題），再來對付日本等外國勢力（外部問題）。為此，如果日本軍人真的有意要「反共」的話，那麼就應當做出靜觀蔣介石討滅共黨的判斷才對；然而，當時的日軍並沒有這樣關注反共這一議題。

在共產黨的政治宣傳下，「領導抗日戰爭、將戰爭導向勝利者乃是共產黨」這一史觀，不只長期在中國本身成為定調，就連日本乃至世界也都是如此；然而，實際上的情況是，和日本作戰的主要是國民黨，而共產黨則趁這段期間不斷積累實力，一步步為即將到來的內戰打下堅實的基礎，這才是不爭的事實。正因促成國民黨在日本敗戰後爆發的國共內戰中敗北的重要原因之一乃是日本人，所以毛澤東在戰後為了內戰勝利，對日本人「致上感謝之意」，這或許一點也不是誇大其詞，而是他打從心底的真心話[5]。

然而，這種戰前對於「反共」的阻礙，隨著日本的失敗，卻彷彿從白團成員的腦海裡一夕消失了。自岡村寧次以下，眾多的白團成員都堂而皇之、高聲宣揚起自己的「反共」使命；這樣的姿態，老實說，確實會讓人覺得有點違和感。

欠缺對「失敗的戰爭」的內化體驗

包括這一點在內，白團成員在言行舉止上幾乎都有一個共通點，那就是對於自己經歷的「那場戰爭」，表現出來的態度淡漠到令人驚訝的地步。對於自己之所以渡海前來台灣，白團成員除了高舉「為了報答寬大政策的恩義，所以前來幫助蔣介石」的大義名分之外，完全看不見他們對於自己所應負的歷史責任與意義，曾經認真展現過什麼深刻的省思。

白團的指導者岡村寧次，在一九五六年（昭和三十一年）發表於《文藝春秋》雜誌，與訪日的何應欽將軍的對談中，針對身為戰犯的自己獲判無罪這段歷史，若無其事地這樣說道：「我之所以能免除戰犯的罪名，全是託您所派來的律師的福。雖然我知道這是屬於私事的範疇，但還是

---

5 譯註：毛澤東的原話是這樣的：「我們為什麼要感謝日本皇軍呢？就是日本皇軍來了，我們和日本皇軍打，才又和蔣介石合作。二萬五千軍隊，打了八年，我們又發展到一百二十萬軍隊，有一億人口的根據地。你們說要不要感謝啊？」語出《毛澤東思想萬歲》，一九六九年。

請容我在此，向您致上誠摯的感謝之意。」雖然這只是岡村對外的部分發言，不過我確實很懷疑，他到底有沒有真正理解過，自己的無罪以及白團的成立，其實是一種「施與受」的關係？然而，這並不單單只是白團的問題而已。在為「反共」與「美談」感到喜悅的同時，卻缺少了將「失敗的戰爭」這一體驗加以內化並省思的過程，這或許可說是戰後全體日本人共通的問題。

相形之下，蔣介石常常從中日攜手以及軍隊重建等層次更高的角度，去思索白團存在的意義，這點在本書的檢證中，也表現得相當清楚了。

至少，蔣介石是真摯的以日本為對象，全力投入在「學者與克服」這個辯證的過程當中；他不只召喚白團前來台灣，讓部下接受他們的教育，同時自己也向白團學習，期望能夠在這樣的過程中，在內心創造出某種「超越日本的成果」。

在因緣交錯的三角關係之中

日本、中國、台灣，三者構成了一段因緣愛憎交錯的三角關係。

就歷史上來說，中國一向是日本效法的對象；日本總是從大海東邊的盡頭，遠遠仰望著中國先進的政治體系、文化以及科學技術。

有史以來從不曾改變的這種中日間的「上下關係」，隨著清代的停滯與日本的明治維新，頭一遭畫下了句點。日本在甲午戰爭中擊敗了清廷，並且迫使清廷割讓了台灣。

儘管對於清廷是否有權割讓整座台灣島這點，實在令人頗感懷疑，不過不可否認的是，當時的清廷確實是唯一一個統治權及於台灣的國家。

於是，台灣就這樣成了日本的一部分，時間持續達五十年。若以世代來說，就是橫跨了三個世代。這段時間說長不長，說短卻也不短。儘管日本對於抵抗運動採取了殘酷的鎮壓手段，同時日本人與台灣人之間的差別待遇，直到最後也沒能解決，不過日本對於台灣的產業與農業發展進行了大量的投資，使得台灣的生活水準遠遠凌駕於同時期的中國之上。

日本戰敗之後，台灣又再次回到「中國」的統治之下，這次的支配者換成了蔣介石領導的國民政府。可是，國民政府很快就被共產黨逐出中國大陸，狼狽逃命到了最初只被他們視為是勝利「附贈品」的台灣島上。

支配中國大陸的中華人民共和國，也將台灣視為他們領土的一部分。他們曾經高舉「解放台灣」的旗幟，試圖將蔣介石的國民政府逐出台灣，但是最後並沒有成功。至於日本則是在冷戰機制下，應美國的要求，為了協助蔣介石政權，不選擇和支配中國大陸的中華人民共和國，而是和僅僅掌握台灣一島的國民黨政權交往。只是，一九七二年，日本和中國最後還是恢復了邦交，並且和蔣介石統治的台灣斷絕了正式外交關係。

直到現在，好比說在尖閣群島（釣魚台列島）的問題上，雖然中國和台灣都宣稱自己對這些島嶼擁有主權，但在和日本的對應上，中國的態度明顯強硬許多，而台灣似乎相對就沒有那麼強硬，兩者之間的熱度明顯有差。雖然中國一再呼籲台灣在這個問題上要採取「共同戰線」，但台灣對此則是充耳不聞。

當我們思考有關白團與蔣介石的歷史時，其實就是在思索直到如今仍然有著密切關係的日本、中國、台灣三國的近現代史。在從戰前一直延伸到現在的日中台關係的夾縫間誕生的白團，就像是一面明鏡般，讓這三國間複雜糾葛的三角關係，清晰生動地浮現在我們的眼前，這正是研究白團的趣味所在。

尾聲

溫泉路一四四號

在北投溫泉

明明才三月，氣溫卻已經接近三十度了。我走在陡急的坡道上，儘管路肩叢生的榕樹遮擋住直射的日光，但我的背上還是大汗淋漓。

我的目的地是位在台灣的台北郊外，鼎鼎大名的溫泉療養勝地——北投溫泉。自從日俄戰爭期間，軍方為了讓傷兵進行溫泉治療，而在此地修建了陸軍療養所以來，這裡就一直是傳統上與日軍擁有深厚淵源的場所。同時，它也是白團在台宿舍的所在地。

被稱為「第一招待所」的宿舍，過去曾經是舊日本陸軍軍官親睦團體「偕行社」所屬的建築物。這是一棟用檜木建成的日式兩層樓建築，在房子的周圍種植著檳榔樹、香蕉樹以及木瓜樹，整體洋溢著一股濃烈的南國風情。

北投溫泉是日本統治台灣時代開發的溫泉區。這個溫泉區的範圍涵蓋了整片山區，最深處的山谷是人稱「地獄谷」的溫泉池，時常冒出陣陣灼熱的蒸氣。整片溫泉區充滿了日本風情，讓人有種明明身在台灣，卻彷彿像是來到了日本某地的鄉村溫泉般，散發著一種鄉野的氣氛。

由於過去曾是活火山的大屯火山系的緣故，台灣北部的溫泉並不少，北投溫泉就位在火山帶與台北盆地交會的地點上。從台北市區搭乘捷運到北投，大約需要三十分鐘車程，每到週末就是一片人潮洶湧。最近石川縣的著名旅館「加賀屋」在這裡開幕，又為北投吹起了一陣嶄新的風潮。

對於北投溫泉，我個人也有一段回憶。當時，台獨派大老，在日本也相當有人氣的黃昭堂，曾經多次在北投這裡宴請日本記者。在北投溫泉這裡，有一種自彈自唱的歌手叫作「那卡西」，每到宴會的時候，黃昭堂便會邀請這些「那卡西」歌手前來，用日語演唱各式各樣的昭和歌謠。

黃昭堂是位不論體格或心胸都相當寬大的人物，即使不喜歡台獨的國民黨人，對他也不曾有過任何非難與批評。雖然黃昭堂已經於二〇一一年在眾人的惋惜聲中離世了，但每當我前往北投溫泉時，還是會不自覺地想起他。

在有關白團的取材方面，我盡了一名作家能力所及的最大限度，調查了一切該調查的東西，也思考了一切該思考的地方，這不能不讓我感到有點小小的自豪。只是，最後我還有一點想不透的地方，那就是：

為什麼白團會持續存在長達二十年之久呢？

若是「報答蔣介石的恩義」的話，那麼工作十年也就足夠了吧？

若是要從共產黨的威脅下守護台灣，那麼當美國介入之後，中台分斷的形勢已經固定下來，而台灣被中國武力統一的危機也已經變成了過去式，不是嗎？

一個原本是緊急措施的計畫，其命脈卻延續了二十年，這也未免太長了點。

懷抱著這樣的想法，我慢慢走著，一步步走上了白團成員過去不知曾經幾百次、幾千次，搭車或者步行過的陡急坡道——溫泉路。

糸賀公一來訪

和我一起走上溫泉路的，是位剛步入老年的李秀娟女士。關於白團在北投溫泉的宿舍，我的朋友——對台灣歷史知之甚詳的駐台記者片倉佳史先生告訴我說：「白團成員所住的房舍，現在是由一位女士在管理。」負責管理的，就是我身邊這位李女士。

二〇一三年春，我和李女士透過電話約定好，在最靠近溫泉區的車站——捷運新北投站見面。

李女士是一九三二年（昭和七年）出生在台灣北部的新竹州中壢郡中壢街（現為桃園縣中壢市）。她的家族在清朝時曾經出過兩位科舉考試合格的「舉人」，是當地望族。雖然李女士十三歲的時候日本統治就已結束，但是家族中有一位長輩說：「既然日語從此就算外語了，那麼多學學也算是有益。」於是，李女士就以自學的方式，繼續學習日語。

拜這點所賜，李女士以流暢的日語為工具，和丈夫一起經營木工用品進出口事業，獲得了相當的成功。那位勸李女士學習日本語的家族長輩，正是同樣出身中壢，現任國民黨名譽黨主席的吳伯雄的父親。

儘管每位台灣人或許都擁有一段像這樣屬於自己的「歷史」，然而對我來說，這些形形色色的「歷史」，正是令我深感台灣魅力之所在。

最後，李女士的腳步停在一棟掛著「溫泉路一四四號」門牌的房舍前。那是一棟有著日本風味外觀、木造的兩層樓民居。

打開大門走進庭院的時候，李女士對我這樣說：

「很久以前，當再次造訪北投的糸賀先生夫婦一踏進這道門的時候，糸賀先生馬上脫口說出：『這裡一共有三種溫泉喔！』當時我真的大吃一驚呢。」

「糸賀先生」指的自然是在本書開場時登場的白團成員——糸賀公一。

因為不了解李女士和糸賀見面的來龍去脈，所以我試著向她詢問，於是得知糸賀是在一九八六年（昭和六十一年）三月二十七日前來造訪這棟前宿舍的。

在一九六八年白團解散、糸賀等最後幾位成員歸國後，這棟白團宿舍暫時由台灣政府負責管理，後來政府將它賣給了台灣的某位企業家；這位企業家原本打算把這裡當成家人使用的別墅，但因為家人後來都移居到海外，而他本人也幾乎不會踏足此地，所以便將管理房舍之職委託給了他的朋友李女士。

李女士是位散發著高雅氣質的

李秀娟女士立於白團宿舍遺址前。（作者拍攝）

女性；或許正因如此，她的朋友似乎也相當的多。據她本人說：「就當成是替房子定期維修保養，我每週都會像這樣，來這棟別墅的溫泉泡上一次呢！」

然後，她回顧起糸賀造訪那天的記憶：

那天，原本是我當作餘興消遣、偶爾會同台演出的幾位合唱團朋友要前來造訪，結果糸賀先生不知是從夫人還是誰那裡聽到了這個消息，於是便一同搭車過來，突然造訪了這裡。

四面環視這棟自己過去的「家」之後，糸賀用懷念的語氣說：「除了榻榻米之外，一切都沒有改變，就連一點變化也沒有。」陪伴在糸賀身邊的台籍導遊，也相當驚訝地對李女士說：「從台北一路開到這裡，糸賀先生為司機指路的時候，就連一次也沒有出錯呢！」

想想這也是理所當然的吧，畢竟糸賀在將近二十年間，應該都是像這樣搭乘著國防部安排的車子，往返於台北的教學場地與北投溫泉之間吧！

最後的疑問也煙消雲散……

當我一腳踏入房門時，一股硫磺的刺激味道頓時撲鼻而來。

浴場位在宿舍的地下室，裡面設置有兩個浴槽，一大一小。李女士說：「大浴槽裡面是熱水，小浴槽裡的溫度雖然較低，但泡進去之後，身體就會自然暖和起來。兩座浴槽分別是取自不同的源頭；原本這裡還有另一道溫泉，不過被引到隔壁不遠處的『星乃湯』去了。」星乃湯是北投溫泉老店中的老店，以還是皇太子時候的昭和天皇曾經下榻投宿而聞名。

「我想這裡的溫泉應該是台灣最好的溫泉了，請你也一定要進去泡一泡！」在李女士的敦促下，我踏進了浴場。

我首先泡進較大的浴槽當中；水溫比我想像的還要高，大約是四十二、三度吧！當身體浸入清澈見底的溫泉當中時，白色的湯花一瞬間擴散開來，布滿了整座浴槽。這些湯花大概從很久以前，就已經不斷沉澱在浴槽底部了吧。綻開的湯花如此濃密，讓我不禁大為驚奇。

大約泡了五分鐘後，我覺得腦袋有點發暈發燙，於是改泡比較小的浴槽。不久後，一種酥酥麻麻的感覺流竄過收縮的血管，我感到自己身體中積累的疲憊，彷彿都隨著這樣的感覺消失殆盡了。

反覆泡過三次熱泉冷泉之後，我從浴場裡站起身來，這時李女士微笑著對我說：「你看，就像糸賀先生說的一樣，這裡果然是台灣第一的溫泉對吧！」

帶著剛從溫泉出來的熱烘烘身軀，我環視起屋內的陳設。

雖然多少有經過一些改裝，不過明顯還是可以看得出來，這棟房子是某些日本人為了身為日本人的同胞而打造的建築物。為了讓印象更加深刻，我走到窗邊的簷廊下。那時候，糸賀先生他們一定也是每天晚上像這樣泡完澡後，盤腿坐在這簷廊下，一邊下著圍棋或將棋，一邊小酌一杯。

當我離開溫泉路的前白團宿舍時，在我心中關於白團那道最後的疑問，彷彿也隨之煙消雲散了——不，或許該說，透過這次拜訪，有關白團這幅畫的最後一塊拼圖終於完整了，大概就是這樣的感覺。

其實，他們並不想回去

在白團已經獲致了一定成果的一九六〇年代前半之際，若是成員們一致表示希望解散歸國的話，那麼毫無疑問，白團應該會提早消失才對吧！可是，他們卻沒有這樣表態。

之所以如此，最主要的原因，就是他們其實並不想回去。

雖然程度多多少少各自不同，不過舊軍人在戰後的日本社會中，始終都是屬於見不得光的一群。糸賀這些人，都是在正值年富力強之際，便必須面對戰敗命運的壯年軍官。對這些在戰前日本受過極高的教育，同時又體驗過常人所未曾見識的壯烈戰場的軍官來說，要他們把蜷縮在社會一角苟延殘喘當成是自己今後一生的宿命，毫無疑問是件難以忍受的事情。

相較之下，作為白團教官留在台灣，不只會被人當成教師敬重，同時也能夠將自己的知識和經驗流傳到後世，對他們而言，絕對是項值得投入的工作。

除此之外，蔣介石也為他們準備了十分優渥的生活環境。大概是為了感謝這些從日本遠道前來幫助自己的人吧，白團成員的宿舍裡，不只常駐有通日語的服務人員，對於生活各方面也都照顧得妥妥貼貼。在成員身邊負責打理他們日常生活的人，不只有被他們稱為「女侍小姐」的女職員、負責做日本料理的廚師、專用車輛與司機，在人數最多的時候，甚至還有專屬的醫師常駐。就算在語言方面，當局也安排了許多通日語的軍人擔任他們的通譯官，簡直可以說是體貼到無微不至的地步。

在台灣，他們能夠在環境整齊清潔的宿舍裡，過著每晚像這樣泡泡溫泉、和意氣相投的朋友歡談的愉快日子；同時，在經濟條件方面，他們的薪金比起在日本工作不只毫不遜色，甚至還有過之而無不及。除此之外，他們還有每年長達一個月的長期休假，可以讓他們返鄉探望家人。

白團的人之所以長留台灣，想必是因為台灣所給予他們的優渥環境，讓他們油然生出一種不急於回到日本的心理。

我的這種預感隨著取材的深入，變得愈發強烈。讀完戶梶的日記後，這樣的預感已經變成深深的確信；最後，當我親眼見到他們度過每一天的宿舍時，最初的預感終於化成了百分之百的確信。

＊

這個世界，是由許許多多不同的人的一舉一動，共同累積而成的。不管政治和戰爭如何改變人們的命運，最後關鍵的，仍是那些深深左右著每一個人心弦的事物。

蔣介石之所以執著於日本軍人，是出於他自己的心情，而白團的人們之所以願意長留台灣，同樣也是出於個人的心情。

這些若是留在日本可能一輩子過著見不得光的生活的前軍人，因為偶然的機緣，來到台灣這塊異國的土地；而在自尊和生活條件都得以充分滿足的日子中，他們也一邊帶著各自的煩惱與不滿，一邊繼續進行著「那場戰爭」的延長戰。

雖然關於他們的故事，當然還有不少地方可以繼續聊下去，不過對於以描繪白團有血有肉的真實面貌為目標的我而言，就在這裡「收場」，或許也不賴。

後記

雖然在本書中，我試著對「蔣介石與日本」這一主題提出挑戰，但在戰後的日本，蔣介石這個人，其實是處在一種三言兩語難以輕易道盡的複雜狀況之中。

那些高聲歌頌蔣介石的寬大政策（最具代表性的，便是一九四五年八月終戰時的「以德報怨」演說）、構成保守派核心的人們，他們只是一味地強調蔣介石的偉大，對於中日戰爭期間蔣介石乃是日本的主要敵人這一事實，以及戰後蔣介石所率領的國民黨政權對於台灣當地居民所採行的嚴酷鎮壓手段等，卻幾乎不曾加以著墨。因此，他們普遍有一種傾向，那就是把「一九四五年的蔣介石」這一狹隘的形象，當成是對蔣介石的一切認知基準。

另一方面，戰後日本的自由派勢力，由於對中華人民共和國抱持著過多的期待，因此在中國共產黨的誘導下，他們被共黨的革命史觀牽著鼻子走，並傾向於「蔣介石否定論」，其中一部分人甚至抱持著「談論蔣介石的人都是右翼」這樣的偏見，從而陷入了將蔣介石從自身視野中排除掉的褊狹狀態。

從這層意義上來說，日本的政界、學界與輿論界在討論「蔣介石」這個議題的時候，其實就等於是捲進了對冷戰結構，以及國共兩黨隔海對峙形勢的思辨當中。確實，我們無法否認，不論是中國大陸的「妖魔化」，還是台灣的「神格化」，兩種極端相異的蔣介石形象，對日本都產生了影響。在這前提下，不論是保守派還是自由派，他們對蔣介石的論述都有一個致命的共通缺失，那就是摻入了先入為主的意識形態道德判斷，以至於無法充分貼近「蔣介石真正的形象」。也正因如此，當戰後日本在對蔣介石這位對於日本乃至亞洲現代史有著巨大影響力的歷史人物進行知識性探索時，他們所付出的關注程度，始終無法和蔣介石真正的重要性彼此相稱。

然而，正如本書所述，隨著冷戰終結、中台關係改善，乃至於《蔣介石日記》公開發表等眾多要素的相互融合，在相關人士的努力下，在過去十年間，有大量關於蔣介石的書籍與研究資料出版上市。事實上，本書的執筆也是踏在這些前輩的浪潮上，方得以不斷前進，至於因此而對前輩們多有僭越之處，這點我自己也心知肚明。

如上所述，本書執筆的目的，正是要將過往傾向「妖魔化」或「神格化」的蔣介石論述擱在一旁，重新致力於打造不同的蔣介石觀點。關於此一嘗試的成功與否，我想只能交由各位讀者來判斷了；不過，若是筆者透過白團這個特異素材所描繪出的蔣介石與日本之間的關係，能夠為各位讀者多少帶來某些新的視野、提供一些嶄新資料，那就足以讓我喜出望外了。

關於白團的真實面貌，由於筆者的能力畢竟有限，因此我也不敢誇下海口說，這本書就已經涵蓋了全部的面向。對於台灣國防部所藏的資料，以及對於接受過白團教育的台灣軍人訪談方面，我認為今後還有相當多的議題，需要更進一步進行取材與研究。另一方面，在台灣戰後的軍事作戰計畫中，白團的建言與規畫究竟被採用到何種程度？又是否曾被轉為實際行動？這點也是必須再加以檢證的。除此之外，有關白團對戰後日本、台灣政治以及外交產生的影響，我在這方面的調查，也還不能說是相當充分。總之，這個題材仍有很多值得深入發掘的空間，我也希望自己今後能夠繼續關注這個議題。

二〇〇七年九月，我的行事曆上寫著「與家近亮子老師在六福客棧聚餐」這樣一行字。正如字面所述，這次聚餐的場所，是在朝日新聞台北支局附近的旅館「六福客棧」裡一家專賣粵菜的餐廳。

任職於敬愛大學的家近教授，是在蔣介石以及「中國・台灣近現代史」研究領域方面，相當具有權威的研究者。這時她正好受邀前來台灣訪問，於是便聯繫上我，希望我能夠讓她「聽聽台灣最新的情況」。

正當我以為餐宴要告一段落的時候，家近老師忽然若無其事地脫口說出這麼一句話：「蔣介石的日記，明年又要繼續公開發表了。」儘管當時我對於蔣介石以及《蔣介石日記》的認知，也只不過限於一般人的粗淺常識罷了，但我卻本能地感覺到「這會成為一個值得一做的題材！」

於是我當場便向家近老師發起一波波詢問攻勢，而家近老師也把蔣家因為害怕民進黨政權，所以把日記託付給美國胡佛研究所保管，以及日記雖然是分階段公開，但在二〇〇八年公開的部分，亦即一九四〇到五〇年代部分，乃是攸關重要歷史轉換期的寶貴資料等事情，全都大略告訴了我。

從這天開始，我便開始鑽研關於蔣介石以及《蔣介石日記》的種種。隨後在二〇〇八年七月，胡佛研究所決定公開這一階段日記的同時，我為了閱讀《蔣介石日記》，從台北動身飛往美國。在日記裡，我發現到蔣介石反覆提及白團的事情，於是便將相關內容記錄了下來；這些記錄後來經過不斷延伸發展，最後的成果便是本書。

從和家近老師聚餐到現在，已經足足過了七年時間。在這段期間，我一邊從事本業的新聞社工作，一邊利用假日搜尋資料、與相關人士會面，以及現場訪問等作業，時間就在這樣的不斷奔波中漸漸流逝。到了二〇一一至二〇一二年間，我將這些取材的成果彙整成一篇篇幅較長的報導文學作品，在講談社的《G2》雜誌上分成兩次發表出來。本書正是以當時發表的內容為基礎，大幅增添而成的一冊單行本。

本書的標題「最後的大隊」[1]，是我在雜誌上刊載第一回時所使用的標題。看見這個標題，搞不好會有人聯想到希特勒的第三帝國，但事實上我並沒有任何關於這方面的影射意味。正如字面所示，隨著日本戰敗而解體的日軍殘存者，以最後的部隊（Last Battlion）之姿，重新在台灣結合起來；為了呈現這一點，所以我才選了這樣一個聽起來很響亮的標題，不過如此而已。

本書在《G2》連載之際，承蒙岡本京子小姐、藤田康雄先生、井上威朗先生等諸位編輯多所關照；感謝負責本書編輯的講談社學藝圖書出版部橫山建城先生，因為他的努力，本書才終於得以付梓問世。在此，我謹向各位再次致上深深的感謝之意。

本書的刊行比起原訂計畫延遲了兩年，這段期間擔當的責任編輯歷經了數次異動，橫山先生也在二〇一四年二月調任到其他單位。至於我自己在這段期間，也從朝日新聞台北支局回到東京本社國際編輯部，並從二〇一四年四月開始，轉調週刊誌《AERA》任職。

本書的刊行，承蒙各位協助取材人士的大力相助之處甚多，儘管在此無法一一列舉姓名，但請容我借用這一點點的篇幅，向各位表達最誠摯的謝意。採訪當時曾經會面的白團相關人士，時至今日也有數人已然作古。儘管不時感到時光流逝的殘酷，但我轉念一想，將這段不論是新聞報導或是學術研究都隱而不顯的歷史重現於今日，並且一直流傳下去，這樣的工作，不正是在抵抗時光流逝，並且充分展現人類意志的舉動嗎？

我本身雖然任職於傳媒事業，但每天編纂新聞報導時總會有個壞習慣，那就是覺得光是報導表面的新聞訊息，好像就缺少了點什麼。於是，對於曾經發表過的新聞，我無法就這樣將它當成廢紙扔在一邊，而是會去對它背後的事實進行更深一步的探討；在和知曉內情的人不斷會面的過程中，我會一邊累積資料、一邊將這些資料加以彙集整理，最後形成一冊完整的書籍。和我過去的著作一樣，本書也是這般作業下的產物；事實上，這樣的寫作方式和我這種「不懂得放棄為何物」的性格，可說是極其相投，因此只要體力和精神允許的話，今後我想仍會盡可能這樣不斷發掘、不斷探索下去。

二〇一四年三月二十四日
筆於上海出差中
野島剛

1 編按：此為日文版原書名。

附錄　調研資料一覽表（一九五二年十月）

第一　蘇聯相關資料

1. 蘇聯的第五次五年計畫
2. 蘇聯軍備之趨勢
3. 有關二次大戰之蘇聯砲兵
4. 蘇維埃關係雜報
5. 對蘇聯軍隊之深入考察
6. 有關蘇軍對滿進攻作戰中，在恢復鐵道運作方面所需之必要時間、鋼材、以及勞動力之檢討
7. 今日蘇聯之政策
8. 有關蘇聯的縱深攻擊
9. 附屬蘇聯的東歐各國軍隊
10. 有關蘇聯高層戰爭對指導方策之情報

第二　中共相關資料

1. 在朝鮮的共軍
2. 朝鮮戰亂的真正原因
3. 中共經濟的展望
4. 廣東省兵要地誌概說
5. 東粵地方（汕頭附近）兵要地誌

第三　（1）戰史兵法

1. 戰史資料　希特勒對英登陸作戰[1]之來龍去脈
2. 作戰記錄
   - 2-1 胡康河谷方面，第十八師團之作戰記錄
   - 2-2 本土防空陸軍作戰記錄（關東地區）
   - 2-3 中日戰爭・太平洋戰爭　支那方面陸軍航空作戰記錄
   - 2-4 東南太平洋方面陸軍航空作戰記錄
3. 統帥參考書（卷二、卷三）
4. 統帥綱領
5. 關於朝鮮作戰

6. 高級將帥之將道應如何養成
7. 二戰期間砲兵之發展
8. 戰爭論（克勞塞維茨著）
9. 指揮官與情報勤務
10. 兵術隨想（飯村穣著）
11. 戰爭指導之原則
12. 論聯合作戰中之最高指揮官
13. 游擊戰
14. 有關登陸作戰之歷史綜合觀察
15. 深入考察現代戰爭
16. 二戰期間，呼應盟軍登陸之法國地下抵抗活動
17. 從朝鮮戰場之經驗，論山地戰中之圓陣構成
18. 挪威陸軍軍官所見最近芬蘭軍隊之狀況
19. 朝鮮戰亂在軍事上之教訓
20. 外國軍事資料　其之三

1 譯註：即所謂「海獅作戰」。

21. 外國軍事資料　其之四
22. 本土防衛作戰概史（一）
23. 論副師團長（師團長之輔佐官）
24. 論裝甲戰之未來發展

第三（2）航空相關資料

1. 航空用噴射發動機最近之動向
2. 撞機攻擊應為最後不得已之防衛手段
3. 美空軍資料　其之一
4. 美空軍資料　其之二
5. 美空軍資料　其之三
6. 論原子彈、氫彈之威力
7. 將來的空降作戰
8. 氫彈祕談
9. 歐洲與氫彈
10. 當核彈對上防空
11. 荷頓教授的空襲防禦計畫

12. 第四壓縮機（航空相關）
13. 對空軍戰略之批判
14. 第二輯論第二次歐洲大戰間英國防空對策之變遷
15. 海軍航空之沿革
16. 以空降方式奇襲敵人機場
17. 關於噴射機之燃料
18. 論日本（主要為海軍）的液體燃料儲存方式

第三（3）海軍相關資料

1. 第二次大戰中，日本海軍使用之水雷戰隊運動內規（摘錄）
附第一機動艦隊雷爆擊迴避運動要領
2. 第六一驅逐隊（涼月？）戰鬥詳報　第四號
3. 爆彈魚雷迴避運動之戰訓與戰例
4. 第二次太平洋戰爭之戰例與戰訓（驅逐艦輸送與潛水艦輸送）
5. 第二次太平洋戰爭之戰例與戰訓（登陸戰與飛機）
6. 戰時我方識別信號規程
7. 水雷戰隊作戰策略

8. 潛艦在北極海（北冰洋）之使用
9. 列國海軍艦艇一覽表
10. 大湊警備府警戒規定
11. 第二艦隊水雷戰隊作戰策略
12. 最新之對潛兵器論
13. 誘導彈參考　其之二
14. 作為對潛兵器的飛行艇
15. 對潛防禦的進步
16. 海軍軍備以及戰備之全貌　其之一

第四　兵器

1. 飛機及兵器生產之現狀暨今後之問題點
2. 原子彈下的防空
3. 過去、將來的兵器與戰法
4. 南滿兵工廠兵器生產狀況暨民間利用工場之狀況
5. 電子工學兵器的現在與將來
6. 最新之對潛兵器論

第五　美國

1. 美國相關資料
2. 論美軍在戰鬥時師參謀部Ｇ２之行動
3. 美軍的三軍統合問題
4. 美國國防與國家保安機構（政府機構、陸軍部、海軍部、空軍部、獨立機構及其他）
5. 關於艾森豪之遠東政策
6. 美國擴軍四年計畫之預算額度、美國之國家預算與安全保障

第六　氣象

1. 大陸各方面往台灣、西日本及朝鮮各要地的航空氣象統計
2. 東亞地區海洋氣象概要（九冊）

第七　情勢判斷

1. 國際情勢判斷　第一報
2. 國際情勢判斷　第二報
3. 以美蘇為中心之國際形勢長期判斷
4. 國際情勢判斷資料（艾森豪政策）

5. 國際情勢判斷資料（日本、中近東）
6. 西歐防衛準備之現狀
7. 下一次戰爭的樣貌
8. 洞悉美蘇對立之現狀及將來，以及日本之立場
9. 現下世界戰略大勢考察資料
10. 世界情勢與日本立場
11. 注目的英美巨頭會談
12. 情報資料（一～九）
13. 躍進的中國鋼鐵工業
14. 外國軍事資料　其之二
15. 自由世界陣營之資源統計
16. 中南半島戰爭
17. 最近國際情勢判斷資料
18. 法屬印度支那（佛印）機場配置圖
19. 歐洲之防衛
20. 對越南戰亂之考察

第八 憲兵

1. 論野戰憲兵隊之構成裝備
2. 論國內憲兵隊之編成裝備

第九 日本

1. 日本保安隊之構成
2. 日本之防衛與電子技術

第十 一般

1. 唯物史觀與資本主義之將來及其他
2. 論戰鬥群（Battle Group）
3. 馬克思主義之歷史觀察
4. 馬克思主義之政治論批判
5. 有關資本主義普遍危機論

第十一 軍人援護

1. 事變相關死歿軍人遺族撫恤一覽表

2. 軍人相關待遇一覽表

第十二　動員

1. 動員計畫表（動員兵力統計）
2. 與兵役法相關之諸資料
3. 物資動員、生產相關資料
4. 昭和二七年度產業機械生產計畫　對礦工業生產及主要商品貿易之剖析

〈革命實踐研究院軍官訓練團成立之意義〉

——一九五〇年五月二十一日蔣介石於圓山演說

要旨

一、本團成立的意義和訓練的目的。
二、此次聘外籍教官以及我們對外籍教官認識的必要。
三、日本軍事訓練的優良和軍人視死如歸的武士道精神。
四、對外籍教官應以優禮相待，並發揚尊師重道的德性。

演說全文

明天我們革命實踐研究院軍官訓練團就要開學，今天在點名之後，有幾點重要的意思，要先對各學員說明。這回大家到軍官訓練團來受訓，要知道這一次的訓練，比以前任何一次的訓練，意義都要重大。這一次訓練的目的，是要從慘痛的失敗之後和無上的恥辱之中，來從頭做起，就是要以「從前種種譬如昨日死，以後種種譬如今日生」的新生精神，所謂重起爐灶，重整旗鼓，徹底悔悟，徹底改革，誓必消滅共匪，驅逐暴俄，復興中華民國，洗雪國民革命過去一切的奇恥大辱。因此可以說，今後我們國家的存亡，以及個人的成敗和榮辱，都要從這一次訓練來決定。現在我首先把這一次訓練的重點告訴大家。

這一次第一個訓練的目的，除了精神訓練為基本的學課之外，其他就是側重在陸海空軍聯合作戰，要使陸海空軍徹底合作密切聯繫，發揮三軍一體，協同一致的精神。過去我們有陸軍有海軍有空軍，論裝備比共匪好，論數量比共匪多，我們在大陸上的時候，有四百萬以上的軍隊，當時共匪在東北和華北最初只有三四十萬人，比較起來我們的兵力要大過他十倍以上，而且共匪一直沒有海軍和空軍，為什麼我們反要被他們打敗呢？最大的原因，就是我們平時不注意聯合作戰的教育，和協同一致的精神。所以實地作戰的時候，各軍種各兵種之間不但缺乏相互配合協同一致的技術，而且根本沒有同仇敵愾生死與共的精神，以致被共匪各個擊破，這是過去失敗一個最大的教訓。所以我們今後訓練最要緊的一件事，就是要使各軍種各兵種之間聯合作戰，都能夠協同一致。一方面要使陸軍與陸軍之間，海軍與海軍之間，空軍與空軍之間，都能協同一致，一方面更要使陸海空三軍之間，更能夠協同一致，不但技術上能密切合作，而且精神上亦能團結無間。這樣一個人就可發揮三個人乃至十個人的力量，現在的陸海空軍兵力，亦就可增加至三倍乃至十倍的力量，那我們以後消滅共匪，驅逐俄寇，決不是一件什麼困難的事情了。

第二個訓練的目的，就是注重指揮技能和戰術運用。過去各級長官，尤其是中級以上的幹部，無論指揮技能和戰術運用都是非常幼稚非常陳舊，我們從上一個月舉行的東南區陸海空軍聯合演習中，就可以看出來，不但營長團長無一例外，就是師長軍長一般的指揮能力和戰術修養，也都很差。根據過去的經驗，單有過去所學的這點軍事學識，實在是不配任一個指揮官。今後更須特別注重運用的方法，能夠將所學的學問，真能實際應用於戰場上，獲得克敵制勝的效果，才有用處。我們一般上中級軍官，第一缺點固是學識不夠，而且對於運用的技術從沒有深刻研究，所以在戰場實地上就不能發揮他的功效，因之軍隊愈多，失敗亦就愈快，而且愈慘了。由於這一個慘痛的教訓，所以這一次訓練，特別注重軍人的精神，就是嚴守紀律，貫徹命令，達成任務，以及指揮技能和戰術運用的訓練。

此次聘請的日本教官，不但是在陸大畢業，學識最優秀的軍事人才，而且是作戰經驗最豐富的青年將校，你們一定要虛心受教，凡是他們一言一行，就是他們的精神態度、行動、語句各種優點，都要留心學習，視為模範。尤其要在他們的指導之下養成高度的指揮技能和戰術修養，將來就可在戰場上實際應用，真正能夠做到戰無不勝，攻無不克，達到我們反共抗俄雪恥復國的目的，那才不辜負我們這次訓練的期望。

其次，要對各學員講的，就是我們這次為什麼要請日本教官，以及我們對日本教官認識的必要。大家知道，我們過去在軍事教育上，請過德國教官、英國教官、美國教官，也請過俄國教官，但是實際上，究竟收到了什麼效果呢？事實已經告訴我們，自從前年以來，尤其是去年一年之內，我們的剿匪軍事，可以說是完全失敗了，整個大陸完全淪陷，就是國家已等於滅亡了。為什麼我們過去費了這許多精神和金錢，請了許多西方國家的軍事教官，幾乎集中全力來辦理軍事教育，仍然免不了這樣徹底的失敗呢？我們要仔細研究這個原因。

據我研究的結果，我們東方人請西方人來做教官；第一、東方和西方的物質條件，迥不相同。我們的物質條件不但不如英美，亦不如其他國家，而且西方國家軍隊作戰，根本就是一種物資的計算，如果物資不能超過對方，他們就認為沒有制勝的把握，只有屈服投降，這種觀念，我們東方人是不能接受的。第二、就精神方面說，東方人和西方人也有很大的差別。歐美各國科學發達，一般官兵不但普遍具有科學的常識，而且他們自小學中學以來，就養成了一種自由自動的意志，負責達成任務的精神，因此一般西方教官對於這一方面的精神教育，認為在軍事學校裡，根本沒有必要。

我們既然聘請了許多西方教官，無形中受了他們只重技術忽視精神的影響。所以我們過去的教育，不論軍官學校或陸軍大學，最大的缺點就是沒有注意培養自動負責，誓死達成任務的精神。不僅如此，而且沾染了他們個人自由主義和優厚享受的心理，所以軍校學生畢業以後，許多事情在長官督導之下，尚且不能達成任務，如果離開了長官的督導，更是不知負責任、守紀律，對於一切命令都是陽奉陰違，不能貫徹了。一般官長既是如此，士兵當然是要上行下效，於是整個軍隊完全失去了軍人的精神和戰鬥的能力。這樣即令軍隊再多，也只是一群烏合之眾，決不能發揮力量，當然非失敗不可！這並不是西方教育不好，亦決不是我們反對西方人的訓練，而是其方式不能與我們國情配合，所以沒有效果。根據這個教訓，我認為今後要恢復我們革命軍的戰力，必須要從教育上徹底的改造做起。如果再用從前西方各國教官訓練的辦法，那我們只有繼續失敗，徹底滅亡，不僅不能完成建軍建國的革命使命而已。

所以我們今後要用日本教官來教我們軍官，才可以免除過去的缺點，來挽救當前的危機。以往東方各國中，要算日本的軍事進步最快，而且文化社會與我們相同，尤其是他們刻苦耐勞、勤儉樸實的生活習慣，與我國完全相同，所以這次決定請日本教官來訓練你們。我相信一定能夠糾正你們過去的毛病，同時也惟有以東方人知道東方人的性能，東方人知道東方人的道理，這樣訓練，才能真正復興東方固有的道德精神，建立東方的王道文化，完成我們的革命事業，洗雪過去的重大恥辱。

但是也許有人會說，日本同我們經過八年戰爭，過去他們侵略我們，做過我們的敵人，現在我們打了勝仗，還要請他們來當教官，教訓我們，實在使人不能悅服。大家是不是也有這種觀念呢？如果也有這種觀念，那就是一種極大的錯誤。所以我今天在開學之前，一定要為大家講明這個道理。

當　總理在世時，曾經對我們屢次講到我們東方各國，幸而有一個日本國家能夠強大起來，因為日本是我們同文同種的國家，有了這樣一個強大的日本在我們鄰近，西方人才不敢來欺負我們，所以總理自從倡導革命以來，一貫的外交政策就是主張要中日合作。當民國十三年國民黨改組以後，　總理到了日本，在神戶商業會議所等五團體的歡迎會上有一篇重要的演說，叫作「大亞洲主義」，大家讀過那一篇演說詞，就可以知道　總理對日合作的政策，是如何迫切了，他始終認為我們中國革命，只有日本才可以真正幫助我們。不幸　總理逝世以後，過去日本一般野心家不了解我們東方的王道文化，不相信　總理的善鄰政策，反而要來欺負我們，壓迫我們，以致無法建立中日間的親善關係。在抗戰以前，不論什麼事，我們總是平心靜氣，忍辱負重的和他們交涉，想法使他們能夠了解我們是同文同種的國家，決不能兄弟鬩牆，自相殘殺，否則只有同歸於盡。

後來九一八事變爆發，日軍公開占據了我們的東三省，到了七七又發動盧溝橋事變，我們迫不得已，才起來全面抗戰。但是我們抗戰的目的，只是打不平，希望戰爭結束，彼此立於平等的地位，做一個親善的兄弟之邦，真正達到共存共榮的目的，最後我們抗戰勝利，在日本宣布接受條件那一天，我立即發表文告，聲明今後中國對日本決不報復，以後一切處理，都一本寬大原則予以優待；這就是要貫徹我們抗戰的初衷，實現　總理的外交政策。

經過我們這一次抗戰之後，大部分日本人就都感悟中國真是他們一個兄弟之邦，而一般有識之士，更深切了解，亞洲如果沒有一個獨立自由的中國，日本決不能單獨存在。我們只要日本軍民真正覺悟到這一點，中日之間就有了合作的基礎；同時我們自己也要認清，如果亞洲沒有一個獨立自由的日本，中國也是不能單獨存在的。現在事實擺在眼前：日本經過八年戰爭，已經徹底失敗了，我們雖然獲得一時的勝利，但是因為蘇俄指使共匪作亂，到如今也是徹底失敗了。這兩個國家現狀，實在都等於亡國，過去所謂「同歸於盡」的話，不幸而中了。現在中日兩國既已明白日本不能侵略中國，中國亦不可敵視日本，兩國必須親睦合作，才能達到共存共榮的目的，至此　總理的外交政策，亦才有實行的可能了。

當前國際上沒有真正幫助我們的國家，我們重新研讀　總理遺教，愈發覺得中日合作的重要。當然目前日本亦沒有力量來幫助我們，但就技術人員一項而論，日本的數量比我們多，程度比我們高。日本人作戰的經驗與能力的優良，是人人所共知的，尤其是他陸海空軍軍人視死如歸的精神，和他協同一致的行動，除了德國以外，世界上沒有其他國家可與相比，所以我這一次決定請日本教官來擔任我們的軍事訓練。這些日本教官自到台灣以來，對我們各方面的貢獻，十分誠摯，他們都知道中國今日的災禍，無異是日本的災禍，復興中國的工作，就是復興日本的工作，所以他們在這裡擔任教官，和在日本訓練他本國學生一樣的精誠，因此我們腦筋裡再不可留有過去的敵意，更不能存一種輕視的心理，以為他們是打敗仗的，不值得我們的尊重。

我們要反省在抗戰中我們究竟憑什麼來打敗日本？老實說我們抗戰的勝利，一半是靠著　總理的主義和正確的國策，一半是靠著友邦美國的援助，才有此徼倖的勝利。難道日本真是被我們打敗的麼？現在我們國家在這樣存亡危急，到處受人欺凌，被人侮辱的時候，而日本教官反肯冒險來台，且能以其一片至誠，來幫助我們反共抗俄，教授我們作戰的精神技術，以及其他各國所不能學得的學問，願與我們共患難、同甘苦、同仇敵愾、同舟共濟，那我們更應該特別優禮他們，尊敬他們。我並且要求總教官等對學員的訓練，務必要嚴格、要徹底，不可有一點客氣，亦不可有一點保留，總要像教他們本國軍官一樣嚴厲，一樣認真，這是我的惟一願望，所以你們對於日本教官，不論在生活上、行動上、心理上，都要本著尊師重道的精神，優禮相待，這樣本團的訓練，不但可以增進我們的學術技能，從而消滅赤匪，驅逐俄寇，而且從此就可建立中日合作的基礎，在這個基礎上面，使中日兩大民族互助合作，相輔相成，來重新建立東方王道的文化，這樣才不辜負我這次軍官訓練團創立的意義，也才可以達成各位學員來此受訓的目的。

相關大事年表

年代	年齡	蔣介石	白團活動	其他大事
一九四五	58	八月，發表「以德報怨」演說。		八月，日本投降。
一九四六	59	七月，國共內戰爆發。		
一九四七	60	二月，二二八事件爆發。		
一九四八	61	四月，當選行憲後第一任總統。		四月，柏林封鎖。 八月，大韓民國成立。 九月，朝鮮民主主義人民共和國成立。
一九四九	62	一月，蔣介石下野，李宗仁代行總統職務。	一月，戰犯法庭判岡村寧次無罪。 五月，曹士澂赴日就任。 六月，根本博偷渡來台。 九月，白團簽署盟約。古寧頭戰役爆發。 十一月，富田直亮抵達台灣，轉赴重慶視察。 十二月，國民政府撤退來台。	五月，德意志聯邦共和國成立。 十月，中華人民共和國、德意志民主共和國成立。

一九五〇	63	二月，美國重新支持蔣介石。 三月，宣布「復行視事」。 五月，於革命實踐研究院圓山軍官訓練團發表演說。	一月，第一批白團成員來台。 二月，籌辦圓山軍官訓練班。 三月，岡村寧次接受GHQ調查。 五月，圓山軍官訓練班第一期學生入學。 年底時白團成員已超過七十人。	二月，中蘇簽訂三億美元貸款。 六月，韓戰爆發，美國第七艦隊巡防台灣海峽。
一九五一	64	四月，蔡斯率領美軍顧問團來台。		七月，韓戰第一次休戰會談。 九月，日本簽署《舊金山和約》。
一九五二	65	一月，主持圓山軍官訓練團第十期畢業典禮。 七月，受到蔡斯壓力，決定變更白團工作之名義。 十一月，主持動員訓練班第一期結業典禮。	六月，根本博返日。 七月，圓山軍官訓練團解散。白團成員刪減三十六人。 八月，創立石牌實踐學社。開辦國防部動員幹部訓練班。	一月，韓國劃定「李承晚線」，此為單方面認定的中日韓疆界線。 四月，締結《中日和平條約》。
一九五三	66	一月，蔡斯質疑蔣介石違背諾言繼續讓白團活動，蔣認為是孫立人洩漏祕密。 二月，指示彭孟緝與白團合作搜尋前日本軍之研究報告。	七月，白團成員減少十八人。	三月，史達林過世。 七月，韓戰休戰。

一九五四	67	二月，當選第二任總統。 五月，締結《中美共同防禦條約》。	二月，白團提出「光作戰」計畫。實施動員演習。	五月，法國在奠邊府戰役中敗給越共。
一九五五	68	一月，一江山失陷。 三月，艾森豪宣布美軍將協防金門、馬祖。		一月，美國國會授權艾森豪以武裝力量保衛台灣海峽。
一九五六	69	一月，美軍協助蔣介石成立九個預備師。 十二月，出版《蘇俄在中國》。		十月，蘇聯鎮壓匈牙利民主運動。爆發蘇彝士運河危機。
一九五七	70	六月，與日本總理岸信介會談。		十一月，毛澤東訪問蘇聯。
一九五八	71	三月，會晤美國國務卿杜勒斯，商討台美合作事宜。	三月，開辦戰史研究班。 八月，金門砲戰爆發，富田直亮赴前線視察。	八月，中國擴大人民公社制度。
		八月，命蔣緯國任裝甲兵司令。 九月，赴澎湖督導金門砲戰。		
一九五九	72	九月，接見西藏反抗軍代表。 十二月，接見前日本首相吉田茂。		一月，古巴共產革命成功。 三月，達賴喇嘛逃出西藏。 八月，彭德懷於廬山會議失勢。 九月，中蘇對立激化。
一九六〇	73	二月，當選第三任總統。 六月，艾森豪總統來訪。		
一九六二	75			十月，古巴飛彈危機。

一九六三	76		四月，開設高級兵學班。	十一月，甘迺迪遭暗殺身亡。
一九六四	77		四月，開設戰術教育研究班。	十月，東京奧林匹克運動會。
一九六五	78		八月，實踐學社解散，白團成員裁減至五人，成立實踐小組，於指揮參謀大學授課。	二月，美軍開始轟炸北越。
一九六六	79	二月，當選第四任總統。	九月，岡村寧次過世。	五月，毛澤東發動文化大革命。
一九六八	81		十二月，白團終止運作。	八月，蘇聯鎮壓捷克民主運動。
一九六九	82	九月，車禍受傷。	一月，富田以外所有團員返日。 二月，在東京舉行解散儀式。	三月，中蘇邊境衝突。
一九七一	84			九月，林彪出逃身亡。 十月，台灣退出聯合國。
一九七二	85	二月，當選第五任總統。 八月，病情惡化，停止書寫日記。		二月，尼克森總統訪問中國。 九月，田中角榮首相訪問中國，台日斷交。
一九七五	88	四月五日過世。		四月，西貢陷落，越戰結束。
一九七六				一月，周恩來過世。 九月，毛澤東過世。 十月，文化大革命結束。
一九七九			四月，富田直亮過世。	一月，美中建立正式邦交。

主要參考書目

【日文】

黃仁宇，『蒋介石―マクロヒストリー史観から読む蒋介石日記』，北村稔・永井英美・細井和彦（翻訳）／竹内実解説，東方書店，一九九七年。

船木繁，『岡村寧次大将―支那派遣軍総司令官』，河出書房新社，一九八四年。

楊逸舟，『蒋介石評伝』（上／下），共栄書房，一九七九年。

松田康博，『台湾における一党独裁体制の成立』，慶應義塾大学出版会，二〇〇六年。

横山宏章，『中華民国：賢人支配の善政主義』，中央公論社，一九九七年。

有末精三，『有末機関長の手記―終戦秘史』，芙蓉書房，一九七六年。

有末精三，『政治と軍事と人事』，芙蓉書房，一九八二年。

阿尾博政，『自衛隊秘密諜報機関―青桐の戦士と呼ばれて』，講談社，二〇〇九年。

保阪正康，『蒋介石』，文藝春秋，一九九九年。

関栄次，『蒋介石が愛した日本』，PHP研究所，二〇一一年。

家近亮子，『蒋介石と南京国民政府―中国国民党の権力浸透に関する分析』，慶應義塾大学出版会，二〇〇二年。

家近亮子，『蒋介石の外交戦略と日中戦争』，岩波書店，二〇一二年。

中村祐悦，『白団（パイダン）─台湾軍をつくった日本軍将校たち』，芙蓉書房，一九九五年。
秦郁彥，『日中戦争史』，河出書房，一九六一年。
湯浅博，『歴史に消えた参謀─吉田茂の軍事顧問─辰巳栄一』，產經新聞出版，二〇一一年。
吉田荘人，『蒋介石秘話』，かもがわ出版，二〇〇一年。
サンケイ新聞社，『蒋介石秘録─日中関係八十年の証言』（上╲下），サンケイ出版一九八五年。
野村浩一，『蒋介石と毛沢東─世界戦争のなかの革命』，岩波書店，一九九七年。
黄自進，『蒋介石と日本─友と敵のはざまで』，武田ランダムハウスジャンパン，二〇一一年。
加藤正夫，『陸軍中野学校─秘密戦士の実態』，光人社，二〇〇六年。
春名幹男，『秘密のファイル─ＣＩＡの対日工作』（上╲下），新潮社，二〇〇三年。
スターリング・シーグレーブ，『宋家王朝─中国の富と権力を支配した一族の物語』（上╲下），岩波書店，二〇一〇。
段瑞聡，『蒋介石と新生活運動』，慶應義塾大学出版会，二〇〇六年。
福田円，『中国外交と台湾─「一つの中国」原則の起源』，慶應義塾大学出版会，二〇一三年。
山本勳，『中台関系史』，藤原書店，一九九九年。
戸部良一，『日本陸軍と中国』，講談社，一九九九年。
芦沢紀之，『ある作戦参謀の悲劇』，芙蓉書房，一九七四年。
門田隆将，『この命、義に捧ぐ─台湾を救った陸軍中将根本博の奇跡』，集英社，二〇一〇年。

米濱泰英，『日本軍「山西残留」―国共内戦に翻弄された山下少尉の戦後』，オーラルヒストリー企画，二〇〇八年。
栃木利夫、坂野良吉，『中国国民革命―戦間期東アジアの地殻変動』，法政大学出版局，一九九七年。

【繁體中文（台灣、香港）】
陶涵，《蔣介石與現代中國的奮鬥》（上╱下），時報文化出版社，二〇一〇年。
林桶法，《一九四九大撤退》，聯經出版事業公司，二〇〇九年。
翁元，《我在蔣介石父子身邊的日子》，圓神出版社，一九九四年。
葉邦宗，《蔣介石祕史》，遠景出版社，二〇一〇年。
楊碧川，《蔣介石的影子兵團：白團物語》，前衛出版社，二〇〇〇年。
陳颪，《黃埔軍校完全檔案》，靈活文化，二〇一一年。
蔣孝嚴，《蔣家門外的孩子》，天下文化，二〇〇六年。
林照真，《覆面部隊：日本白團在台祕史》，時報文化出版社，一九九六年。
呂芳上等合著，《蔣介石的親情、愛情與友情》，時報文化出版社，二〇一一年。
蔣永敬、劉維開，《蔣介石與國共和戰》，台灣商務印書館，二〇一一年。
黃克武編，《遷台初期的蔣中正》，中正紀念堂管理處，二〇一一年。
楊怡祥、楊鴻儒，《梅樹上的櫻花》，元神館出版社，二〇〇九年。

聯經文庫

最後的帝國軍人：蔣介石與白團

2015年1月初版 定價：新臺幣430元
2024年2月初版第六刷

著者 野島剛
譯者 蘆荻
叢書編輯 陳逸達
封面設計 許晉維
校對 呂佳真

出版者 聯經出版事業股份有限公司
地址 新北市汐止區大同路一段369號1樓
叢書主編電話 (02)86925588轉5305
台北聯經書房 台北市新生南路三段94號
電話 (02)23620308
郵政劃撥帳戶第0100559-3號
郵撥電話 (02)23620308
印刷者 文聯彩色製版印刷有限公司
總經銷 聯合發行股份有限公司
發行所 新北市新店區寶橋路235巷6弄6號2F
電話 (02)29178022

副總編輯 陳逸華
總編輯 涂豐恩
總經理 陳芝宇
社長 羅國俊
發行人 林載爵

行政院新聞局出版事業登記證局版臺業字第0130號

本書如有缺頁，破損，倒裝請寄回台北聯經書房更換。 ISBN 978-957-08-4507-5 (平裝)
聯經網址 http://www.linkingbooks.com.tw
電子信箱 e-mail:linking@udngroup.com

國家圖書館出版品預行編目資料

最後的帝國軍人：蔣介石與白團/野島剛著．
蘆荻譯．初版．新北市．聯經．2015年1月（民104年）．
424面．14.8×21公分（聯經文庫）
ISBN 978-957-08-4507-5（平裝）
[2024年2月初版第六刷]

1.蔣介石 2.軍事史 3.台灣 4.日本

590.933 103025782